教育部高等学校电子信息类专业教学指导委员会规划教材
高等学校电子信息类专业系列教材

Fundamental Introduction to Information Theory and Coding
(2nd Edition)

信息论与编码基础教程

(第2版)

孙海欣 张猛 张丽英 编著
Sun Haixin Zhang Meng Zhang Liying

清華大學出版社
北京

内容简介

本书以香农信息论为基础，对信息论基础和编码理论进行介绍。系统介绍了信息论的3个基本概念（信源熵、信道容量和信息率失真函数），以及无失真信源编码、限失真信源编码、信道编码和加密编码中的理论知识及其实现原理。为了便于教学和加深对概念的理解，每章的最后还附有小结和习题。此外，本书配有相应的教学课件。

本书概念清晰、重点突出，用通俗易懂的文字和图形图表阐述基本概念、基本理论及实现原理，既有必要的数学分析，又强调物理概念的理解。本书既可作为普通高等院校电子信息类、通信工程、信息与计算科学及相关专业的本科生教材，也可作为从事相关专业的科研和工程技术人员的参考用书。

图书在版编目（CIP）数据

信息论与编码基础教程/孙海欣，张猛，张丽英编著. —2版. —北京：清华大学出版社，2017(2022.8重印)
（高等学校电子信息类专业系列教材）
ISBN 978-7-302-46046-6

Ⅰ. ①信… Ⅱ. ①孙… ②张… ③张… Ⅲ. ①信息论－高等学校－教材 ②信源编码－高等学校－教材 Ⅳ. ①TN911.2

中国版本图书馆CIP数据核字(2016)第306333号

责任编辑：梁　颖　柴文强
封面设计：李召霞
责任校对：梁　毅
责任印制：杨　艳

出版发行：清华大学出版社
网　　址：http://www.tup.com.cn，http://www.wqbook.com
地　　址：北京清华大学学研大厦A座　　**邮　　编**：100084
社 总 机：010-83470000　　**邮　　购**：010-62786544
投稿与读者服务：010-62776969，c-service@tup.tsinghua.edu.cn
质量反馈：010-62772015，zhiliang@tup.tsinghua.edu.cn
课件下载：http://www.tup.com.cn，010-83470236
印 装 者：涿州市京南印刷厂
经　　销：全国新华书店
开　　本：185mm×260mm　　**印　　张**：12.5　　**字　　数**：305千字
版　　次：2010年4月第1版　2017年2月第2版　　**印　　次**：2022年8月第5次印刷
定　　价：39.00元

产品编号：060024-02

高等学校电子信息类专业系列教材

序

FOREWORD

我国电子信息产业销售收入总规模在2013年已经突破12万亿元，行业收入占工业总体比重已经超过9%。电子信息产业在工业经济中的支撑作用凸显，更加促进了信息化和工业化的高层次深度融合。随着移动互联网、云计算、物联网、大数据和石墨烯等新兴产业的爆发式增长，电子信息产业的发展呈现了新的特点，电子信息产业的人才培养面临着新的挑战。

(1) 随着控制、通信、人机交互和网络互联等新兴电子信息技术的不断发展，传统工业设备融合了大量最新的电子信息技术，它们一起构成了庞大而复杂的系统，派生出大量新兴的电子信息技术应用需求。这些“系统级”的应用需求，迫切要求具有系统级设计能力的电子信息技术人才。

(2) 电子信息系统设备的功能越来越复杂，系统的集成度越来越高。因此，要求未来的设计者应该具备更扎实的理论基础知识和更宽广的专业视野。未来电子信息系统的设计越来越要求软件和硬件的协同规划、协同设计和协同调试。

(3) 新兴电子信息技术的发展依赖于半导体产业的不断推动，半导体厂商为设计者提供了越来越丰富的生态资源，系统集成厂商的全方位配合又加速了这种生态资源的进一步完善。半导体厂商和系统集成厂商所建立的这种生态系统，为未来的设计者提供了更加便捷却又必须依赖的设计资源。

教育部2012年颁布了新版《高等学校本科专业目录》，将电子信息类专业进行了整合，为各高校建立系统化的人才培养体系，培养具有扎实理论基础和宽广专业技能的、兼顾“基础”和“系统”的高层次电子信息人才给出了指引。

传统的电子信息学科专业课程体系呈现“自底向上”的特点，这种课程体系偏重对底层元器件的分析与设计，较少涉及系统级的集成与设计。近年来，国内很多高校对电子信息类专业课程体系进行了大力度的改革，这些改革顺应时代潮流，从系统集成的角度，更加科学合理地构建了课程体系。

为了进一步提高普通高校电子信息类专业教育与教学质量，贯彻落实《国家中长期教育改革和发展规划纲要(2010—2020年)》和《教育部关于全面提高高等教育质量若干意见》(教高【2012】4号)的精神，教育部高等学校电子信息类专业教学指导委员会开展了“高等学校电子信息类专业课程体系”的立项研究工作，并于2014年5月启动了《高等学校电子信息类专业系列教材》(教育部高等学校电子信息类专业教学指导委员会规划教材)的建设工作。其目的是为推进高等教育内涵式发展，提高教学水平，满足高等学校对电子信息类专业人才培养、教学改革与课程改革的需要。

本系列教材定位于高等学校电子信息类专业的专业课程，适用于电子信息类的电子信息工程、电子科学与技术、通信工程、微电子科学与工程、光电信息科学与工程、信息工程及其相近专业。经过编审委员会与众多高校多次沟通，初步拟定分批次(2014—2017 年)建设约 100 门课程教材。本系列教材将力求在保证基础的前提下，突出技术的先进性和科学的前沿性，体现创新教学和工程实践教学；将重视系统集成思想在教学中的体现，鼓励推陈出新，采用“自顶向下”的方法编写教材；将注重反映优秀的教学改革成果，推广优秀的教学经验与理念。

为了保证本系列教材的科学性、系统性及编写质量，本系列教材设立顾问委员会及编审委员会。顾问委员会由教指委高级顾问、特约高级顾问和国家级教学名师担任，编审委员会由教育部高等学校电子信息类专业教学指导委员会委员和一线教学名师组成。同时，清华大学出版社为本系列教材配置优秀的编辑团队，力求高水准出版。本系列教材的建设，不仅有众多高校教师参与，也有大量知名的电子信息类企业支持。在此，谨向参与本系列教材策划、组织、编写与出版的广大教师、企业代表及出版人员致以诚挚的感谢，并殷切希望本系列教材在我国高等学校电子信息类专业人才培养与课程体系建设中发挥切实的作用。

吕志伟 教授

前言
PREFACE

"信息论与编码"是一门理论性很强的课程，是电子信息类学科及相关专业的必修课程之一，其主要内容包括信息论基础和编码理论。"信息论与编码"指出了通信工程的一般性规律和理论极限，它对实际通信系统的设计产生了深刻的影响。由于其中涉及大量的数学分析、论证和建模，对于学生特别是本科生而言，是具有一定难度的。针对这种情况，我们编写了《信息论与编码基础教程》。根据学生对以往的信息论与编码类教材的反馈意见及教学中的体会及心得，本书对《信息论与编码基础教程》进行再版，遵照由浅入深、循序渐进的教学规律，系统地组织本书的内容。

本书概念清晰、重点突出，在编写过程中强调基本原理的理解，选材时充分考虑其实用性，把信息论涉及的数学知识限制在工科高等数学和工科数学的范畴内，尽量用通俗易懂的文字和图形图表阐述基本概念、基本理论及实现原理，既有必要的数学分析，又强调物理概念的理解。全书内容包括 7 章：

第 1 章绪论，介绍了信息论与编码的基本概念，通信系统的模型及信息论与编码的研究内容和意义；

第 2 章信源及信源熵，介绍信息论的一些基本概念，包括离散信源、连续信源、自信息量、信源熵、条件熵、联合熵、熵的基本性质、离散序列熵、连续信源熵及最大熵定理、冗余度等，对信源的信息测度给出定量的描述；

第 3 章信道与信道容量，介绍信道的基本概念，包括信道的分类、数学模型及参数、互信息、平均互信息、数据处理中信息的变化、信道容量的概念及计算、串联信道和并联信道的信道容量及信源与信道的匹配等；

第 4 章信息率失真函数，介绍失真函数和信息率失真函数的定义及性质，给出了在一定失真限度内信源能输出的最小传输速率；

第 5 章信源编码，介绍信源编码的基本概念、码的分类、无失真信源编码定理、常用的无失真信源编码方法，包括香农码、费诺码、哈夫曼码、游程编码、算术编码等，以及限失真信源编码定理及方法；

第 6 章信道编码，介绍信道编码的基本概念与分类、信道编码的基本参数、纠错编码的基本原理、线性分组码的基本概念，包括生成矩阵和一致校验矩阵、伴随式与标准阵列译码、线性分组码的纠错能力、汉明码等，循环码的基本概念，包括循环码的多项式描述及构造方法、生成矩阵和校验矩阵、编译码电路及常用的循环码，卷积码的基本概念和描述方法、维特比译码算法及卷积码的性能限。

第 7 章加密编码，介绍加密编码的基本概念及典型的加密算法，还引入信息安全性的概念及相关技术。

本书由孙海欣主编，其中第1章由张丽英编写，第2章、第4章、第5章和第6章由孙海欣编写，第3章和第7章由张猛编写。全书由孙海欣统稿。在编写过程中，本书的插图得到了王守利、王浩的大力帮助，在此表示衷心的感谢。

由于编者的学术水平有限，书中难免有不妥或谬误之处，殷切希望读者批评指正。

编　者

2017年元月

目录

CONTENTS

第1章 绪 论

CHAPTER 1

科学技术的发展使人类进入了高速发展的信息化时代，特别是20世纪后半叶，计算机技术、微电子技术、通信技术的迅猛发展及相关设备的迅速更新换代，极大地提高了人们处理信息、存储信息、控制和管理信息的能力，信息的重要性不言而喻。作为现代科学技术基础理论之一的信息论在各个领域的应用和推广使许多经典的概念有了全新的解释，使过去曾经不确切的描述有了精确的定量分析方法。

信息论是人们在长期通信工程的实践中，由通信技术、概率论、随机过程和数理统计等学科相结合而逐步发展起来的一门学科。它主要研究信息、信息熵、通信系统、数据传输、密码学、数据压缩等问题。信息论是信息科学的主要理论基础之一。它主要研究可能性和存在性问题，为具体实现提供理论依据。

信息论在学术界引起了巨大的反响，在香农信息论的指导下，为提高通信系统信息传输的有效性和可靠性，人们在信源编码和信道编码两个领域进行了卓有成效的研究，取得了丰硕的成果。随着信息理论的迅猛发展和信息概念的不断深化，信息论所涉及的内容早已超越了通信工程的范畴，进入了信息科学这一更广、更新的领域，并渗透到许多学科，得到了多个领域的重视。

本章主要讨论以下内容：

- 信息的定义及特征，信息论与编码理论的发展历史；
- 通信系统的模型及其各部分的作用；
- 信息论的主要研究内容；
- 信息论对信源编码和信道编码研究的指导意义。

1.1 信息论与编码的基本概念

1.1.1 信息的一般概念

当今社会，人们在各种生产、科学研究和社会活动中，无处不涉及信息的交换和利用。可以说，在我们周围充满了信息，我们正处于“信息社会”中。通过电话、电报、传真和电子邮件，人们可以自由地交流信息；通过报纸、书刊、电子出版物和因特网等媒介，人们可以有选择地获取大量信息；通过电台、电视台等视听媒体，人们可以“身临其境”地感受最新信息。但以上所述还远不能概括信息的全部含义：四季交替透露的是自然界的信息，而牛顿定律提示的是物体运动内在规律的信息。信息含义之广几乎可以涵盖整个宇宙，且内容庞杂，层次混叠，不易理清。现代的信息技术使得我们能够快速、有效地获取有价值的信息，而信息的价值则体现在社会生活的方方面面，可以给我们带来无尽的益处。因此，迅速获取信息，正确处理信息，充分利用信息，既能促进科学技术和国民经济的飞跃发展，又能在各种形式的竞争中占得先机。

如今有关信息的新名词、新术语层出不穷，信息产业在社会经济中所占的份额也越来越大，信息基础设施建设速度之快成了当今社会的重要特征之一，物质、能源、信息构成了现代社会生存发展的三大基本支柱。

信息的价值在于它为人们能动地改造外部世界提供了可能，信息所揭示的事物运动规律为人们应用这些规律提供了可能，而信息所描述的事物状态也为人们推动事物向有利的方向发展提供了可能。掌握的资源和能量越多，面对同样的信息时人们能用以改造世界的可能性也越大。今天我们所掌握的物质力量比过去增大了不知多少倍，因此，信息对于当今社会的发展和人们生活的重要性较之几百年前、几十年前甚至十几年前都有很大的提高。这是信息社会的一个重要特征。

信息的重要性不言而喻，那么，如此神通广大、无处不在而又无所不能的信息究竟是什么呢?

信息是信息论中最基本、最重要的概念，既抽象又复杂。关于信息的科学定义，到目前为止，国内外已提出近百种，它们从不同的侧面和不同的层次来揭示信息的本质。从本质的意义上说，信息是人类社会活动所产生的各种状态和消息的总称，信息是人们对客观事物运动规律及其存在状态的认识。

在信息论和通信理论中会经常遇到信息、消息和信号这 3 个既有联系又有区别的名词，下面对它们进行定义和比较。

信息是指各个事物运动的状态及状态变化的方式。人们从对周围世界的观察中获取信息。信息是抽象的意识或知识，它是看不见、摸不着的，而且信息仅仅与随机事件的发生相关，非随机事件的发生不包含任何信息。也就是说，信息量的大小与随机事件发生的概率有直接的关系，概率越小的随机事件一旦发生，它所包含的信息量就越大；而概率越大的随机事件一旦发生，它所包含的信息量就越小。

消息是信息的载体。它是指包含信息的语音、文字、数字和语言等。例如我们每天从广播节目、报纸和电视节目中获得的各种新闻及其他消息。在通信中，消息是指担负着传送信息任务的单个符号或符号序列。可见，消息是具体的，它载荷信息，但它不是物理性的。信息只与随机事件的发生有关。每时每刻在世界上的每个地方，都会有各种事件发生，这些事件的发生绝大多数是随机的，即这些随机事件的消息中含有信息；如果事件的发生是确定的，那么该消息中就不含信息，该消息的传输也就失去了意义。

信号是消息的物理体现。为了在信道上传输消息，就必须把消息加载(调制)到具有某种物理特征的信号上去。信号是信息的载体，是具有物理性的，如电信号、光信号、声信号等。

通信系统传送的本质内容是信息，发送端需将信息表示成具体的消息，再将消息载至信号上，才能在实际的通信系统中传输。信号到了接收端(信息论里称为信宿)经过处理变成文字、话音或图像等形式的消息，人们再从中得到有用的信息。在接收端将含有噪声的信号经过各种处理和变换，从而获取有用信息的过程就是信息提取，提取有用信息的过程或方法主要有检测和估计两类。载有信息的可观测、可传输、可存储及可处理的信号,均称为数据。作为系统设计人员,我们所接触的只是信号,而这种信号最终要变成消息的形式才能被大众所接受。

信息的基本概念在于它的不确定性,任何已确定的事物都不含有信息。信息具有以下特征:

(1) 接收者在收到信息之前,对其内容是未知的,所以信息是新知识、新内容。

(2) 信息是能使认识主体对某一事物的未知性或不确定性减少的有用知识。

(3) 信息可以产生,也可以消失,同时信息可以被携带、存储及处理。

(4) 信息是可以被度量的。

1.1.2 信息论与编码的发展历程

信息论从诞生至今已经历半个多世纪,目前已成为一门独立的学科。而编码理论与技术研究也有半个世纪的历史,并从刚开始作为信息论的一个组成部分逐步发展成为较完善的独立体系。回顾它们的发展历史,我们可以清楚地看到该理论是如何在实践中经过抽象、概括、提高而逐步形成和发展的。

信息论与编码理论是在长期的通信工程实践和理论研究的基础上发展起来的。最早对信息进行科学定义的是哈特莱(L. V. R. Hartley),他在1928年发表的《信息传输》一文中,首先提出"信息"这一概念。他认为,发信者所发出的信息,就是他在通信符号表中选择符号的具体方式,并主张用所选择的自由度来测度信息。哈特莱的这种理解在一定程度上能够解释通信工程中的一些信息问题,但它存在没有考虑各种可能选择方法的统计特性的局限,正是这些限制了它的适应范围。

1948年,香农在发表的著名论文 *A mathematical theory of communication*(通信的数学理论)中提出了信息量的概念和信息熵的计算方法。他用概率测试和数理统计的方法系统地讨论了通信的基本问题,得出了几个重要而带有普遍意义的结论。该论文是一篇代表现代信息论的开创性的权威论文,为现代信息论奠定了基础,香农也因此成为信息论的奠基人。

在香农等人的研究基础上,通信技术界的科学工作者的主要精力转到信源编码和信道编码的实现技术上,并在这方面取得了稳步的发展。

20世纪60年代信道编码技术有了较大进展,成为信息论的又一重要分支。汉明首先做出了贡献,提出了一种重要的线性分组码——汉明码,此后人们把代数方法引入到纠错码的研究,形成了代数编码理论,并使分组码技术的发展达到了高峰,找到了大量可纠正多个错误的码,而且提出了可实现的译码方法。20世纪70年代,卷积码和概率译码有了重大突破,提出了序列译码和Viterbi译码方法,并被美国卫星通信系统采用,这使香农理论成为真正具有实用意义的科学理论。1982年G. Underboeck提出了将信道编码和调制结合在一起的网格编码调制方法,这种方法无需增大带宽和功率,以增加设备的复杂度换取编码增益,受到了广泛关注,在目前的通信系统中占据统治地位。

信源编码的研究落后于信道编码。香农首先提出了无失真信源编码定理,也给出了简单的编码方法。1952年,费诺和哈夫曼分别提出了各自的编码方法,并证明其方法都是最佳编码法。1959年香农在 *Coding theorems for a discrete source with a fidelity criterion*

(保真度准则下的离散信源编码定理)中系统地提出了**信息率失真理论和限失真信源编码定理**。这两个理论是**数据压缩的数学基础**,为各种信源编码的研究奠定了基础。20 世纪 60 年代到 70 年代,人们开始将各种正交变换用于信源压缩编码,先后提出 DFT、DCT、WHT、ST、KLT 等多种变换,综合性能最好的是 DCT 变换,目前已被多种图像压缩国际标准用作主要压缩手段,得到了极为广泛的应用。除了经典的信源压缩编码方法的研究外,20 世纪 90 年代初开始,针对图像类信源的特点,人们提出了多种压缩编码方法,包括小波变换编码、分形编码、模型编码等。这些方法可以有效地消除图像信源的各种冗余,并且还有很大的发展空间,有关其实际应用问题,还在继续探讨之中。

1.2 通信系统的模型

典型的通信系统物理模型如图 1-1 所示。下面介绍模型中各个部分的作用及需要研究的核心问题。

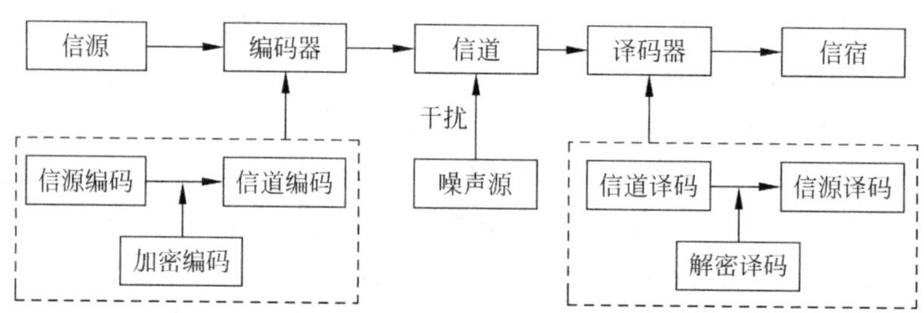

图 1-1 通信系统模型

1. 信源

信源是产生消息或消息序列的源头。信源本身十分复杂,它可以是人、生物或机器,在信息论中我们仅对信源的输出进行研究。信源输出的是以符号形式出现的具体消息,通常归纳为两类:**离散消息**,例如由字母、文字、数字等符号组成的符号序列,或者单个符号;**连续消息**,例如语音、图像以及在时间上连续变化的电参数等。

信源发出的消息是随机的、不确定的,但又有一定的规律性。因此,**信源的核心问题是**它包含的信息到底有多少,怎样将信息定量地表示出来,即**如何确定信息量**。

2. 编码器

一般地说,通信系统的性能指标主要是有效性、可靠性、安全性和经济性。通信系统优化就是使这些指标达到最佳。除了经济性外,以上指标都是信息论的研究对象,可以通过各种编码处理使通信系统的性能最优化。根据信息论的各种编码定理和上述通信系统的指标,**编码器可分类 3 类:信源编码、信道编码和加密编码**。

(1) 信源编码。信源编码器的作用有两个:①把信源发出的消息变换成由二进制(或多进制)码元组成的码组,即基带信号;②通过信源编码压缩信源的冗余度,从而提高通信系统传输消息的效率。**信源编码可分为无失真信源编码和限失真信源编码**。前者适用于离散信源或数字信号;后者主要用于连续信源或模拟信号。从提高通信系统的有效性意义上说,信源编码器的主要指标是它的编码效率,即理论上所需的码率与实际达到的码率之比。一般来说,效率越高,编码器的代价也越大。

(2) 信道编码。信道编码器的作用是在信源编码器输出的码组上有目的地增加监督码元,使之具有检错或纠错的能力。**信道编码包括调制和纠错检错编码**。信道中的干扰常使通信质量下降,对于模拟信号,表现在收到的信号的信噪比下降;对于数字信号,就是误码率增大。信道编码的主要方法是增大码率或频带,即增大所需的信道容量。

(3) 加密编码。加密编码是研究如何隐蔽消息中的信息内容,以便在传输过程中不被窃听,提高通信系统的安全性。

在实际问题中,上述 3 类编码应统一考虑,以提高通信系统的性能。这些编码的目标往往是互相矛盾的。提高有效性必须去除信源符号中的冗余部分,此时信道误码会使接收端不能恢复原来的信息,这就需要提高传送的可靠性,不然会使通信质量下降;反之,为了提高可靠性而采用信道编码,往往需增加码长,也就降低了有效性。安全性也有类似情况。从理论上说,若能把 3 种编码合并成一种编码来编译,即同时考虑有效性、可靠性和安全性,可使编译码器更理想化,在经济上也能更优越。但从理论上和技术上的复杂性看,要取得有用的结果,还是相当困难的。

3. 信道和噪声源

信道是传递消息的通道,又是传送物理信号的设施。信道可以是导线、同轴电缆、传输电磁波的空间、光导纤维等传输信号的介质。信息在信道中传输时,不可避免受到噪声和干扰的影响。对于任何通信系统,干扰的性质和大小是影响系统性能的重要因素。**信道的研究问题是**它能够传送多少信息,即**信道容量的大小**。

4. 译码器

译码是把信道输出的编码信号进行反变换,以获得解码的消息。与编码器相对应,译码器也可分成信源译码、解密译码和信道译码。

5. 信宿

信宿是消息传递的对象,即接收消息的人或机器。信宿接收的消息与信源发出的消息可以相同,也可以不同。**因此,信宿需要研究的问题是能收到或提取多少信息**。

1.3 信息论与编码的研究内容与意义

1.3.1 信息论研究的主要内容

目前,关于信息论研究的内容一般有以下 3 种理解:

1. 狭义信息论

狭义信息论是在信息可以量度的基础上,对如何有效、可靠地传递信息进行研究的科学,它涉及信息的度量、信息特性、信息传输速率、信道容量以及信源和信道编码理论等问题。这部分内容是信息论的基础理论,又称为香农信息论或经典信息论。

2. 一般信息论

一般信息论主要研究信息传输和处理问题。除了香农信息论以外,还包括噪声理论、信号滤波和预测理论、统计检测与估计理论、调制理论、信息处理理论和保密理论等。

3. 广义信息论

广义信息论不仅包括上述两方面的内容,而且包括所有与信息相关的自然和社会领域,如模式识别、计算机处理理论、心理学、遗传学、神经生理学、语言学、语义学,甚至包括社会学中有关信息的问题。这是新兴的信息科学理论。

综上所述,信息论是一门运用概率论、随机过程、数理统计和近代代数的方法来研究广义的信息传输、提取和处理系统中一般规律的科学;它的主要目的是提高信息系统的可靠性、有效性和安全性,以便达到系统最优化;它的主要内容包括香农理论、编码理论、检测和估计理论、信号设计和处理理论、调制理论和随机噪声理论等。本书仅讨论信息论的基础理论,即香农信息论。

1.3.2 香农信息论对信道编码的指导意义

信息传输的可靠性是所有通信系统努力追求的首要目标。要实现高可靠性的传输,可采取诸如增大发射功率、增加信道带宽、提高天线增益等传统方法,但要实现这些方法往往难度比较大,有些场合甚至无法实现。香农信息论研究的一个主要问题是信道编码问题,信道编码是在著名的信道编码定理指导下发展起来的。该定理指出:对信息序列进行适当的编码后可以提高信道传输的可靠性,对应的编码方法即为信道编码。

香农信道编码定理(香农第二定理)仅仅是一个存在性定理,它指出只要信息传输速率小于信道容量,就存在一类编码,使信息传输的错误概率可以任意小,但并没有说明如何构造这样的码,不过该定理为寻找这种码指明了方向。数十年来,经过科学家的不懈努力,已发现许多性能优良的码和相应的译码方法,且所需信噪比越来越接近香农极限。正是在香农编码定理的指引下,信道编码理论和技术研究取得了丰硕的成果。

1.3.3 香农信息论对信源编码的指导意义

信息传输的有效性是通信系统追求的另一个重要目标。有效性是指在一定的时间内传输尽可能多的信息量,或利用每一个传送符号来携带尽可能多的信息量,这就需要对信源进行高效率的编码,尽量消除信源中的多余度(又称冗余度、剩余度)。针对系统有效性问题,香农信息论研究在保证信息传输可靠性或传输错误概率小于某一给定值的条件下,如何最有效地利用信道的传输能力;研究在给定信源和信源编码有一定失真的条件下,信源编码的最低速率是多少,或者说,在给定信源编码速率的条件下,信源编码的最小失真是多少。这是信息论在信源编码方面所要研究的理论问题,与之对应的实际问题是寻找切实可靠的和有效的信源编码与译码方法。香农信息论为我们寻找这种方法提供了理论依据和有价值的改进方向。

香农信息论描述的是事物的不确定性,因此,香农信息论讨论的冗余度是统计冗余度。这种统计冗余度包括信源中前后符号间相关性带来的冗余度和信源符号分布不均匀导致的冗余度。统计冗余度在各种信源中是普遍存在的,如何在无失真或限定失真的条件下对信源进行高效压缩编码是香农信息论研究的重点。香农第一定理和香农第三定理分别从理论上给出了无失真信源编码与限失真信源编码的压缩极限,对于压缩编码的研究具有重要的理论指导意义。香农信息论对信源统计冗余度的透彻分析为各种具体压缩编码方法的研究提供了明确的思路,如变换编码、预测编码和统计编码等均是行之有效的信源压缩编码方法,且在目前的视频、音频压缩国际标准中得到广泛的应用。

需要说明的是:香农信息论仅讨论了统计冗余度的去除,而未涉及其他类型的冗余度,实际信源如图像、语音、文本数据等都存在着大量的冗余度。信源冗余度有多种形式,如统计冗余度、结构冗余度、视觉冗余度、时间冗余度和空间冗余度等，不同类型的冗余度要采用有针对性的方法来消除。事实上对不同类型的冗余度进行深入的研究，同样可以对提高压缩编码的效率起作用，这正是目前人们对小波变换、分形编码、模型编码等新压缩方法研究兴趣较高的原因。

可以说，香农信息论是从通信系统的最优化角度来研究信息的传递和处理问题的。其最大特点是将概率统计的观点和方法引入到通信理论研究中，揭示了**通信系统中传输的对象是信息**，并对信息给出了科学和定量的描述，指出**通信系统设计的中心问题是在噪声干扰下系统如何有效而可靠地传递信息，实现这一目标的途径是编码**，而且从理论上证明了编码方法可以达到的最佳性能极限。因此，学习香农信息论对于正确理解以及进一步发展信息理论和编码技术是非常必要和有益的。

习题

1-1 简述信息、消息、信号的定义以及三者之间的关系。

1-2 简述一个通信系统包括的各主要功能模块及其作用。

1-3 简述信息论的定义。

1-4 简述信息论研究的主要内容。

第 2 章 信源及信源熵

CHAPTER 2

在信息论与编码技术中，信源是发出消息的源头，信源输出的消息通常是以符号形式具体出现的。如果信源输出的符号是确定的而且是已知的，那么该消息就不包含任何信息；只有当符号的出现是随机的，无法预知的，该符号的出现才能给观察者提供信息。通常，信源符号的出现在统计上具有某种规律性，可利用随机变量或随机矢量来表示信源，并运用概率论和随机过程的理论对信息进行研究，这是香农信息论的基本点。

本章主要讨论以下内容：

- 信源的数学模型及分类；
- 离散信源熵、条件熵、联合熵的定义及性质；
- 离散序列信源熵及其性质；
- 连续信源熵及其性质；
- 信源的冗余度。

2.1 信源的数学模型及分类

在通信系统中，收信者在未收到消息以前，对信源发出的消息是不确定的、随机的，因此可用随机变量、随机矢量或随机过程来描述信源输出的消息。按照信源发出的消息在时间上和幅度上的分布情况，信源可分为**离散信源和连续信源**两大类：

离散信源：时间和幅度上都是离散分布的信源。信源符号的取值是有限的或可数的，如文字、数字、数据等都可作为离散信源，离散信源可看作是一个随机变量或随机序列；

连续信源：时间或幅度上都是连续分布的信源。信源符号的取值是连续的，如语音、视频、图像等都可作为连续信源。连续信源可看作是一个随机过程。

对离散信源进一步细分，可将其分为**离散无记忆信源和离散有记忆信源**：

离散无记忆信源：各个符号之间是相互独立的，信源符号序列中的各个符号之间没有统计关联性，各个符号出现的概率是它自身的先验概率；

离散有记忆信源：各个符号之间不是相互独立的，信源发出的各个符号出现的概率是有关联的。

离散信源也可以根据信源发出一个消息所用符号的多少，分为：

单符号离散信源：信源每次只发出一个符号代表一个消息；

离散符号序列信源：信源每次发出一组含有两个以上符号的符号序列代表一个消息。

综上所述，离散信源主要有以下 3 种：

(1) 单符号无记忆离散信源。

(2) 无记忆的符号序列离散信源。

(3) 有记忆的符号序列离散信源。

当有记忆信源的相关性与前面的所有符号有关时，随着序列的增加，符号的相关性也会增加。当序列可能无限长的时候，记忆的长度是有限的，这显然不利于研究。为了简化问题，定义**马尔可夫信源**，即某一个符号出现的概率只与前面一个或有限个符号有关，而不取决于更前面的符号。

由此，离散信源的分类可由图 2-1 表示。

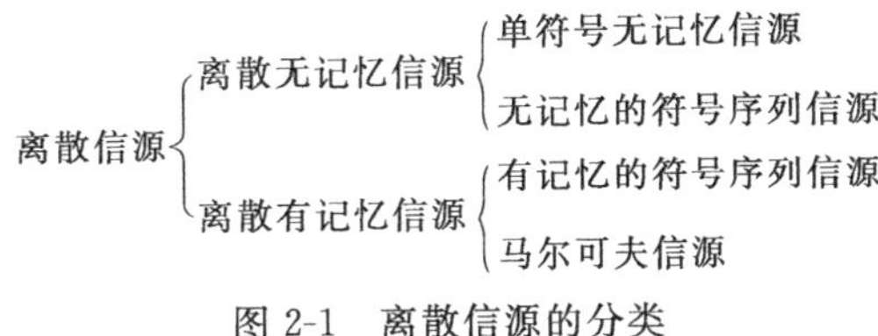

图 2-1　离散信源的分类

2.1.1　离散无记忆信源

【例 2.1.1】 在一个布袋内放 100 个球，其中红色球 80 个，白色球 20 个。随机摸取一个球观察它的颜色后放回，若用 a_1 表示红球，a_2 表示白球，则该实验的结果可用一个离散型随机变量 X 来描述：

$$\begin{bmatrix} X \\ p(x) \end{bmatrix} = \begin{bmatrix} a_1 & a_2 \\ 0.8 & 0.2 \end{bmatrix}$$

且满足 $p(a_1)+p(a_2)=1$。该实验结果不随实验次数变换，且每次实验结果互不相关，若将该实验看成一种信源，它是离散无记忆信源，且该信源每次只发出一个符号代表一个消息，属于单个符号的离散无记忆信源。

在实际应用中，有很多这样的信源，例如扔骰子、投硬币、电报符号、字母等。这些信源输出的都是单个符号的消息，它们的符号集的取值都是有限的或可数的。因此，可用一维离散型随机变量 X 的概率空间来描述这些信源的输出：

$$\begin{bmatrix} X \\ P \end{bmatrix} = \begin{bmatrix} a_1 & a_2 & \cdots & a_n \\ p(a_1) & p(a_2) & \cdots & p(a_n) \end{bmatrix} \tag{2.1.1}$$

式中，符号集 $A=\{a_1,a_2,\cdots,a_n\}$，且有 $p(a_i)\geqslant 0$，$\sum_{i=1}^{n} p(a_i)=1$。

当信源给定时，相应的样本空间和概率空间就已给定；反之，如果概率空间给定，相应的信源也就已给定。因此，概率空间能表征离散信源的统计特性。

然而，很多实际信源输出的消息往往是由一系列符号组成，例如电话号码、一段话等等。这种每次发出一组含 2 个以上符号的符号序列来代表一个消息的信源即为符号序列信源，需要用随机序列 $\boldsymbol{X}=(X_1,X_2,\cdots,X_L)$ 来描述信源的输出，用联合概率分布来表示信源特性。

以 $L=2$ 为例，信源序列为 $\boldsymbol{X}=(X_1,X_2)$，其信源的概率空间为：

$$\begin{bmatrix} X \\ P \end{bmatrix} = \begin{bmatrix} (a_1,a_1) & (a_1,a_2) & \cdots & (a_n,a_n) \\ p(a_1,a_1) & p(a_1,a_2) & \cdots & p(a_n,a_n) \end{bmatrix} \tag{2.1.2}$$

显然 $p(a_i,a_j) \geqslant 0, \sum_{i=1}^{n} p(a_i,a_j) = 1$。

离散随机序列的样值可表示为 $X_i \in (a_1,a_2,\cdots,a_n)$，由于每个随机变量取值有 n 种，对于 L 个随机变量组成的随机序列，其样值共有 n^L 种可能值，且每个样值的取值是独立的，因而该信源是无记忆信源，该信源发出的符号序列中的各个符号之间没有统计关联性，各个符号的出现概率是它自身的先验概率，因此：

$$p(X_1,X_2,\cdots,X_L) = p(X_1)p(X_2)\cdots p(X_L) \tag{2.1.3}$$

当各变量 X_i 的一维概率分布都相同 $p(X_1)=p(X_2)=\cdots=p(X_L)$，且取值于同一概率空间时，则有：

$$p(X_1,X_2,\cdots,X_L) = \prod_{l=1}^{L} p(X_l) = [p(X)]^L \tag{2.1.4}$$

将这种由信源 $\boldsymbol{X}$ 输出的 L 长随机序列所描述的信源叫做离散无记忆信源的 L 次扩展信源。扩展信源也满足完备性：

$$\sum_{i=1}^{n^L} P(\boldsymbol{X} = x_i) = 1$$

在离散无记忆信源中，信源输出的每个符号是统计独立的，且具有相同的概率空间，则称该信源为离散平稳无记忆信源，又称为独立同分布(independent identical distribution, IID)信源。

2.1.2 离散有记忆信源

一般情况下，信源在不同时刻发出的符号之间是相互依赖的。

【例 2.1.2】 在一个布袋内放 100 个球，其中红色球 80 个，白色球 20 个。先取一个球，记下颜色后不放回布袋，接着取另一个球。在取第二个球时布袋中的红球、白球概率已与取第一个球时不同，此时的概率分布与第一个球的颜色有关：

若第一个球为红球，则取第二个球时的概率为 $p(a_1)=79/99, p(a_2)=20/99$

若第一个球为白球，则取第二个球时的概率为 $p(a_1)=80/99, p(a_2)=19/99$

此时组成消息的两个球的颜色之间是有关联的，该信源是有记忆的信源，且信源发出的消息符号不止一个，因此该信源为有记忆信源。例如由英文字母组成单词，字母间是有关联性的，不是任何字母的组合都能成为单词，同样不是任何单词的排列都能形成有意义的文章等。这些都是有记忆信源。此时信源的联合概率需要引入条件概率来表示，以此反映信源发出的符号序列内各个符号之间的记忆特征：

$$p(x_1,x_2,x_L) = p(x_1)p(x_2 \mid x_1)p(x_3 \mid x_2x_1)\cdots p(x_L \mid x_{L-1}\cdots x_1) \tag{2.1.5}$$

表述的复杂度将随着序列长度的增加而增加。

实际上信源发出的符号往往只与前若干个符号有较强的依赖关系，随着长度的增加，依赖关系越来越弱，因此可以根据信源的特性和处理时的需要限制记忆的长度，使分析和处理简化。

综上所述，离散信源的统计特性主要有以下几方面：

(1) 离散消息是从有限个符号组成的符号集中选择排列组成的随机序列(组成离散消息的信源的符号个数是有限的)。

一篇文章,无论文章有多么优美,词汇多么丰富,一般所用的词都是从常用的10000个汉字里选出来的。一本英文书,不管它有多厚,总是从26个英文字母选出来,按一定词汇结构和方法关系排列起来的。

(2) 在形成消息时,从符号集中选择各个符号的概率不同。

对大量的由不同符号组成的消息进行统计,结果发现符号集中的每一个符号都是按一定的概率在消息中出现的。例如在英文中,每一个英文字母都是按照一定概率出现的,字母 e 出现得最多,z 出现得最少。

(3)组成消息的基本符号之间有一定的统计相关特性。

每一个基本符号在消息中通常是按一定概率出现的,但在具体的条件下还应作具体的分析。如英文中出现字母 h 的概率约为0.04305,这是指对大量文章统计后所得到的字母出现的可能性,但是,h 紧接在 t 后面的单词特别多,紧接在 y 后面的单词几乎没有。也就是说,在不同的具体条件下,同一个基本符号出现的概率是不同的。因此,做信源统计工作时,不仅需要做每个独立的基本符号出现的概率,还需要做前几个符号出现后下一个符号为某一基本符号的概率。

一般情况下,常常只考虑在前一个符号出现的条件下,下一个符号为某一基本符号的概率。

2.1.3 马尔可夫信源

下面讨论一类相对简单的离散平稳信源,该信源在某一时刻发出字母的概率除与该字母有关外,只与此前发出的有限个字母有关。若把这有限个字母记作一个状态 S,则信源发出某一字母的概率除与该字母有关外,只与该时刻信源所处的状态有关。在这种情况下,信源将来的状态及其送出的字母将只与信源现在的状态有关,而与信源过去的状态无关。

马尔可夫信源的定义为:若信源输出某一符号的概率仅与以前的 m 个符号有关,而与更前面的符号无关,即:

$$p(x_t \mid x_{t-1}, x_{t-2}, \cdots, x_1) = p(x_t \mid x_{t-1}, x_{t-2}, \cdots, x_{t-m}) \tag{2.1.6}$$

称该信源为 m 阶马尔可夫信源。最简单的马尔可夫信源 $m=1$,即:

$$p(x_1, x_2, x_3, \cdots, x_L) = p(x_L \mid x_{L-1})p(x_{L-1} \mid x_{L-2})\cdots p(x_2 \mid x_1)p(x_1) \tag{2.1.7}$$

若上述条件概率均与时间起点无关,则该信源被称为齐次马尔可夫信源。

对于高阶马尔可夫信源,需要引入矢量进行分析运算,处理过程较复杂。解决的办法是:将矢量转化为状态变量,通过分析系统状态在输入符号作用下的转移情况,使高阶马尔可夫过程化成一阶马尔可夫过程来处理。对于 m 阶马尔可夫信源,将该时刻以前出现的 m 个符号组成的序列定义为状态 s_i,即:

$$s_i = (x_{i_1}, x_{i_2}, \cdots, x_{i_m}) \quad x_{i_1}, x_{i_2}, \cdots, x_{i_m} \in A = \{a_1, a_2, \cdots, a_n\}$$

s_i 共有 $Q=n^m$ 种可能取值,即状态集 $S=\{s_1, s_2, \cdots, s_Q\}$。信源在某一时刻出现符号 x_j 的概率与信源此时所处的状态 s_i 有关,用符号条件概率表示为 $p(x_j|s_i)$。当信源符号 x_j 出现后,信源所处的状态将发生变化,即转入一个新的状态 s_j。

一般地,系统在时刻 m 处于状态 s_i 的条件下,经 $n-m$ 步后转移到状态 s_j 的转移概率为：

$$p_{ij}(m,n) = p\{S_n = s_j \mid S_m = s_i\} = p(s_j \mid s_i) \quad i,j = 1,2,\cdots,Q \tag{2.1.8}$$

当 $n-m=1$ 时，把 $p_{ij}(m,m+1)$ 记为 $p_{ij}(m)$，并称为基本转移概率，也称为一步转移概率。

类似地，可以定义 k 步转移概率为

$$p_{ij}^{(k)}(m,n) = p\{S_{m+k} = s_j \mid S_m = s_i\} = p_{ij}^{(k)}(m) \tag{2.1.9}$$

转移概率具有下列性质：

(1) $p_{ij}(m,n) \geqslant 0 \quad i,j \in S$；

(2) $\sum_j p_{ij}(m,n) = 1 \quad j \in S$。

对于齐次马尔可夫链，其转移概率具有推移不变性，即只与状态有关，与时刻无关，即转移概率为

$$p_{ij}(m) = p\{S_{m+1} = j \mid S_m = i\} = p_{ij}$$

由于系统在任一时刻可处于状态空间 $S=\{s_1,s_2,\cdots,s_Q\}$ 中的任意一个状态，因此状态转移时，转移概率是一个矩阵，即

$$\boldsymbol{P} = \{p_{ij}, i,j \in S\} = \begin{bmatrix} p_{11} & p_{12} & \cdots & p_{1Q} \\ p_{21} & p_{22} & \cdots & p_{2Q} \\ \vdots & \vdots & & \vdots \\ p_{Q1} & p_{Q2} & \cdots & p_{QQ} \end{bmatrix}$$

该矩阵 $\boldsymbol{P}$ 中第 i 行元素对应于从某一个状态 s_i 转移到所有状态 $s_j(s_j \in S)$ 的转移概率，且每行之和均为 1；第 j 列元素对应于从所有状态 $s_i(s_i \in S)$ 转移到同一个状态 s_j 的转移概率，每一列元素之和不一定为 1。

k 步转移概率 $p_{ij}^{(k)}$ 与 $l(l<k)$ 步和 $k-l$ 步转移概率之间满足切普曼-柯尔莫郭洛夫(Chapman-Kormotopob)方程，即

$$p_{ij}^{(k)} = \sum_r p_{ir}^{(l)} p_{rj}^{(k-l)} \tag{2.1.10}$$

特别地，当 $l=1$ 时，有

$$p_{ij}^{(k)} = \sum_r p_{ir} p_{rj}^{(k-1)} = \sum_r p_{ir}^{(k-1)} p_{rj}$$

若用矩阵表示，则

$$\boldsymbol{P}^{(k)} = \boldsymbol{P}\boldsymbol{P}^{(k-1)} = \boldsymbol{P}\boldsymbol{P}\boldsymbol{P}^{(k-2)} = \cdots = \boldsymbol{P}^k$$

因此，对于齐次马尔可夫链来说，一步转移概率完全决定了 k 步转移概率。

齐次马尔可夫链可以用马尔可夫状态转移图(又称香农线图)表示，图中每个圆圈代表一种状态，状态之间的有向线代表某一状态向另一状态的转移，有向线一侧的符号分别代表发出的符号和条件概率。

【例 2.1.3】 图 2-2(a)给出一个相对码编码器。输入码 $X_r, r=1,2,\cdots$是相互独立的，取值 0 或 1，且已知 $P(X=0)=p, P(X=1)=1-p=q$，输出的码是 Y_r，且

$$Y_1 = X_1, \quad Y_2 = X_2 \oplus Y_1, \quad \cdots$$

其中⊕表示模 2 加。Y_r 是一个马尔可夫链。当 Y_r 确定后，Y_{r+1} 的概率分布只与 Y_r 有关，与 $Y_{r-1}, Y_{r-2}, \cdots$无关。Y_r 序列的条件概率为：

$$p_{00} = p(X_2 = 0 \mid Y_1 = 0) = P(X = 0) = p$$

$$p_{01} = p(X_2 = 1 \mid Y_1 = 0) = P(X = 1) = q$$
$$p_{10} = p(X_2 = 0 \mid Y_1 = 1) = P(X = 1) = q$$
$$p_{11} = p(X_2 = 1 \mid Y_1 = 1) = P(X = 0) = p$$

即转移矩阵为$\begin{bmatrix} p & q \\ q & p \end{bmatrix}$,与 r 无关,因而是齐次的。它的状态转移图如图 2-2(b)所示。

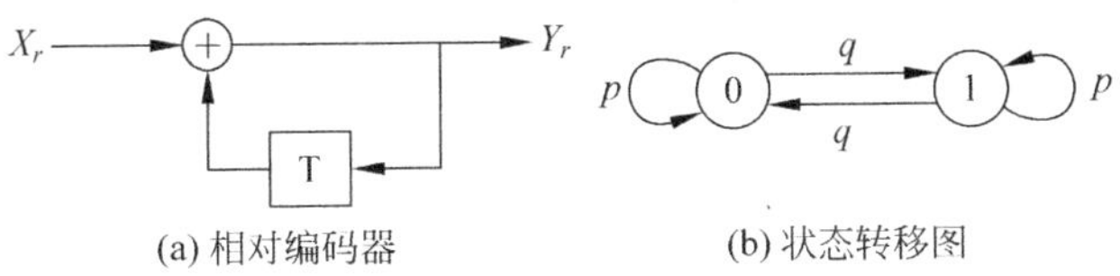

(a) 相对编码器 (b) 状态转移图

图 2-2 例 2.1.3 图

齐次马尔可夫链中通常具有以下状态:

(1) s_i 可到达 s_j,即状态 s_i 经若干步后总能到达状态 s_j;若两个状态互可到达,则称此二状态相通;

(2) 过渡态:一个状态经过若干步以后总能到达某一其他状态,但不能从其他状态返回;

(3) 吸收态:一个只能从自身返回到自身而不能到达其他任何状态的状态;

(4) 常返态:经有限步后迟早要返回的状态;

(5) 周期性:在常返态中,有些状态仅当 k 能被某整数 $d>1$ 整除时才有 $p_{ij}^{(k)}>0$,则称该马尔可夫链具有周期性;若对于 $p_{ij}^{(k)}>0$ 的所有 k 值,其最大公约数为 1,则称该马尔可夫链具有非周期性;

(6) 遍历状态:非周期的、常返的状态;

(7) 闭集:状态空间中的某一子集中的任何一个状态都不能到达子集以外的任何状态;

(8) 不可约性:闭集中除自身全体外再没有其他闭集的闭集。

一个不可约的、非周期的、状态有限的马尔可夫链,其 k 步转移概率 $p_{ij}^{(k)}$ 在 $k\to\infty$时趋于一个和初始状态无关的极限概率 $p(s_j)$,它是满足方程组

$$\begin{cases} W_j = \sum_i W_i p_{ij} \\ \sum_j W_j = 1 \end{cases} \tag{2.1.11}$$

的唯一解。式(2.1.11)中,$W_i=p(s_i)$和 $W_j=p(s_j)$均为马尔可夫链的稳态分布概率。

【例 2.1.4】 二阶马尔可夫链 $X\in\{0,1\}$,其符号条件概率如表 2-1 所示。状态变量 $S=(00,01,10,11)$,则状态转移矩阵为

$$P = [p(s_j \mid s_i)] = \begin{bmatrix} 1/2 & 1/2 & 0 & 0 \\ 0 & 0 & 1/3 & 2/3 \\ 1/4 & 3/4 & 0 & 0 \\ 0 & 0 & 1/5 & 4/5 \end{bmatrix}$$

相应的状态转移图如图 2-3 所示。

表 2-1 符号条件概率 $p(a_j|s_i)$

起始状态	符号	
	0	1
00	1/2	1/2
01	1/3	2/3
10	1/4	3/4
11	1/5	4/5

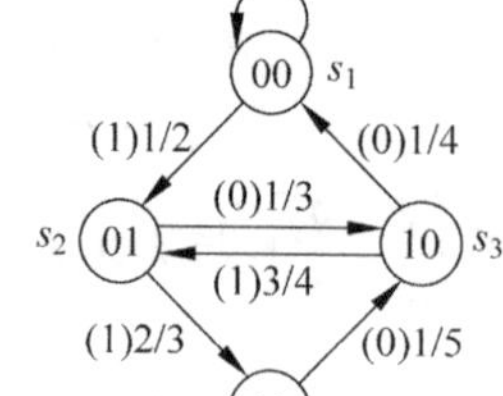

图 2-3 二阶马尔可夫信源状态转移图

令各状态的稳态分布概率为 W_1,W_2,W_3,W_4，根据式(2.1.11)列方程得：

$$W_1=\frac{1}{2}W_1+\frac{1}{4}W_3,\quad W_2=\frac{1}{2}W_1+\frac{3}{4}W_3,\quad W_3=\frac{1}{3}W_2+\frac{1}{5}W_4,\quad W_4=\frac{2}{3}W_2+\frac{4}{5}W_4$$

$$W_1+W_2+W_3+W_4=1$$

解得稳态分布的概率为 $W_1=\frac{3}{35},W_2=\frac{6}{35},W_3=\frac{6}{35},W_4=\frac{4}{7}$。

值得注意的是，上面解得的是稳定后的状态概率分布 $p(s_i)$，而稳定后的符号概率分布为

$$p(a_1)=\sum_i p(a_i\mid s_i)p(s_i)=\frac{1}{2}\times\frac{3}{35}+\frac{1}{3}\times\frac{6}{35}+\frac{1}{4}\times\frac{6}{35}+\frac{1}{5}\times\frac{4}{7}=\frac{9}{35}$$

$$p(a_2)=\sum_i p(a_i\mid s_i)p(s_i)=\frac{1}{2}\times\frac{3}{35}+\frac{2}{3}\times\frac{6}{35}+\frac{3}{4}\times\frac{6}{35}+\frac{4}{5}\times\frac{4}{7}=\frac{26}{35}$$

2.1.4 连续信源

有的信源输出的消息也是单个符号，但消息的数量是无限的，如符号集 A 的取值是介于 a 和 b 之间的连续值，或者取值为实数集 $\boldsymbol{R}$ 等。此时可用一维的连续型随机变量来描述这些消息，一般用概率密度函数 $p_X(x)$ 来表示其概率空间：

$$\begin{bmatrix}X\\P\end{bmatrix}=\begin{bmatrix}(a,b)\\p_X(x)\end{bmatrix}\tag{2.1.12}$$

式中 $p_X(x)\geqslant 0,\int_a^b p_X(x)\mathrm{d}x=1$。

例如，一个袋子中有很多干电池，随机摸取一节干电池，用电压表测量其电压值作为输出符号，该信源每次输出一个符号，但符号的取值是在[0, 1.5]之间的所有实数，每次测量值是随机的，该信源即为发出单个符号的连续无记忆信源。

在有些情况下，可将符号的连续幅度进行量化，其取值转换成有限的或可数的离散值，也就是把连续信源转换成离散信源来处理。

在实际应用中，还有一些信源输出的消息不仅在幅度上是连续的，在时间上或频率上也是连续的，即所谓的模拟信号。如话音信号、电视图像信号等都是时间连续、幅度连续的模拟信号。某一时刻的取值是随机的，通常用随机过程$\{x(t)\}$来描述。为了与时间离散的连续信源相区别，模拟信号有时也称为随机波形信源。这种信源处理起来就更复杂了。

随机波形信源利用时域采样定理将其转换为时间离散、幅度连续的序列，并且通过规定间隔的取样即可完全恢复原始的波形信源。

时域采样定理：如果某一时间连续函数 $f(t)$ 的频带受限，最高为 f_m，则函数 $f(t)$ 不失真采样的条件是采样频率 $f_s \geqslant 2f_m$ 或采样间隔 $T_s \leqslant 1/2f_m$。

若函数 $f(t)$ 在时间上受限 $0 \leqslant t \leqslant t_B$，则采样的点数为 $2f_m t_B$。可见，频率受限 f_m、时间受限 t_B 的任何时间连续函数完全可以由 $2f_m t_B$ 个采样值来描述。这样，就把时间连续的函数变换成了时间离散、幅度连续的样值序列。同样，频率连续的函数也可以通过频域采样离散化。

频域采样定理：时间受限于 t_B 的频域连续函数，在 $0 \sim 2\pi$ 的数字频域上不失真采样 L 点的条件是时域延拓周期 LT 大于等于原时域信号的最大持续时间 t_B 即 $LT \geqslant t_B$。

若函数在频率上受限 $0 \leqslant f \leqslant f_m$，则采样点数 $L \geqslant t_B f_s \geqslant 2t_B f_m$。也就是说函数完全可以由各采样点的值来恢复。这样，就把频率连续的函数变换成了频率离散、幅度连续的样值序列。

但是，从理论上说任何时间受限的函数，其频谱是无限的；反之，任何频带受限的函数，其时间上是无限的。实际中，可认为函数在频带 f_m 和时间 t_B 以外的取值很小，不至于引起函数的严重失真。

所以，波形信号只要是时间上或频率上有限，都可通过采样变成时间上或频率上离散的连续符号序列。实际上，一般也会在最终的幅度上进行离散化处理，以便于数据传输、存储或计算。如果原来的随机过程是平稳的，那么采样后的随机序列也是平稳的。

一般情况下，采样得到的 $2f_m t_B$ 随机变量之间是线性相关的，也就是说这 $L=2f_m t_B$ 维连续型随机序列是有记忆的，因此随机波形信源是一种有记忆信源。

2.2 离散信源熵

根据上一节的内容可知，不同统计特性的信源，用随机变量、随机序列和随机过程来描述信源输出的消息。信源在某一时刻发出的符号是随机的，但各符号出现的概率是确定的。概率的大小决定了信息量的大小。那么信息量如何度量呢？

2.2.1 自信息量

信源 X 及其概率空间 $\begin{bmatrix} X \\ P \end{bmatrix} = \begin{bmatrix} a_1 & a_2 & \cdots & a_n \\ p(a_1) & p(a_2) & \cdots & p(a_n) \end{bmatrix}$ 是信源固有的，通常是已知的。但是信源在某一时刻会发出什么符号，接收者是不能确定的，只有当信源发出的符号通过信道的传输到达接收端后，收信者才能得到消息，消除不确定性。符号出现的概率不同，它的不确定性就不同。概率越大，不确定性就越小；反之符号出现的概率越小，不确定性就越大，一旦出现，接收者获得的信息量就越大。因此，符号出现的概率与信息量是单调递减关系。

定义概率为 $p(x_i)$ 的符号 x_i 的自信息量为

$$I(x_i) = -\log_a p(x_i) \tag{2.2.1}$$

自信息量的单位与所用的对数底数有关。在信息论中常用的对数底数是 2，此时信息量的单位为比特(bit)；若以 e 为底，则信息量的单位为奈特(nat)；若以 10 为底，则信息量的单位为笛特(det)。

若信源发送二进制码元“0”和“1”，符号概率分别为 $p(0)=1/4$ 和 $p(1)=3/4$，则这两个符号所包含的信息量分别为：

$$I(0)=-\log_2 1/4=2\text{bit}$$

$$I(1)=-\log_2 3/4=0.415\text{bit}$$

因为0出现的概率小，所以一旦出现，收信者获得的信息量就很大。

若信源以等概率发送二进制码元“0”和“1”，则自信息量 $I(0)=I(1)=1\text{bit}$。也就是说，不管出现“0”还是“1”，收信者获得的信息量均为1bit，这样的信源就可以用1bit的信息来表示。若由该信源输出 m 位的二进制数，因此有 2^m 个等概率的可能组合，此时每个符号的自信息量均相等，$I=-\log_2 1/2^m=m\text{bit}$，即需要用 $m$bit 的信息量来表明和区分二进制数。

上述自信息量是指信源符号出现以后，提供给收信者的信息量。这里要引入另一个概念——不确定度。信源符号在被发送之前，存在不确定度，它表征该符号的特性。例如一个出现概率很小的符号，收信者很难猜测在某个时刻上它能否发生，所以它包含的不确定度就很大。反之，一个出现概率接近于1的符号，发生的可能性很大，很容易猜测它会发生，所以它包含的不确定度就很小。符号的不确定度在数量上等于它的自信息量，两者的单位相同，但含义却不同。不确定度是信源符号固有的，不管符号是否发出；而自信息量是信源符号发出后给予接收者的。为了消除该符号的不确定度，接收者需要获得信息量。

信息量的性质如下：

(1) $p(x_i)=1, I(x_i)=0$。

(2) $p(x_i)=0, I(x_i)=1$。

(3) 非负性，即 $I(x_i)\geqslant 0$。

(4) 单调递减性。若 $p(x_1)<p(x_2)$，则 $I(x_1)>I(x_2)$。

(5) 可加性。对于两个相互独立的符号 x_i 和 y_j，当 x_i 和 y_j 同时出现时，此时的自信息量 $I(x_i,y_j)$ 等于 x_i 和 y_j 自信息量之和，即 $I(x_i,y_j)=I(x_i)+I(y_j)$。

【例 2.2.1】 英文字母中“e”的出现概率为0.105，“c”的出现概率为0.023，“o”的出现概率为0.001，分别计算它们的自信息量。

根据式(2.2.1)可求得：

“e”的自信息量 $I(\text{e})=-\log_2 0.105=3.25\text{bit}$；

“c”的自信息量 $I(\text{c})=-\log_2 0.023=5.44\text{bit}$；

“o”的自信息量 $I(\text{e})=-\log_2 0.001=9.97\text{bit}$。

假设接收端收到的消息为 y_j，发送的消息为 x_i，由于在信道中存在干扰，y_j 可能与 x_i 相同，也可能与 x_i 不同，则条件概率 $p(x_i|y_j)$ 反映接收端收到消息 y_j 而发送端发出的是 x_i 的概率，此概率称为后验概率。相应的条件自信息量 $I(x_i|y_j)$ 定义为：

$$I(x_i \mid y_j)=-\log p(x_i \mid y_j) \tag{2.2.2}$$

若两个符号 x_i, y_i 同时出现，可用联合概率 $p(x_i,y_i)$ 来表示，这时的联合自信息量 $I(x_i,y_i)$ 为

$$I(x_i,y_i)=-\log_2 p(x_i,y_i) \tag{2.2.3}$$

由于 $p(x_i,y_i)=p(x_i|y_i)p(y_i)$，则有 $I(x_i,y_i)=I(x_i|y_i)+I(y_i)$，即符号 x_i, y_i 同时出现的信息量等于 y_i 出现的信息量加上 y_i 出现以后再出现 x_i 的信息量。同理可推出 $I(x_i,y_i)=I(y_i|x_i)+I(x_i)$。

2.2.2 信源熵

自信息量 $I(x_i)$ 只是表征信源中各个符号 x_i 的不确定度，而一个信源总是包含着多个符号消息，各个符号消息又按概率空间的先验概率分布，因而各个符号的自信息量不同。因此，自信息量 $I(x_i)$ 是与概率分布有关的一个随机变量，不能作为信源总体的信息量度。

【例 2.2.2】 一个布袋内放 100 个球，其中 80 个球是红色的，20 个球是白色的，若随机摸取一个球，猜测其颜色，求平均摸取一次所能获得的自信息量。

解：该随机事件的概率空间为 $\begin{bmatrix} X \\ p(x) \end{bmatrix} = \begin{bmatrix} a_1 & a_2 \\ 0.8 & 0.2 \end{bmatrix}$

式中，x_1 表示摸出的球为红球，x_2 表示摸出的球为白球。

如果摸出的球为红球，则获得的信息量为：

$$I(x_1) = -\log_2 p(x_1) = -\log_2 0.8\text{bit}$$

如果摸出的球为白球，则获得的信息量为：

$$I(x_2) = -\log_2 p(x_2) = -\log_2 0.2\text{bit}$$

如果每次摸出一个球后又放回袋中，再进行下一次摸取。如此摸取 n 次，则红球出现的次数为 $np(x_1)$ 次，白球出现的次数为 $np(x_2)$ 次。随机摸取 n 次后总共所获得的信息量为

$$np(x_1)I(x_1) + np(x_2)I(x_2)$$

而平均随机摸取一次所获得的信息量为

$$\frac{1}{n}[np(x_1)I(x_1) + np(x_2)I(x_2)] = -[p(x_1)\log_2 p(x_1) + p(x_2)\log_2 p(x_2)] = 0.72\text{bit}$$

上述求出的量叫做平均自信息量，即平均每个符号所能提供的信息量。它只与信源各个符号出现的概率有关，可用来表征信源输出信息的总体特征。

定义信源各个离散消息的自信息量的数学期望为信源熵，记为 $H(X)$，即：

$$H(X) = E(I(X)) = \sum_i p(x_i)I(x_i) = -\sum_i p(x_i)\log_2 I(x_i) \tag{2.2.4}$$

单位为 bit/符号，信源熵又称为平均自信息量、信息熵、香农熵等。

类似地，引入信源 X 的平均不确定度的概念，它是在总体平均意义上的信源不确定度。不管信源是否输出某种符号，只要这些符号具有某种概率分布，信源的平均不确定度就确定了。它在数值上与平均自信息量相等，但含义不同。平均自信息量是消除信源不确定度时所需要的信息的量度，即获得该信息量后，信源的不确定度就消除了。由于平均不确定度的定义式(2.2.4)与统计物理学中热熵的表示形式相似，所以又把信源的平均不确定度称为信源熵。信源熵在平均意义上表征了信源的总体特性，它是信源 X 的函数，一般写成 $H(X)$，而 X 是指随机变量的整体。信源给定，概率空间就给定，信源熵就是一个确定值，不同的信源概率空间不同，因此信源熵值不同。

信源熵 $H(X)$ 的物理含义如下：

(1) 表示信源输出后每个离散消息所提供的平均信息量。

(2) 表示信源输出前信源的平均不确定度。

(3) 反映了信源 X 的随机性。

(4) 信源熵为无损压缩的极限。

【例 2.2.3】 设信源符号集 $X=\{x_1, x_2, x_3\}$，每个符号发生的概率分别为 $p(x_1)=1/2$，$p(x_2)=1/4$，$p(x_3)=1/4$。则信源熵为

$$H(X)=-\sum_{3} p(x_i)\log_2 I(x_i)=\frac{1}{2}\log_2 2+\frac{1}{4}\log_2 4+\frac{1}{4}\log_2 4=1.5\text{bit/ 符号}$$

【例 2.2.4】 电视屏上约有 $500\times600=3\times10^5$ 个格点,按每点有 10 个不同的灰度等级考虑,则可组成 $10^{3\times10^5}$ 个不同画面。按等概计算,平均每个画面可提供的信息量为

$$H(X)=-\sum_{i=1}^{n} p(x_i)\log_2 I(x_i)=-\log_2 10^{-3\times10^5}=3\times10^5\times3.32(\text{bit/ 画面})$$

另有一篇千字文章,假定每字可从万字表中任选,则不同的千字文的总篇数为

$$N=10000^{1000}=10^{4000}\text{ 篇}$$

仍按等概计算,平均每篇千字文可提供的信息量为

$$H(X)=\log_2 N=4\times10^3\times3.32\approx1.3\times10^4(\text{bit/ 篇})$$

可见,一个电视画面平均提供的信息量远远超过一篇千字文提供的信息量。

【例 2.2.5】 设信源 X 输出符号只有两个,设为 0 和 1。输出符号发生的概率分别为 p 和 q,即信源的概率空间为

$$\begin{bmatrix} X \\ P \end{bmatrix}=\begin{bmatrix} 0 & 1 \\ p & q \end{bmatrix}$$

则二元信源熵为

$$H(X)=-p\log_2 p-q\log_2 q=-p\log_2 p-(1-p)\log_2(1-p)=H(p)$$

信源熵 $H(X)$是概率 p 的函数,通常用 $H(p)$表示,取值于[0,1]区间。$H(p)$函数曲线如图 2-4 所示。从图中可看出:如果二元信源的输出符号是确定的,即 $p=1$ 或 $q=1$,则该信源不提供任何信息;反之,当二元信源符号 0 和 1 以等概率发生时,信源熵达到极大值,等于 1bit 信息量。

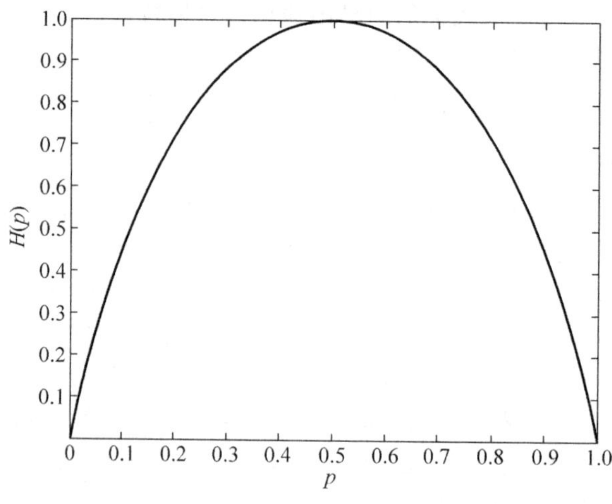

图 2-4 熵函数 $H(p)$曲线

2.2.3 条件熵和联合熵

在给定 y_j 条件下,x_i 的条件自信息量为 $I(x_i|y_j)$,X 集合的条件熵 $H(X|y_j)$定义为:

$$H(X\mid y_j)=\sum_{i} p(x_i\mid y_j)I(x_i\mid y_j) \tag{2.2.5}$$

进一步地,在给定 Y(即各个 y_j)条件下,X 集合的条件熵 $H(X|Y)$定义为:

$$H(X\mid Y)=\sum_{j}p(y_j)H(X\mid y_j)=\sum_{i,j}p(y_j)p(x_i\mid y_j)I(x_i\mid y_j)$$
$$=-\sum_{i,j}p(x_i,y_j)\log_2 p(x_i\mid y_j) \tag{2.2.6}$$

即条件熵是在联合符号集合(X,Y)上的条件自信息量的联合概率加权统计平均值。条件熵$H(X|Y)$表示已知Y后，X的不确定度。

相应地，在给定X(即各个x_i)条件下，Y集合的条件熵$H(Y|X)$定义为：

$$H(Y\mid X)=\sum_{i}p(x_i)H(Y\mid x_i)=\sum_{i,j}p(x_i)p(y_j\mid x_i)I(y_j\mid x_i)$$
$$=-\sum_{i,j}p(x_i,y_j)\log_2 p(y_j\mid x_i) \tag{2.2.7}$$

联合熵是联合符号集合(X,Y)上的每个元素对(x_i,y_j)的自信息量的概率加权统计平均值，定义为：

$$H(X,Y)=\sum_{i,j}p(x_i,y_j)I(x_i,y_j)=-\sum_{i,j}p(x_i,y_j)\log_2(x_i,y_j) \tag{2.2.8}$$

联合熵$H(X,Y)$表示X和Y同时发生的不确定度。联合熵、信源熵及条件熵之间的关系满足：

$$H(X,Y)=H(X)+H(Y\mid X)=H(Y)+H(X\mid Y) \tag{2.2.9}$$

【例 2.2.6】 二进制通信系统采用符号 0 和 1，由于存在失真，传输时会产生误码，用符号表示下列事件：u_0 表示一个 0 发出；u_1 表示一个 1 发出；v_0 表示一个 0 收到；v_1 表示一个 1 收到。给定下列概率：$p(u_0)=1/2$，$p(v_0|u_0)=3/4$，$p(v_0|u_1)=1/2$。试求：

(1) 已知发出一个 0，收到符号后得到的信息量。

(2) 已知发出的符号，收到符号后得到的信息量。

(3) 已知发出的和收到的符号，求能得到的信息量。

(4) 已知收到的符号，求被告知发出的符号得到的信息量。

解：(1) 根据题意可求出 $p(v_1|u_0)=1-p(v_0|u_0)=1/4$。因此，已知发出一个“0”，收到符号后得到的信息量为：

$$H(V\mid u_0)=\sum_{i}p(v_i\mid u_0)I(v_i\mid u_0)$$
$$=-p(v_0\mid u_0)\log_2 p(v_0\mid u_0)-p(v_1\mid u_0)\log_2 p(v_1\mid u_0)$$
$$=-\frac{3}{4}\log_2\frac{3}{4}-\frac{1}{4}\log_2\frac{1}{4}=0.82(\text{bit/符号})$$

(2) 根据题意可求得联合概率 $p(u_0,v_0)=p(v_0|u_0)p(u_0)=3/4\times1/2=3/8$，同理可得

$$p(u_0,v_1)=1/8,\quad p(u_1,v_0)=1/4,\quad p(u_1,v_1)=1/4$$

因此，已知发出的符号，求得收到符号后得到的信息量为：

$$H(V\mid U)=-\sum_{i=0}^{1}\sum_{j=0}^{1}p(u_i,v_i)\log_2 p(v_j\mid u_i)$$
$$=-\frac{3}{8}\log_2\frac{3}{4}-\frac{1}{8}\log_2\frac{1}{4}-2\times\frac{1}{4}\log_2\frac{1}{2}=0.91(\text{bit/符号})$$

(3) 解法一：根据联合熵的定义求得

$$H(U,V)=-\sum_{i=0}^{1}\sum_{j=0}^{1}p(u_i,v_i)\log_2 p(u_i,v_j)$$
$$=-\frac{3}{8}\log_2\frac{3}{8}-\frac{1}{8}\log_2\frac{1}{8}-2\times\frac{1}{4}\log_2\frac{1}{4}=1.91(\text{bit/符号})$$

解法二：$p(u_0)=p(u_1)=1/2$，求得 $H(U)=1$(bit/符号)。因此，

$$H(U,V)=H(U)+H(V\mid U)=1+0.91=1.91(\text{bit/符号})$$

(4) 根据题意可求得 $p(v_0)=\sum_{i=0}^{1}p(u_i,v_0)=5/8, p(v_1)=\sum_{i=0}^{1}p(u_i,v_1)=3/8$

解法一：先求出 $H(V)=H\left(\frac{3}{8},\frac{5}{8}\right)=0.96$(bit/符号)，再根据式(2.2.7)求得

$$H(U\mid V)=H(U,V)-H(V)=1.91-0.96=0.95(\text{bit/符号})$$

解法二：利用贝叶斯定理得

$$p(u_0\mid v_0)=\frac{p(u_0)p(v_0\mid u_0)}{p(v_0)}=\frac{\frac{1}{2}\times\frac{3}{4}}{\frac{5}{8}}=\frac{3}{5}$$

同理可得

$$p(u_1\mid v_0)=\frac{2}{5},\quad p(u_0\mid v_1)=\frac{1}{3},\quad p(u_1\mid v_1)=\frac{2}{3}$$

因此，

$$\begin{aligned}H(U\mid V)&=-\sum_{i=0}^{1}\sum_{j=0}^{1}p(u_i,v_i)\log_2 p(u_i\mid v_j)\\&=-\frac{3}{8}\log_2\frac{3}{5}-\frac{1}{4}\log_2\frac{2}{5}-\frac{1}{8}\log_2\frac{1}{3}-\frac{1}{4}\log_2\frac{2}{3}=0.95(\text{bit/符号})\end{aligned}$$

2.2.4 熵的基本性质

1. 非负性

$$H(X)=H(p_1,p_2,\cdots,p_n)\geqslant 0 \tag{2.2.10}$$

等号仅在 $p_i=1$ 时成立。当 $0<p_i<1$ 时，$\log p_i$ 是一个负数，所以熵是非负的。

2. 对称性

$$H(p_1,p_2,\cdots,p_n)=H(p_2,p_3,\cdots,p_n,p_1)=\cdots=H(p_n,p_1,\cdots,p_{n-1}) \tag{2.2.11}$$

熵函数的对称性表明，信源熵只与信源概率空间的总体结构有关，与概率分量和各信源符号的对应关系，乃至各信源符号本身无关。

3. 确定性

$$H(X)=H(0,0,\cdots,1,0)=0 \tag{2.2.12}$$

只要信源符号表中，有一个信源符号的出现概率为1，信源熵就等于零。这就是熵函数的确定性，它表明当信源任意符号以概率1出现时，其他符号均不可能出现。显然，这是一个确知信源，从熵的不确定度概念来讲，确知信源的不确定度为0。

4. 香农辅助定理

定理 2-1 对于任意 n 维概率矢量 $\boldsymbol{P}=(p_1,p_2,\cdots,p_n)$ 和 $\boldsymbol{Q}=(q_1,q_2,\cdots,q_n)$，下列不等式成立：

$$H(p_1,p_2,\cdots,p_n)=-\sum_{i=1}^{n}p_i\log p_i\leqslant-\sum_{i=1}^{n}p_i\log q_i \tag{2.2.13}$$

5. 最大熵定理

定理 2-2 离散无记忆信源输出 M 个不同的信息符号，当且仅当各个符号出现概率相

等时，熵最大。因为出现任何符号的可能性相等时，不确定性最大，即

$$H(X) \leqslant H\left(\frac{1}{M},\frac{1}{M},\cdots,\frac{1}{M}\right) = \log M \tag{2.2.14}$$

6. 条件熵小于无条件熵

条件熵小于信源熵，即 $H(Y|X) \leqslant H(Y)$，等号成立的条件为当且仅当 y 和 x 相互独立，即 $p(y|x)=p(y)$。

两个条件下的条件熵小于一个条件下的条件熵，即 $H(Z|X,Y) \leqslant H(Z|Y)$，等号成立的条件为当且仅当 $p(z|x,y)=p(z|y)$。

联合熵小于信源熵之和，即 $H(X,Y) \leqslant H(X)+H(Y)$，等号成立的条件为当且仅当两个集合相互独立，此时联合熵达到最大值，即 $H(X,Y)_{\max}=H(X)+H(Y)$。

2.3 离散序列信源熵

前面讨论了单符号的离散信源熵，并较详细地讨论了它的性质。然而，实际信源的输出往往是时间和空间上的离散随机序列，其中既有无记忆的离散信源序列，也有有记忆的离散信源序列，即序列中的符号之间有相关性。此时需要用联合概率分布函数或条件概率分布函数来描述信源发出的符号间的关系。本节重点讨论离散无记忆信源序列和两类较简单的离散有记忆信源序列。

2.3.1 离散无记忆信源的序列熵

设信源输出的随机序列为 $\boldsymbol{X}$，$\boldsymbol{X}=\{X_1,X_2,\cdots,X_L\}$，序列中的单个符号变量 $X_l \in \{x_1,x_2,\cdots,x_n\}$，即序列长度为 L。设随机序列的概率为

$$p(\boldsymbol{X}=\boldsymbol{x}_i) = p(X_1=x_{i_1},X_2=x_{i_2}\cdots,X_L=x_{i_L}) \quad i=1,2,\cdots,n^L$$

假设信源序列是无记忆的，则随机序列的概率为

$$p(\boldsymbol{X}=\boldsymbol{x}_i) = p(X_1=x_{i_1},X_2=x_{i_2}\cdots,X_L=x_{i_L}) = \prod_{l=1}^{L} p(x_{i_l})$$

此时，离散信源的序列熵为

$$\begin{aligned} H(\boldsymbol{X}) &= -\sum_{i=1}^{n^L} p(\boldsymbol{x}_i)\log p(\boldsymbol{x}_i) = -\sum_{i=1}^{n^L}\prod_{l=1}^{L} p(x_{i_l})\log\prod_{l=1}^{L} p(x_{i_l}) \\ &= -\sum_{l=1}^{L}\sum_{i=1}^{n^L}\prod_{l=1}^{L} p(x_{i_l})\log p(x_{i_l}) = \sum_{l=1}^{L} H(X_l) \end{aligned} \tag{2.3.1}$$

若信源满足平稳特性，即与序号 l 无关，则有 $H(X_1)=H(X_2)=\cdots=H(X_L)$，此时信源的序列熵为 $H(\boldsymbol{X})=LH(X)$。平均每个符号熵为：

$$H_L(\boldsymbol{X}) = \frac{1}{L}H(\boldsymbol{X}) = H(X) \tag{2.3.2}$$

可见，离散无记忆信源平均每个符号的符号熵 $H_L(\boldsymbol{X})$ 等于单个符号信源的符号熵 $H(X)$。

【例 2.3.1】 有一个无记忆信源，随机变量 $X \in (0,1)$，等概率分布，若以单个符号出现为一事件，则信源熵为：

$$H(X) = H\left(\frac{1}{2},\frac{1}{2}\right) = 1(\text{bit/ 符号})$$

即用 1bit 就可表示该事件。如果以两个符号出现为一事件，则 $\boldsymbol{X}\in(00,01,10,11)$，信源的序列熵为 $H(\boldsymbol{X})=\log_2 4=2$(bit/符号)，即用 2bit 才能表示该事件。此时信源的符号熵为

$$H_2(\boldsymbol{X})=\frac{1}{2}H(\boldsymbol{X})=1(\text{bit/ 符号})$$

2.3.2 离散有记忆信源的序列熵

对于有记忆信源，则不像无记忆信源那样简单，它必须引入条件熵的概念，而且只能在某些特殊情况下才能得到一些有价值的结论。

对于由两个符号组成的联合信源，有下列结论：

(1) $H(X_1,X_2)=H(X_1)+H(X_2|X_1)=H(X_2)+H(X_1|X_2)$

上式表明信源的联合熵等于信源发出前一个符号 X_1 的信息熵加上前一个符号 X_1 已知时信源发出下一个符号 X_2 的条件熵。当前后符号无依存关系时，有下列推论：

$$H(X_1,X_2)=H(X_1)+H(X_2),\quad H(X_1\mid X_2)=H(X_1),\quad H(X_2\mid X_1)=H(X_2)$$

(2) $H(X_1)\geqslant H(X_1|X_2)$，$H(X_2)\geqslant H(X_2|X_1)$。

对于多个符号构成的有记忆信源，若信源序列长为 L，此时信源的序列熵为：

$$H(\boldsymbol{X})=H(X_1)+H(X_2\mid X_1)+\cdots+H(X_L\mid X_1\cdots X_{L-1})$$

记作

$$H(\boldsymbol{X})=H(X^L)=\sum_{l=1}^{L}H(X_l\mid X^{l-1})\tag{2.3.3}$$

平均每个符号的熵为

$$H_L(\boldsymbol{X})=\frac{1}{L}H(X^L)\tag{2.3.4}$$

当信源退化为无记忆时，有

$$H(\boldsymbol{X})=\sum_{l=1}^{L}H(X_l)$$

若又满足平稳性，则有

$$H(\boldsymbol{X})=LH(X)$$

这一结论与离散无记忆信源结论是完全一致的。可见，无记忆信源是有记忆信源的一个特例。

【例 2.3.2】 已知离散有记忆信源中各符号的概率空间为 $\begin{bmatrix}X\\P\end{bmatrix}=\begin{bmatrix}a_1 & a_2 & a_3\\ \frac{11}{36} & \frac{4}{9} & \frac{1}{4}\end{bmatrix}$。信源发出二重符号 (a_i,a_j)，这两个符号的概率关联性用条件概率 $p(a_j|a_i)$ 表示，如表 2-2 所示。求信源的序列熵和平均符号熵。

表 2-2 条件概率表示两符号的关联性

a_i \ a_j	a_1	a_2	a_3
a_1	9/11	2/11	0
a_2	1/8	3/4	1/8
a_3	0	2/9	7/9

解：根据 $p(a_i,a_j)=p(a_i)p(a_j|a_i)$，计算出联合概率 $p(a_i,a_j)$：

$$[p(a_i,a_j)]=\begin{bmatrix}1/4 & 1/18 & 0\\ 1/18 & 1/3 & 1/18\\ 0 & 1/18 & 7/36\end{bmatrix}$$

条件熵：$H(X_2 \mid X_1) = -\sum_{i=1}^{3}\sum_{j=1}^{3}p(a_i,a_j)\log_2 p(a_j \mid a_i) = 0.872(\text{bit/符号})$

单符号信源熵：$H_1(\boldsymbol{X})=H(X_1)=-\sum_{i=1}^{3}p(a_i)\log_2 p(a_i)=1.543(\text{bit/符号})$

二重符号的序列熵：$H(X_1,X_2)=H(X_1)+H(X_2|X_1)=1.543+0.872=2.415(\text{bit/符号})$

平均符号熵：$H_2(\boldsymbol{X})=\dfrac{1}{2}H(X^2)=1.21(\text{bit/符号})$

比较上述结果可知 $H_2(\boldsymbol{X})<H_1(\boldsymbol{X})$，即二重序列的符号熵值较单符号熵变小了，也就是不确定度减小了，这是由符号之间存在的关联性造成的。

对于离散平稳信源序列，有下列性质：

(1) 时间推移不变性：

$p(X_{i_1}=x_1,X_{i_2}=x_2\cdots,X_{i_L}=x_L)=p(X_{i_1+h}=x_1,X_{i_2+h}=x_2\cdots,X_{i_L+h}=x_L)$

(2) $H(X_L|X^{L-1})$是 L 的单调非增函数。

(3) $H_L(\boldsymbol{X})\geqslant H(X_L|X^{L-1})$。

(4) $H_L(\boldsymbol{X})$是 L 的单调非增函数；进一步推广得

$$H_0(X)\geqslant H_1(X)\geqslant H_2(\boldsymbol{X})\geqslant\cdots\geqslant H_\infty(\boldsymbol{X}) \tag{2.3.5}$$

式中，$H_0(X)$表示等概率分布时的熵，即最大熵。

(5) 当 $L\to\infty$时，

$$H_\infty(\boldsymbol{X})=\lim_{L\to\infty}H_L(\boldsymbol{X})=\lim_{L\to\infty}H(X_L\mid X_1,X_2,\cdots,X_{L-1}) \tag{2.3.6}$$

式中，$H_\infty(\boldsymbol{X})$称为极限熵，又称为极限信息量。它是序列的平均符号熵，而不是序列熵。

2.3.3 马尔可夫信源的序列熵

设一个马尔可夫信源处在某一状态 s_i，当它发出一个符号后，所处的状态就变了，即从状态 s_i 变到了另一个状态 s_j。因此，任何时刻信源处在什么状态完全由前一时刻的状态 s_i 和此刻发出的符号决定。

当信源为 m 阶马尔可夫信源时，信源发出的符号只与前面的 m 个符号有关，而与更前面出现的符号无关。根据式(2.3.6)可得：

$$H_\infty(\boldsymbol{X})=\lim_{L\to\infty}H(X_L\mid X_1,X_2,\cdots,X_{L-1})=H(X_{m+1}\mid X_1,X_2,\cdots,X_m) \tag{2.3.7}$$

对于齐次遍历的马尔可夫信源，其状态 s_i 由 $x_{i_1},x_{i_2},\cdots,x_{i_m}$ 唯一确定，因此

$$p(x_{i_{m+1}}\mid x_{i_1},x_{i_2},\cdots,x_{i_m})=p(x_{i_{m+1}}\mid s_i) \tag{2.3.8}$$

对式(2.3.8)两边同时取对数，并对 $x_{i_1},x_{i_2},\cdots,x_{i_m}$ 取统计平均，然后取负数，得：

$$\begin{aligned}\text{左边}&=-\sum_{i_1}\cdots\sum_{i_{m+1}}p(x_{i_1},x_{i_2},\cdots,x_{i_m},x_{i_{m+1}})\log p(x_{i_{m+1}}\mid x_{i_1},x_{i_2},\cdots,x_{i_m})\\&=H(X_{m+1}\mid X_1,X_2,\cdots,X_m)\\&=H_\infty(\boldsymbol{X})\end{aligned}$$

$$\begin{aligned}
\text{右边} &= -\sum_{i_1}\cdots\sum_{i_{m+1}} p(x_{i_1},x_{i_2},\cdots,x_{i_m},x_{i_{m+1}})\log p(x_{i_{m+1}}\mid s_i)\\
&= -\sum_{i_1}\cdots\sum_{i_{m+1}} p(x_{i_1},x_{i_2},\cdots,x_{i_m})p(x_{i_{m+1}}\mid x_{i_1},x_{i_2},\cdots,x_{i_m})\log p(x_{i_{m+1}}\mid s_i)\\
&= -\sum_{i_1}\cdots\sum_{i_{m+1}}\sum_{i} p(s_i)p(x_{i_{m+1}}\mid s_i)\log p(x_{i_{m+1}}\mid s_i)\\
&= \sum_{i} p(s_i)H(X\mid s_i)
\end{aligned}$$

因此

$$H_\infty(\boldsymbol{X}) = \sum_i p(s_i)H(X\mid s_i) = \sum_i W_i H(X\mid s_i) \tag{2.3.9}$$

式中，$p(s_i)=W_i$ 是马尔可夫信源的稳态分布概率，它可由式(2.1.11)计算得到，$H(X|s_i)$ 表示信源处于某一状态 s_i 时发出一个消息符号的平均不确定性，即

$$H(X\mid s_i) = -\sum_j p(x_j\mid s_i)\log p(x_j\mid s_i) \tag{2.3.10}$$

对状态 s_i 的全部可能性作统计平均，即可得到马尔可夫信源的平均符号熵 $H_\infty(\boldsymbol{X})$。

【例 2.3.3】 三状态马尔可夫信源的转移概率矩阵为 $\boldsymbol{P}=\begin{bmatrix}0.1 & 0 & 0.9\\ 0.5 & 0 & 0.5\\ 0 & 0.2 & 0.8\end{bmatrix}$，状态转移图如图 2-5 所示，试计算马尔可夫信源熵。

解：令各状态的稳态分布概率为 W_1,W_2,W_3，根据 $W_j=\sum_i W_i p_{ij}$ 和 $\sum_j W_j=1$ 列方程得：

$$\begin{cases}0.1W_1+0.5W_2=W_1\\ 0.2W_3=W_2\\ 0.9W_1+0.5W_2+0.8W_3=W_3\\ W_1+W_2+W_3=1\end{cases}$$

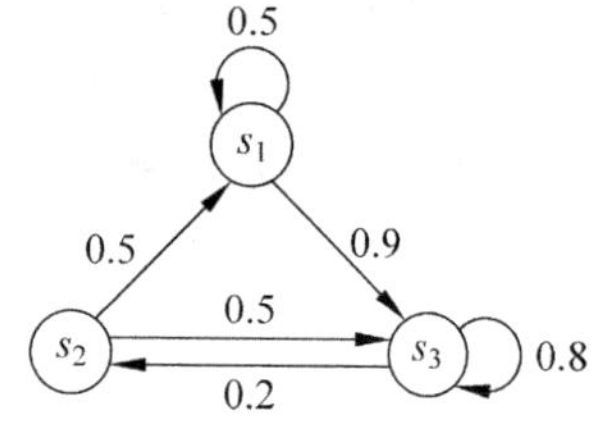

图 2-5 三状态马尔可夫信源状态转移图

解得 $W_1=5/59,W_2=9/59,W_3=45/59$。

在 s_i 状态下每输出一个符号的平均信息量为

$$H(X\mid s_1)=0.1\log_2 0.1+0.9\log_2 0.9=0.469(\text{bit/ 符号})$$
$$H(X\mid s_2)=0.5\log_2 0.5+0.5\log_2 0.5=1(\text{bit/ 符号})$$
$$H(X\mid s_3)=0.2\log_2 0.2+0.8\log_2 0.8=0.722(\text{bit/ 符号})$$

对 3 个状态取统计平均后得到信源每输出一个符号的信息量，即为马尔可夫信源熵：

$$H_\infty(\boldsymbol{X})=\sum_{i=1}^{3}W_iH(X\mid s_i)=\frac{5}{59}\times 0.469+\frac{9}{59}\times 1+\frac{45}{59}\times 0.722=0.743(\text{bit/ 符号})$$

2.4 连续信源熵

前面讨论的是离散信源的情况，其统计特性用概率分布来描述，而实际应用中常常遇到的是连续信源，这类信源不仅幅度是连续的，有些在时间上或频率上也是连续的，其

统计特性需要用概率密度函数来描述。连续变量可以用离散变量来逼近，因而连续信源的分析可借助离散信源的一些结果。下面讨论幅度连续的单个符号信源熵和连续波形信源熵。

2.4.1 幅度连续的单个符号信源熵

单符号连续信源的输出是取值连续的单个随机变量 X，其概率密度函数为 $p_X(x)$，相应的概率空间为

$$\begin{bmatrix} X \\ P \end{bmatrix} = \begin{bmatrix} (a,b) \\ p_X(x) \end{bmatrix} \text{或} \begin{bmatrix} X \\ P \end{bmatrix} = \begin{bmatrix} R \\ p_X(x) \end{bmatrix}$$

满足 $p_X(x) \geqslant 0, \int_a^b p_X(x)\mathrm{d}x = 1$ 或 $\int_R p_X(x)\mathrm{d}x = 1$。

根据中值定理，则 X 取的概率 x_i 为

$$p(x_i) = \int_{a+(i-1)\Delta x}^{a+i\Delta x} p_X(x)\mathrm{d}x = p_X(x_i)\Delta x$$

根据离散信源熵的定义，则

$$H_n(X) = -\sum_{i=1}^{n} p(x_i)\log p(x_i) = -\sum_{i=1}^{n} p_X(x_i)\Delta x \log p_X(x_i)\Delta x \tag{2.4.1}$$

当 $n\to\infty$，即 $\Delta x\to 0$ 时，由积分定义得

$$\begin{aligned} H(X) &= \lim_{n\to\infty} H_n(X) \\ &= -\int_a^b p_X(x_i)\log p_X(x_i)\mathrm{d}x - \lim_{n\to\infty}\log\Delta x\int_a^b p_X(x_i)\mathrm{d}x \\ &= -\int_a^b p_X(x_i)\log p_X(x_i)\mathrm{d}x - \lim_{n\to\infty}\log\Delta x \end{aligned}$$

上式的第一项具有离散信源熵的形式，是定值；第二项为无穷大。不考虑第二项，定义连续信源熵为

$$H_c(X) = -\int_{-\infty}^{\infty} p_X(x)\log p_X(x)\mathrm{d}x \tag{2.4.2}$$

连续信源熵与离散信源熵具有相同的形式，但意义不同。对于连续信源而言，可以假设是一个不可数的无限多个幅度值的信源，需要用无限多个二进制位数(比特)来表示，因而它的熵为无穷大。但采用式(2.4.2)来定义连续信源的熵，是因为在实际问题中，常遇到的是熵的差值，如平均互信息量，这样可使实际熵中的无穷大量得以抵消。因此，连续信源的熵具有相对性，有时又称为相对熵或差熵。

【例 2.4.1】 某一连续信源的概率密度函数如图 2-6 所示。试计算连续信源的熵。

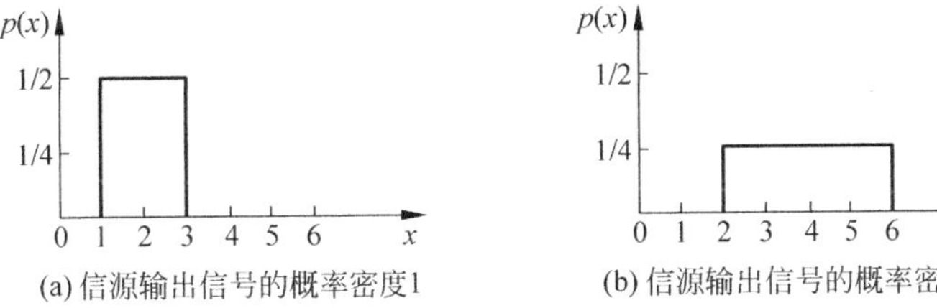

(a) 信源输出信号的概率密度1　(b) 信源输出信号的概率密度2

图 2-6 连续信源概率密度

解：图(a)所示的连续信源熵为

$$H_c(X) = -\int_{-\infty}^{\infty} p_X(x)\log_2 p_X(x)\mathrm{d}x = \int_1^3 \frac{1}{2}\log_2\frac{1}{2}\mathrm{d}x = 1(\text{bit/ 符号})$$

图(b)所示的连续信源熵为

$$H_c(X) = -\int_{-\infty}^{\infty} p_X(x)\log_2 p_X(x)\mathrm{d}x = \int_2^6 \frac{1}{4}\log_2\frac{1}{4}\mathrm{d}x = 2(\text{bit/ 符号})$$

对比两个结果，好像信源的熵增加了，其实不是的。因为两种情况的绝对熵是不会变的。熵值的变化是无穷大项造成的。由于两者逼近时所取的 Δx 不一致，因此图 2-6(a)比图 2-11(b)小了 1bit。因此，$H_c(X)$给出的熵具有相对意义，而不是绝对值。

类似于离散信源，对于两个变量 X,Y，定义连续信源的联合熵为：

$$H_c(X,Y) = -\int_{-\infty}^{\infty}\int_{-\infty}^{\infty} p_{X,Y}(x,y)\log p_{X,Y}(x,y)\mathrm{d}x\mathrm{d}y \tag{2.4.3}$$

连续信源的条件熵为

$$H_c(Y \mid X) = -\int_{-\infty}^{\infty}\int_{-\infty}^{\infty} p_X(x)p_Y(y \mid x)\log p_Y(y \mid x)\mathrm{d}x\mathrm{d}y \tag{2.4.4}$$

连续信源的熵、联合熵和条件熵也存在如下关系：

$$H_c(X,Y) = H_c(X) + H_c(Y \mid X) = H_c(Y) + H_c(X \mid Y) \tag{2.4.5}$$

2.4.2 波形信源熵

前面讨论的是单符号的连续信源，然而实际大多数信源的输入和输出都是幅度连续、时间或频率也连续的波形，可用平稳随机过程$\{x(t)\}$和$\{y(t)\}$表示。由 2.1.4 节可知，平稳随机过程可以通过采样，变换成时间上或频率上离散、幅度连续的平稳随机序列，因而平稳随机过程的熵也就是平稳随机序列的熵。

令平稳随机矢量 $\boldsymbol{X}=\{X_1,X_2,\cdots,X_L\}$和 $\boldsymbol{Y}=\{Y_1,Y_2,\cdots,Y_L\}$，则平稳随机矢量 $\boldsymbol{X}$ 和 $\boldsymbol{Y}$ 的连续熵和条件熵分别为：

$$H_c(\boldsymbol{X}) = H_c(X_1,X_2,\cdots,X_L) = -\int_R p_X(\boldsymbol{x})\log p_X(\boldsymbol{x})\mathrm{d}x \tag{2.4.6}$$

$$H_c(\boldsymbol{Y} \mid \boldsymbol{X}) = H_c(Y_1,Y_2,\cdots,Y_L \mid X_1,X_2,\cdots,X_L) = -\int_R\int_R p_X(\boldsymbol{x},\boldsymbol{y})\log p_Y(\boldsymbol{y} \mid \boldsymbol{x})\mathrm{d}x\mathrm{d}y \tag{2.4.7}$$

对于随机波形信源，可由上述各项的极限表达式($L\to\infty$)给出，即

$$H_c(x(t)) \approx \lim_{L\to\infty} H_c(\boldsymbol{X})$$

$$H_c(y(t) \mid x(t)) \approx \lim_{L\to\infty} H_c(\boldsymbol{Y} \mid \boldsymbol{X})$$

对于限频 f_m、限时 t_B 的平稳随机过程，可以用有限维 $\boldsymbol{L}=2f_mt_B$ 随机矢量表示。这样，一个频带和时间都有限的连续时间过程就变换成有限维时间离散的平稳随机序列了。平稳随机序列也满足：

$$H_c(\boldsymbol{X}) = H_c(X_1,X_2,\cdots,X_L) = H_c(X_1) + H_c(X_2 \mid X_1) + \cdots + H_c(X_L \mid X_1,X_2,\cdots,X_{L-1})$$

$$H_c(\boldsymbol{X}) = H_c(X_1,X_2,\cdots,X_L) \leqslant H_c(X_1) + H_c(X_2) + \cdots + H_c(X_L)$$

仅当随机序列中各变量统计独立时等式成立。

2.4.3 最大熵定理

离散信源在等概率时信源熵最大。那么在连续信源时，当概率密度函数满足什么条件时才能使连续信源熵最大呢？在具体的应用中，只对连续信源的两种情况进行讨论：一种是信源的输出幅度受限的情况，另一种是信源的输出平均功率受限的情况。

1. 限峰功率最大熵定理

若连续信源输出信号的幅度被限定在$[a,b]$区间内，则当其服从均匀分布时，信源具有最大熵，其值等于$\log(b-a)$。当N维随机矢量取值受限时，也只有随机分量统计独立并均匀分布时具有最大熵。

2. 限平均功率最大熵定理

若连续信源输出信号的平均功率为P，则当其幅度服从正态分布时，信源具有最大熵，其值等于$\frac{1}{2}\log 2\pi eP$。

设随机变量X的概率密度分布为$p_X(x)=\frac{1}{\sqrt{2\pi\sigma^2}}e^{\frac{-(x-m)^2}{2\sigma^2}}$，其中，$m$为数学期望，$\sigma^2$为方差，则连续熵为

$$H_c(X)=-\int_{-\infty}^{\infty}\frac{1}{\sqrt{2\pi\sigma^2}}e^{\frac{-(x-m)^2}{2\sigma^2}}\log\left[\frac{1}{\sqrt{2\pi\sigma^2}}e^{\frac{-(x-m)^2}{2\sigma^2}}\right]\mathrm{d}x$$

$$=\frac{1}{2}\log(2\pi e\sigma^2) \tag{2.4.8}$$

该定理说明，当连续信源输出信号的平均功率受限时，只有信号的统计特性符合正态分布时，才会有最大的熵值。

根据限平均功率最大熵定理可知，如果噪声满足正态分布，则噪声熵最大。因此，高斯白噪声具有最大噪声熵。也就是说，高斯白噪声是最有害的干扰，在一定平均功率条件下造成有害信息的数量最大。在设计通信系统中，常以高斯白噪声作为标准，以使系统在最坏的条件下进行设计以获得可靠的结果。

2.5 冗余度

冗余度(又称多余度或剩余度)表示给定信源在实际发出消息时所包含的多余信息，如果一个消息所包含的符号比表达这个消息所需要的符号多，那么该消息就存在冗余度。

冗余度来自两个方面。一方面是信源符号间的相关性：由于信源输出符号间的依赖关系使得信源熵减小，这就是信源的相关性。相关程度越大，信源的实际熵越小，越趋于极限熵$H_\infty(X)$；反之，相关程度减小，信源实际熵就增大。另一方面是信源符号分布的不均匀性，当等概率分布时信源熵最大。而实际应用中大多是不均匀分布，这使得实际熵减小。当信源输出符号间彼此不存在依赖关系且为等概率分布时，信源实际熵越于最大熵$H_0(X)$。

对于一般平稳信源，在实际传输时该信源的概率分布未能完全掌握，只能算出信源的最大熵$H_0(X)$，而信源的极限熵为$H_\infty(X)$。因此，定义信息效率

$$\eta=\frac{H_\infty(X)}{H_0(X)} \tag{2.5.1}$$

它表示对信源的不肯定的程度，且 $0\leqslant\eta\leqslant 1$。因此 $1-\eta$ 表示对信源的肯定性程度，由于肯定性不含有信息量，所以是冗余的。定义冗余度

$$\gamma = 1-\eta = 1-\frac{H_\infty(X)}{H_0(X)} \tag{2.5.2}$$

它表示信源中无用信息相对于信源最大熵占的比例。

冗余度的性质如下：

(1) 冗余度 γ 越大，则极限熵越小，说明信源符号之间的依赖关系越强，即符号之间的记忆长度越长。

(2) 冗余度 γ 越小，说明信源符号之间依赖关系越弱，即符号之间的记忆长度越短。

(3) 冗余度为 0，信源的极限熵等于最大熵，说明信源符号之间不但统计独立无记忆，而且各符号还是等概率分布的。

【例 2.5.1】 以英文为例，信源为 26 个字母和 1 个空格构成的序列，各字母和空格出现的概率如表 2-3 所示，计算英文信源的冗余度。

表 2-3 英文字母出现的概率

符号	概率 p_i	符号	概率 p_i	符号	概率 p_i	符号	概率 p_i
空格	0.2	I	0.055	C	0.023	B	0.0105
E	0.105	R	0.054	F,U	0.0225	V	0.008
T	0.072	S	0.052	M	0.021	K	0.003
O	0.0654	H	0.047	P	0.0175	X	0.002
A	0.063	D	0.035	Y,W	0.012	J,Q	0.001
N	0.059	L	0.029	G	0.011	Z	0.001

解：如果认为英文字母间是离散无记忆的，则等概率分布时，信源最大符号熵为

$$H_0(X) = \log_2 27 = 4.76(\text{bit/符号})$$

根据表 2-3 中的概率求得实际的符号熵为：

$$H_1(X) = -\sum_{i=1}^{27} p_i \log_2 p_i = 4.03(\text{bit/符号})$$

实际上，英文字母之间还存在着较强的相关性，不能简单地当作无记忆信源来处理。例如在英文文本中，某些双字母组与三字母组的出现频度明显高于其他字母组。例如，出现频度最高的 20 个双字母组为

th,he,in,er,an,re,ed,on,es,st,en,at,to,nt,ha,nd,ou,ea,ng,as

出现频度最高的 20 个三字母组为

the,ing,and,her,ere,tha,nth,was,eth,for,eth,hat,she,ion,int,his,sth,ers,ver,ent

跨度更大的字母组中仍然存在着相关性，因此英文信源应当作二阶、三阶直至高阶平稳信源来对待。根据有关研究可知

$$H_2(X) = 3.32(\text{bit/符号})$$
$$H_3(X) = 3.1(\text{bit/符号})$$
$$\vdots$$
$$H_\infty(X) = 1.4(\text{bit/符号})$$

若用一般传送方式，即采用等概率假设下的信源符号熵 $H_0(X)$，则信息效率和冗余度

分别为

$$\eta=\frac{1.4}{4.76},\quad \gamma=1-\eta=1-\frac{1.4}{4.76}=0.71$$

这一结论说明，英文信源从理论上看71%是多余成分。直观地说，100页英文书从理论上看仅有29页是有效的，其余71页是多余的。

因此，在实际通信系统中，为了更经济有效地传送信息，往往需要尽量压缩信源的冗余度，即所谓的信源编码。但是考虑通信系统中的抗干扰问题，需要信源具有一定的冗余度。因此在传输之前通常加入某些特殊的冗余度，即所谓的信道编码，以达到通信系统中理想的传输有效性和可靠性。

本章小结

1. 离散信源的分类

离散信源
- 离散无记忆信源
  - 单符号无记忆信源
  - 无记忆的符号序列信源
- 离散有记忆信源
  - 有记忆的符号序列信源
  - 马尔可夫信源

2. 马尔可夫信源稳态分布概率的计算

$$\begin{cases} W_j=\sum_i W_i p_{ij} \\ \sum_j W_j=1 \end{cases}$$

3. 离散信源的自信息量、信源熵、条件熵和联合熵

(1) 自信息量：$I(x_i)=-\log_a p(x_i)$

(2) 信源熵：$H(X)=E(I(X))=\sum_i p(x_i)I(x_i)=-\sum_i p(x_i)\log_2 I(x_i)$

(3) 条件熵：

$$H(Y\mid X)=\sum_i p(x_i)H(Y\mid x_i)=\sum_{i,j}p(x_i)p(y_j\mid x_i)I(y_j\mid x_i)$$
$$=-\sum_{i,j}p(x_i,y_j)\log_2 p(y_j\mid x_i)$$

(4) 联合熵：$H(X,Y)=\sum_{i,j}p(x_i,y_j)I(x_i,y_j)=-\sum_{i,j}p(x_i,y_j)\log_2(x_i,y_j)$

4. 信源熵、条件熵、联合熵之间的关系

$$H(X,Y)=H(X)+H(Y\mid X)=H(Y)+H(X\mid Y)$$
$$H(X,Y)=H(X)+H(Y)\quad X\text{和}Y\text{相互独立时}$$

5. 离散序列信源熵

(1) 无记忆信源的序列熵

$$H(X)=-\sum_{i=1}^{n^L}p(\boldsymbol{x}_i)\log p(\boldsymbol{x}_i)=-\sum_{i=1}^{n^L}\prod_{l=1}^{L}p(x_{i_l})\log\prod_{l=1}^{L}p(x_{i_l})=\sum_{l=1}^{L}H(X_l)$$

平均每个符号熵为

$$H_L(\boldsymbol{X}) = \frac{1}{L}H(\boldsymbol{X}) = H(X)$$

(2) 有记忆信源的序列熵

$$H(\boldsymbol{X}) = H(X^L) = \sum_{l=1}^{L} H(X_l \mid X^{l-1})$$

平均每个符号熵为

$$H_L(\boldsymbol{X}) = \frac{1}{L}H(X^L)$$

(3) 马尔可夫信源的序列熵

$$H_\infty(\boldsymbol{X}) = \sum_i p(s_i)H(X \mid s_i) = \sum_i W_i H(X \mid s_i)$$

6. 连续信源熵、最大熵定理

(1) 连续信源熵：$H_c(X) = -\int_{-\infty}^{\infty} p_X(x)\log p_X(x)\mathrm{d}x$

(2) 限峰功率最大熵定理：若连续信源输出信号的幅度被限定在$[a,b]$区间内，则当其服从均匀分布时，信源具有最大熵，其值等于 $\log(b-a)$。

(3) 限平均功率最大熵定理：若连续信源输出信号的平均功率为 P，则当其幅度服从正态分布时，信源具有最大熵，其值等于$\frac{1}{2}\log 2\pi e P$。

7. 信息效率与冗余度

(1) 信息效率：$\eta = \frac{H_\infty(X)}{H_0(X)}$

(2) 冗余度：$\gamma = 1-\eta = 1-\frac{H_\infty(X)}{H_0(X)}$

习题

2-1 同时掷两个均匀的骰子，当得知“两骰子面朝上点数之和为 2”“两骰子面朝上点数之和为 8”或“两骰子面朝上点数是 3 和 4”时，试问这 3 种情况获得的信息量分别是多少？

2-2 设在一只布袋中装有 100 个手感完全相同的木球，每个球上涂有一种颜色。100 个球的颜色有下列 3 种情况：

(1) 红色球和白色球各 50 个。

(2) 红色球 99 个，白色球 1 个。

(3) 红、黄、蓝、白色各 25 个。

分别求出从布袋中随意取出一个球时，猜测其颜色所需要的信息量。

2-3 一阶马尔可夫链信源有 3 个符号，转移概率矩阵为：$[p(u_j \mid u_i)] = \begin{bmatrix} 1/2 & 1/2 & 0 \\ 1/3 & 0 & 2/3 \\ 1/3 & 2/3 & 0 \end{bmatrix}$，试画出状态图并求出各符号稳态概率。

2-4 由符号集$\{0,1\}$组成的二阶马尔可夫链，其转移概率为：$p(0|00)=0.8$，$p(0|11)=0.2$，$p(1|00)=0.2$，$p(1|11)=0.8$，$p(0|01)=0.5$，$p(0|10)=0.5$，$p(1|01)=0.5$，$p(1|10)=$

0.5。画出状态图，并计算各状态的稳态概率。

2-5　设有一离散无记忆信源，其概率空间为

$$\begin{bmatrix} X \\ P(x) \end{bmatrix} = \begin{bmatrix} x_1=0 & x_2=1 & x_3=2 & x_4=3 \\ \frac{3}{8} & \frac{1}{4} & \frac{1}{4} & \frac{1}{8} \end{bmatrix}$$

(1) 求每个符号的自信息量。

(2) 信源发出一消息符号序列为{202 120 130 213 001 203 210 110 321 010 021 032 011 223 210}，求该消息序列平均每个符号携带的信息量是多少？

2-6　两个实验 X 和 Y，$X=\{x_1,x_2,x_3\}$，$Y=\{y_1,y_2,y_3\}$，联合概率 $p(x_i,y_j)=r_{ij}$ 为

$$\begin{bmatrix} r_{11} & r_{12} & r_{13} \\ r_{21} & r_{22} & r_{23} \\ r_{31} & r_{32} & r_{33} \end{bmatrix} = \begin{bmatrix} 7/24 & 1/24 & 0 \\ 1/24 & 1/4 & 1/24 \\ 0 & 1/24 & 7/24 \end{bmatrix}$$

(1) 如果有人告诉你 X 和 Y 的实验结果，你得到的平均信息量是多少？

(2) 如果有人告诉你 Y 的实验结果，你得到的平均信息量是多少？

(3) 在已知 Y 实验结果的情况下，告诉你 X 的实验结果，你得到的平均信息量是多少？

2-7　一个随机变量 x 的概率密度函数 $p(x)=kx$，$0\leqslant x\leqslant 2$，试求该信源的相对熵。

2-8　随机变量 X 表示信号 $x(t)$ 的幅度，

(1) 若 X 在 $-3\text{V}\sim 3\text{V}$ 之间服从均匀分布，求信源熵 $H_c(X)$。

(2) 若 X 在 $-5\text{V}\sim 5\text{V}$ 之间服从均匀分布，求信源熵 $H_c(X)$。

(3) 试解释(1)和(2)的计算结果。

2-9　黑白传真机的消息元只有黑色和白色两种，即 $X=\{$黑，白$\}$，一般气象图上，黑色的出现概率 p(黑)$=0.3$，白色的出现概率 p(白)$=0.7$。

(1) 假设黑白消息视为前后无关，求信源熵 $H(X)$。

(2) 假设黑白元素之间有关联，其转移概率为：p(白|白)$=0.9143$，p(黑|白)$=0.0857$，p(白|黑)$=0.2$，p(黑|黑)$=0.8$。求一阶马尔可夫信源的信源熵，并画出该信源的香农线图。

(3) 比较两种信源熵的大小，并说明原因。

2-10　设有一马尔可夫信源，已知转移概率为 $p(s_1|s_1)=2/3$，$p(s_2|s_1)=1/3$，$p(s_1|s_2)=1$，$p(s_2|s_2)=0$。试画出状态转移图，并求出信源熵。

2-11　设 X 和 Y 是两个相互独立的二元随机变量，它们的联合概率如下：

Y \ X	0	1
0	1/8	3/8
1	3/8	1/8

定义另一随机变量 $Z=XY$（一般乘积）。试计算：

(1) $H(X)$，$H(Y)$，$H(Z)$，$H(X,Z)$，$H(Y,Z)$ 和 $H(X,Y,Z)$；

(2) $H(X|Y)$，$H(Y|X)$，$H(X|Z)$，$H(Z|X)$，$H(Y|Z)$，$H(Z|Y)$，$H(X|Y,Z)$，$H(Y|X,Z)$ 和 $H(Z|X,Y)$。

第 3 章 信道与信道容量

CHAPTER 3

信道是信号传输的媒介，是传送信息的载体——信号所通过的通道。它是通信系统的重要部分，其任务是以信号方式传输和存储信息。在物理信道一定的情况下，人们总是希望传输的信息越多越好。这不仅与物理信道本身的特性有关，还与载荷信息的信号形式和信源输出信号的统计特性有关。因此，研究信道的主要目的就是研究信道中理论上能够传输或存储的最大信息量，即信道容量。

本章主要讨论以下问题：

- 信道的分类及表示信道的参数；
- 互信息与平均互信息量的定义及性质；
- 离散信道的统计特性和数学模型；
- 信道容量的概念和几种典型信道的信道容量计算方法；
- 信源与信道的匹配；
- 连续信道的容量及计算方法。

3.1 信道的基本概念

3.1.1 信道的分类

实际的通信系统有很多种，如卫星通信系统、公用电话网、微波通信系统、光纤通信系统等。相应的信道形态也是多种多样的。从信息传输的角度来考虑，可以根据输入和输出信号的形式、信道的统计特性、信道用户数量及信道中的干扰等不同因素，对信道进行分类。

(1) 根据信道中用户数量的不同，可将信道分为：

单用户信道：该信道只有一个输入端和一个输出端，信息只能向一个方向传递；

多用户信道：输入端和输出端中至少有一端存在两个或者两个以上用户，并且可以实现双向通信，一般的通信网中多数为多用户信道。

(2) 根据信道输入端和输出端的关联关系，可将信道分为：

无反馈信道：信道输出端的信号不反馈到输入端，即输出信号对输入信号没有影响；

反馈信道：信道输出的信号通过一定途径反馈到输入端，致使输入端的信号发生变化。

(3) 根据信道参数与时间的关系，可将信道分为：

恒参信道：信道的统计特性不随时间而变化。如明线、对称电缆、同轴电缆、光缆、卫星中继信道一般被视为恒参信道。

随参信道：信道的统计特性随时间而变化。大多数的信道都是随参信道，统计特性随着环境、温度、湿度而变化。如短波电离层反射信道、对流层散射信道等。

(4) 根据信道中所受噪声种类的不同，可将信道分为：

随机差错信道：信道中传输码元所遭受的噪声是随机的、独立的，这种噪声相互之间不具有关联性，码元错误不会成串出现，最具有代表性的是高斯白噪声信道。

突发差错信道：信道中噪声或者干扰对传输码元的影响具有关联性，相互之间并不独立，从而使得码元错误往往成串出现，常有的如衰落信道、码间干扰信道。在实际中这种信道经常出现，如移动通信的信道、光盘存储都属于该类信道。

(5) 根据信道中输入输出信号的特点，可将信道分为：

离散信道：输入、输出信号在时间和幅度上均离散，如电报信道和数据信道等；

连续信道：输入、输出信号的幅度是连续的，而时间是离散的，如电视和电话信道等；

半离散半连续信道：在输入和输出信号中有一个是离散的，另一个是连续的。如连续信道加上数字调制器或数字解调器后的信道就属于半离散半连续信道；

波形信道：输入输出信号在时间上和幅度上均连续，一般可用随机过程来描述。波形信道可被分解成离散信道、连续信道和半离散半连续信道来研究。

(6) 根据信道的记忆特性，可将信道分为：

有记忆信道：信道的输出不仅与当前的输入有关，而且与过去的输入和输出有关；

无记忆信道：信道的输出仅与当前的输入有关，而与过去的输入和输出无关。

事实上，信道这个名词是广义的，可以指简单的一段线路，也可以指包含了设备的复杂系统。即使在同一个通信系统中，也可以有不同的划分，在图 1-1 的通信物理模型中就可将编码、译码和信道看成一个广义的信道。当然对不同的划分，信道信号呈现出不同的特点。

3.1.2 信道的数学模型及参数

实际中的信道一般存在噪声和干扰，使输出信号与输入信号之间没有固定的函数关系，只有统计依赖的关系。因此可以通过研究分析输入输出信号的统计特性来研究信道。

设信道的输入矢量为 $\boldsymbol{X}=(X_1,X_2,\cdots,X_N)$，$X_i\in\{a_1,a_2,\cdots,a_n\}$，输出矢量为 $\boldsymbol{Y}=(Y_1,Y_2,\cdots,Y_M)$，$Y_j\in\{b_1,b_2,\cdots,b_m\}$。通常采用条件概率 $p(\boldsymbol{Y}|\boldsymbol{X})$ 来描述信道输入输出信号之间统计的依赖关系。在分析信道问题时，该条件概率通常叫做转移概率。根据信道是否存在干扰以及有无记忆，可将信道分为下面 3 大类。

1. 无干扰(无噪声)信道

由于没有干扰/噪声，信道的输出信号 $\boldsymbol{Y}$ 与输入信号 $\boldsymbol{X}$ 之间有确定的关系，即已知输入 $\boldsymbol{X}$ 就可以决定输出 $\boldsymbol{Y}$，该信道的转移概率为

$$p(\boldsymbol{Y}\mid\boldsymbol{X})=\begin{cases}1, & \boldsymbol{Y}=f(\boldsymbol{X})\\ 0, & \boldsymbol{Y}\neq f(\boldsymbol{X})\end{cases}\tag{3.1.1}$$

2. 有干扰无记忆信道

该信道的输出信号 $\boldsymbol{Y}$ 与输入信号 $\boldsymbol{X}$ 之间没有确定的关系，但转移概率满足：

$$p(\boldsymbol{Y}\mid\boldsymbol{X})=p(y_1\mid x_1)p(y_2\mid x_2)\cdots p(y_L\mid x_L)=\prod_{i=1}^{L}p(y_i\mid x_i)\tag{3.1.2}$$

即每个输出信号只与当前输入信号之间有转移概率关系，而与其他非该时刻的输入信号、输

出信号都无关,也就是无记忆。这种情况使问题得到简化,不需采用矢量形式,只要分析单个符号的转移概率 $p(y_i|x_i)$ 即可。

根据输入输出信号的符号数目,有干扰无记忆信道可进一步分为以下信道模型:

(1) 二进制离散信道。该信道模型的输入和输出信号的符号数都是 2,即 $X\in\{0,1\}$ 和 $Y\in\{0,1\}$,信道的转移概率为:

$$\boldsymbol{P}=[p(Y\mid X)]=\begin{bmatrix}1-p & p\\ p & 1-p\end{bmatrix} \tag{3.1.3}$$

相应的信道模型如图 3-1 所示。该信道的输入和输出符号均是 2,且信道满足对称性,又称为二进制对称信道(Binary Symmetric Channel,BSC)。该信道的输出比特仅与对应时刻的一个输入比特有关,而与以前的输入无关,因此是无记忆的。BSC 信道是研究二元编解码的基础,是最常用的信道模型。

(2) 离散无记忆信道。当无记忆信道的输入输出信号的符号数均大于 2,但为有限值时,称为离散无记忆信道(Discrete Memoryless Channel,DMC),信道模型如图 3-2 所示。该信道的输入符号由 n 个元素 $X\in\{a_1,a_2,\cdots,a_n\}$ 构成,而输出符号由 m 个元素 $Y\in\{b_1,b_2,\cdots,b_m\}$ 构成,信道的转移概率为:

$$\boldsymbol{P}=[p(b_j\mid a_i)]=\begin{bmatrix}p_{11} & p_{12} & \cdots & p_{1m}\\ p_{21} & p_{22} & \cdots & p_{2m}\\ \vdots & \vdots & & \vdots\\ p_{n1} & p_{n2} & \cdots & p_{nm}\end{bmatrix} \tag{3.1.4}$$

转移概率矩阵中各行元素之和为 1。即:

$$\sum_{j=1}^{m}[p(b_j\mid a_i)]=1\quad i=1,2,\cdots,n \tag{3.1.5}$$

显然,BSC 信道是 DMC 信道的特例。

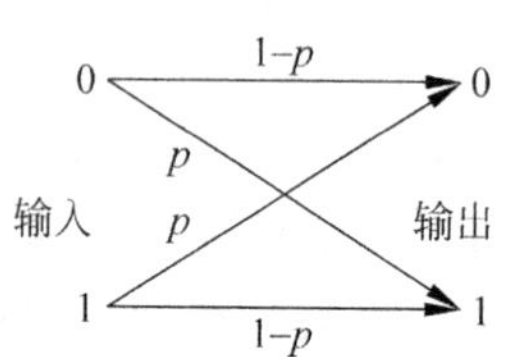

图 3-1 二进制对称信道(BSC)

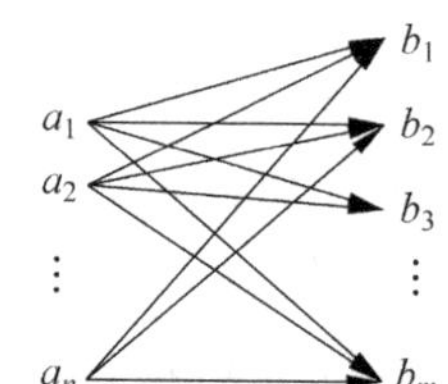

图 3-2 离散无记忆信道(DMC)

(3) 离散输入、连续输出信道。假设信道输入符号选自一个有限的、离散的输入符号集 $X\in\{a_1,a_2,\cdots,a_n\}$,而信道输出未经量化($m\to\infty$),这时的信道输出可以是实轴上的任意值,即 $Y\in\{-\infty,\infty\}$,这样的信道模型称为离散时间无记忆信道。该信道的特性由离散输入 X、连续输出 Y 以及条件概率密度函数 $p_Y(y|X=a_i)$ 来决定。

这类信道中最重要的一种是加性白高斯噪声(Additive White Gaussian Noise,AWGN)信道,该类信道的输入与输出满足:

$$Y=X+G \tag{3.1.6}$$

式中,G 是一个零均值、方差为 σ^2 的高斯随机变量。当 $X=a_i$ 给定后,Y 是一个均值为 a_i,方差为 σ^2 的高斯随机变量,即:

$$p_Y(y \mid a_i)=\frac{1}{\sqrt{2\pi}\sigma}\mathrm{e}^{\frac{-(y-a_i)^2}{2\sigma^2}} \tag{3.1.7}$$

(4) 波形信道。当信道的输入和输出都是随机过程$\{x(t)\}$和$\{y(t)\}$时，该信道称为波形信道。在实际模拟通信系统中，信道都是波形信道。为了便于分析，通常将来自各部分的噪声和干扰都集中在一起，且认为都是通过信道引入的。

由于实际波形信道的频宽总是受限的，在有限观察时间 T 内能满足限时限频条件。根据采样定理，可把波形信道的输入$\{x(t)\}$和输出$\{y(t)\}$的平稳随机过程信号离散化成 L 个时间离散、取值连续的平稳随机序列 $\boldsymbol{X}=\{X_1,X_2,\cdots,X_L\}$和 $\boldsymbol{Y}=\{Y_1,Y_2,\cdots,Y_L\}$，从而将波形信道问题转化为多维连续信道问题，信道的转移概率密度函数为：

$$p_Y(\boldsymbol{y} \mid \boldsymbol{x})=p_Y(y_1,y_2,\cdots,y_L \mid x_1,x_2,\cdots,x_L) \tag{3.1.8}$$

且满足$\int_R\int_R\cdots\int_R p_Y(y_1,y_2,\cdots,y_L \mid x_1,x_2,\cdots,x_L)\mathrm{d}y_1\mathrm{d}y_2\cdots\mathrm{d}y_L=1$。

式中，R 为实数域。若多维连续信道的转移概率密度函数满足

$$p_Y(\boldsymbol{y} \mid \boldsymbol{x})=\prod_{l=1}^{L}p_Y(y_l \mid x_l) \tag{3.1.9}$$

则称此信道为连续无记忆信道，即在任一时刻输出变量只与对应时刻的输入变量有关，而与以前时刻的输入输出都无关。

反之，如果连续信道任何时刻的输出变量与其他时刻的输入输出变量均有关，则此信道称为连续有记忆信道。

根据噪声对信道中信号的作用不同，可将噪声分为加性噪声和乘性噪声，即噪声与输入信号是相加或相乘得到输出信号。一般分析较多的、较方便的是加性噪声信道。单个符号的加性噪声信道可表示为：

$$y(t)=x(t)+n(t) \tag{3.1.10}$$

式中，$n(t)$是加性噪声过程的一个样本函数。假设噪声和信号是相互独立的，因此

$$p_{X,Y}(\boldsymbol{x},\boldsymbol{y})=p_{X,n}(\boldsymbol{x},\boldsymbol{n})=p_X(x)p_n(n) \tag{3.1.11}$$

则

$$p_Y(\boldsymbol{y} \mid \boldsymbol{x})=\frac{p_{X,Y}(\boldsymbol{x},\boldsymbol{y})}{p_X(\boldsymbol{x})}=\frac{p_{X,n}(\boldsymbol{x},\boldsymbol{n})}{p_X(\boldsymbol{x})}=p_n(n) \tag{3.1.12}$$

即信道的转移概率密度函数等于噪声的概率密度函数。进一步考虑条件熵

$$\begin{aligned}
H_c(\boldsymbol{Y} \mid \boldsymbol{X}) &= -\iint_R p_{X,Y}(\boldsymbol{x},\boldsymbol{y})\log p_Y(\boldsymbol{y} \mid \boldsymbol{x})\mathrm{d}x\mathrm{d}y \\
&= -\int_R p_X(\boldsymbol{x})\mathrm{d}x\int_R p_Y(\boldsymbol{y} \mid \boldsymbol{x})\log p_Y(\boldsymbol{y} \mid \boldsymbol{x})\mathrm{d}y \\
&= -\int_R p_X(\boldsymbol{x})\mathrm{d}x\int_R p_n(n)\log p_n(n)\mathrm{d}n \\
&= -\int_R p_n(n)\log p_n(n)\mathrm{d}n = H_c(n)
\end{aligned} \tag{3.1.13}$$

因此，条件熵 $H_c(\boldsymbol{Y}|\boldsymbol{X})$是由于噪声引起的，它等于噪声源的熵 $H_c(n)$，所以条件熵又称为噪声熵。本书主要讨论的是加性噪声信道，噪声源主要是高斯白噪声。

3. 有干扰有记忆信道

实际的信道既是有干扰的，又是有记忆的。例如数字信道中，当信道特性不理想，存在码间干扰时，输出信号不但与当前的输入信号有关，还与以前的输入信号有关，即信道是有记忆的。此时条件概率不再满足式(3.1.1)，对它的分析也更复杂。常用的处理方法有两种：

一种是将记忆很强的 L 个符号当作一个 N 维矢量符号，各矢量符号之间认为是无记忆的，这样就转化成为无记忆信道的问题。这种处理会引入误差，但随着 L 的增加，引入的误差会减小；

另一种是将转移概率 $p(\boldsymbol{Y}|\boldsymbol{X})$看成马尔可夫链的形式，即有限记忆信道。此时，信道的统计特性可用在已知时刻的输入信号和前一时刻信道所处的状态与信道的输出符号和当前所处的状态的条件概率 $p(y_n, s_n | x_n, s_{n-1})$描述，这种处理方法很复杂，通常取一阶时较简单。

以上只讨论了一些常见信道模型的参数，在分析问题时选用以上的何种信道模型完全取决于分析者的目的。在不同的研究中，会用到不同的信道模型：

(1) 如果感兴趣的是设计和分析离散信道的编解码器的性能，从工程角度出发，最常用的是 DMC 信道模型或其简化形式的 BSC 信道模型。

(2) 如果分析性能的理论极限，则多选用离散输入、连续输出信道模型。

(3) 如果想设计和分析数字调制器和解调器的性能，则可采用波形信道模型。

本书的后续章节主要讨论信道编、解码等问题，因此主要使用 DMC 信道模型。

3.2 互信息

3.2.1 互信息与平均互信息

在通信中，我们希望通过信道传递信息。一般来说，信道是有干扰的，即发出的 X 和接收到的 Y 是不同的。如图 3-3 所示，信源发出某一符号 $x_i(i=1,2,\cdots,n)$后，接收方收到符号 $y_j(j=1,2,\cdots,m)$，那么，通过收到的 y_j 能够获得多少关于 x_i 的信息量呢？

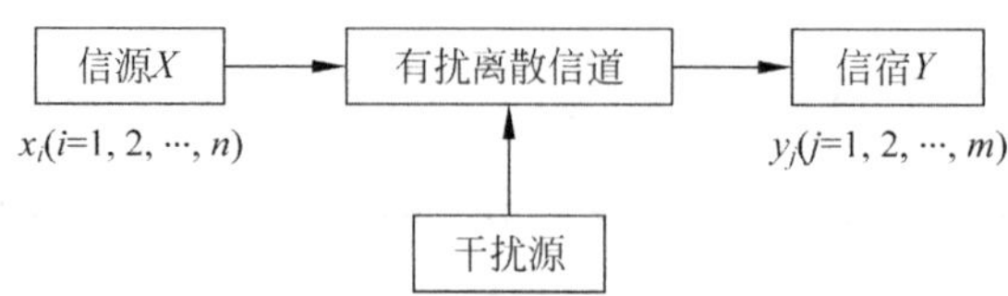

图 3-3 一般有扰通信系统

一般情况下，收信者所获取的信息量在数值上等于通信前后信源不确定性的减少量。因此，将收信者在收到消息 y_j 后获得的关于 x_i 的信息量称为互信息，记为 $I(x_i; y_j)$：

$$I(x_i; y_j) = I(x_i) - I(x_i \mid y_j) = -\log p(x_i) + \log p(x_i \mid y_j) = \log \frac{p(x_i \mid y_j)}{p(x_i)} \tag{3.2.1}$$

根据上式可知，单个符号的互信息量为符号后验概率与先验概率比值的对数。

互信息 $I(x_i; y_j)$在 X 集合上的统计平均值为

$$I(X;y_j)=\sum_i p(x_i\mid y_j)I(x_i;y_j)=\sum_i p(x_i\mid y_j)\log\frac{p(x_i\mid y_j)}{p(x_i)} \tag{3.2.2}$$

平均互信息 $I(X;Y)$ 为 $I(X;y_j)$ 在 Y 集合上的概率加权统计平均值，即

$$\begin{aligned}I(X;Y)&=\sum_j p(y_j)I(X;y_j)=\sum_j p(y_j)p(x_i\mid y_j)\log\frac{p(x_i\mid y_j)}{p(x_i)}\\&=\sum_j p(x_i,y_j)\log\frac{p(x_i\mid y_j)}{p(x_i)}\end{aligned} \tag{3.2.3}$$

在通信系统中，若发送端的符号是 X，而接收端的符号是 Y，则 $I(X;Y)$ 就是在接收端收到 Y 后所能获得的关于 X 的消息。若干扰很大，Y 基本上与 X 无关，或说 X 与 Y 相互独立，那时就收不到任何关于 X 的信息，即 $I(X;Y)=0$；反之，若没有干扰，Y 是 X 的确知一一对应函数，那就能充分地收到 X 的信息 $H(X)$。

【例 3.2.1】 某二元通信系统，它发送 1 和 0 的概率分别为 $p(1)=1/4$ 和 $p(0)=3/4$，由于信道中有干扰，通信不能无差错的进行，即在接收端，将 1 错收成 0 的概率为 1/6，将 0 错收成 1 的概率为 1/2。问信宿收到一个消息后获得的平均信息量是多少？

解：记发送 1 为事件 x_1，发送 0 为事件 x_2；接收 1 为事件 y_1，接收 0 为事件 y_2。根据题意可知：

$$p(x_1)=p(1)=1/4,\quad p(x_2)=p(0)=3/4,$$
$$p(y_2\mid x_1)=p(0\mid 1)=1/6,\quad p(y_1\mid x_2)=p(1\mid 0)=1/2$$

从而 $p(y_1|x_1)=p(1|1)=5/6$，$p(y_2|x_2)=p(0|0)=1/2$。

根据公式 $p(x_i)p(y_j|x_i)=p(x_iy_j)$，先确定联合概率 $p(x_iy_j)$：

$$p(x_1y_1)=p(11)=p(1)p(1\mid 1)=1/4\times 5/6=5/24,$$
$$p(x_2y_1)=p(01)=p(0)p(1\mid 0)=3/4\times 1/2=3/8$$
$$p(x_1y_2)=p(10)=p(1)p(0\mid 1)=1/4\times 1/6=1/24,$$
$$p(x_2y_2)=p(00)=p(0)p(0\mid 0)=3/4\times 1/2=3/8$$

因此 $p(y_1)=p(x_1y_1)+p(x_2y_1)=3/8+5/24=7/12$，$p(y_2)=p(x_1y_2)+p(x_2y_2)=3/8+1/24=5/12$

再根据 $p(x_i|y_j)=p(x_iy_j)/p(y_j)$，计算后验概率 $p(x_i|y_j)$：

$$p(x_1\mid y_1)=\frac{p(x_1y_1)}{p(y_1)}=\frac{5}{24}\div\frac{7}{12}=\frac{5}{14},\quad p(x_2\mid y_1)=1-p(x_1\mid y_1)=1-\frac{5}{14}=\frac{9}{14}$$

$$p(x_1\mid y_2)=\frac{p(x_1y_2)}{p(y_2)}=\frac{1}{24}\div\frac{5}{12}=\frac{1}{10},\quad p(x_2\mid y_2)=1-p(x_2\mid y_2)=1-\frac{1}{10}=\frac{9}{10}$$

根据式(3.2.1)，信宿收到一个消息后获得的信息量为：

$$I(x_1;y_1)=I(1;1)=\log_2\frac{p(x_1\mid y_1)}{p(x_1)}=\log_2\frac{5}{14}-\log_2\frac{1}{4}=0.515(\text{bit/ 符号})$$

$$I(x_2;y_1)=I(0;1)=\log_2\frac{p(x_2\mid y_1)}{p(x_2)}=\log_2\frac{9}{14}-\log_2\frac{3}{4}=-0.222(\text{bit/ 符号})$$

$$I(x_1;y_2)=I(1;0)=\log_2\frac{p(x_1\mid y_2)}{p(x_1)}=\log_2\frac{1}{10}-\log_2\frac{1}{4}=-1.322(\text{bit/ 符号})$$

$$I(x_2;y_2)=I(0;0)=\log_2\frac{p(x_2\mid y_2)}{p(x_2)}=\log_2\frac{9}{10}-\log_2\frac{3}{4}=0.263(\text{bit/ 符号})$$

根据式(3.2.3)，信宿收到一个消息后获得的平均互信息量为：

$$\begin{aligned}I(X;Y) &= \sum_{i,j} p(x_i,y_j)I(x_i;y_j) \\ &= p(x_1,y_1)I(x_1;y_1)+p(x_2,y_1)I(x_2;y_1) \\ &\quad +p(x_1,y_2)I(x_1;y_2)+p(x_2,y_2)I(x_2;y_2) \\ &= \frac{5}{24}\times 0.515-\frac{3}{8}\times 0.222-\frac{1}{24}\times 1.322+\frac{3}{8}\times 0.263 \\ &= 0.067(\text{bit/符号})\end{aligned}$$

3.2.2 平均互信息的性质

平均互信息具有以下性质：

(1) 对称性：$I(X;Y)=I(Y;X)$。

平均互信息的对称性说明：对于信道两端的随机变量 X 和 Y，从 Y 中提取到的关于 X 的信息量与从 X 中提取到的关于 Y 的信息量是一样的、相互作用的。$I(X;Y)$和 $I(Y;X)$只是观察者的立足点不同，是对信道两端的随机变量 X 和 Y 之间的信息流通的总体测试的两种不同的表达形式而已。

(2) 非负性：$I(X;Y)\geqslant 0$。

平均互信息的非负性说明：从整体和平均的意义上来说，信道每通过一条消息，总能传递一定的信息量，或者说接收端每收到一条消息，总能提取到信源 X 的信息量，等效于总能使信源的不确定度有所下降。

(3) 极值性：$I(X;Y)\leqslant H(X)$，$I(Y;X)\leqslant H(Y)$。

平均互信息的极值性说明：从一个事件提取关于另一个事件的信息量，至多是另一个事件的熵，不会超过另一个事件自身所含的信息量。

(4) 凸函数性：

① 平均互信息 $I(X;Y)$是输入信源概率分布 $p(x_i)$的上凸函数，这一点是研究信道容量的理论基础；

② 平均互信息 $I(X;Y)$是信道转移概率 $p(y_j|x_i)$的下凸函数，这一点是研究信源的信息率失真函数的理论基础。

平均互信息与各种熵之间的关系如下：

$$\begin{aligned}I(X;Y) &= H(X)-H(X\mid Y) \\ &= H(Y)-H(Y\mid X) \\ &= H(X)+H(Y)-H(X,Y)\end{aligned} \tag{3.2.4}$$

为了便于记忆，$I(X;Y)$，$H(X)$，$H(Y)$，$H(X|Y)$和 $H(Y|X)$之间的关系可以利用图 3-4 来描述。当 X 与 Y 相互独立时：

$$H(X)=H(X\mid Y),H(Y)=H(Y\mid X)$$

$$I(X;Y)=0,H(X,Y)=H(X)+H(Y)$$

平均互信息的物理意义：从不确定度的角度来看，由于 $H(X)$是符号 X 的不确定度，而 $H(X|Y)$是当 Y 已知时 X 的不确定度，由式(3.2.4)可知，$I(X;Y)$为“Y 已知”的条件下 X 减少的不确定度，即“Y 已知后”所获得的信息量是 $I(X;Y)$。

从熵的角度来看，一方面，平均互信息 $I(X;Y)$可看成是有扰离散信道上传输的平均信

息量,即在有扰离散信道上,各个接收符号 y 所提供的有关信源发出的各个符号 x 的平均信息量 $I(X;Y)$ 等于唯一地确定信源符号 x 所需要的平均信息量 $H(X)$ 减去收到符号 Y 后要确定 X 所需要的平均信息量 $H(X|Y)$,此时条件熵 $H(X|Y)$ 可看作由于信道上存在干扰和噪声而损失掉的平均信息量,故又称为信道的疑义度或损失熵。另一方面,平均互信息 $I(X;Y)$ 可看作在有扰离散信道上传递消息时,唯一地确定接收符号 y 所需要的平均信息量 $H(Y)$,减去当信源发出符号为已知时需要确定接收符号 y 所需的平均信息量 $H(Y|X)$。因此 $H(Y|X)$ 可看作唯一地确定信道噪声所需要的平均信息量,又称为噪声熵或散布度。平均互信息、疑义度和噪声熵之间的关系可以用图 3-5 来形象地表达。

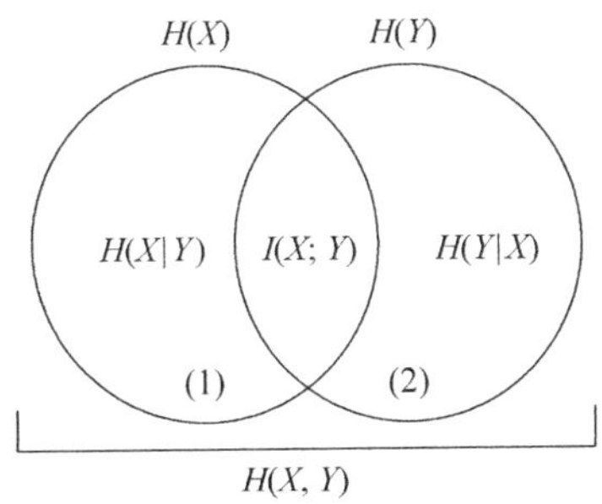

图 3-4 平均互信息与熵之间的关系

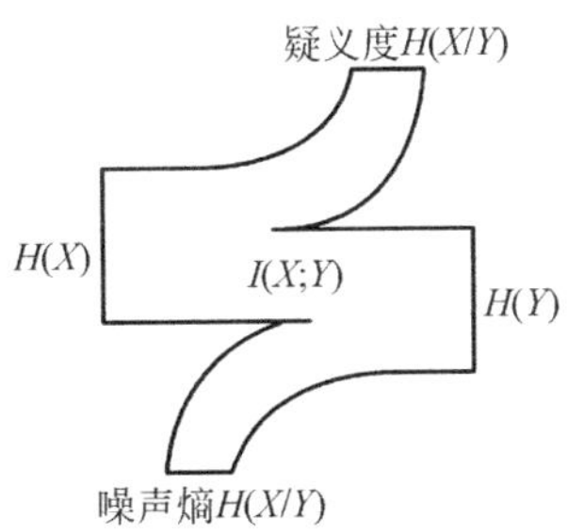

图 3-5 收发两端的熵关系

当 X 和 Y 相互独立时,$H(X|Y)=H(X)$,$I(X;Y)=0$。这说明信宿收到符号 y 后不能提供有关信源发出符号 x 的任何信息量。对于这种信道,信源发出的信息量在信道上全部损失掉了,故称为全损离散信道。

当 Y 和 X 是确定的一一对应函数时,$H(X|Y)=0$,$H(Y|X)=0$,此时已知 Y 就完全解除了关于 X 的不确定度,所获得的信息量就是 X 的熵,即 $I(X;Y)=H(X)=H(Y)$,此时信道为无损无扰信道。

对于多个变量的情况,符号 x_i 与符号对 y_jz_k 之间的互信息定义为:

$$I(x_i;\ y_j,z_k)=\log_2\frac{p(x_i\mid y_j,z_k)}{p(x_i)} \tag{3.2.5}$$

在给定条件 z_k 条件下,x_i 与 y_j 之间的条件互信息定义为:

$$I(x_i;\ y_j\mid z_k)=\log\frac{p(x_i\mid y_j,z_k)}{p(x_i\mid z_k)} \tag{3.2.6}$$

根据式(3.2.5)和式(3.2.6)可以推出:

$$\begin{aligned}I(x_i;\ y_j,z_k)&=I(x_i;\ z_k)+I(x_i;\ y_j\mid z_k)\\&=I(x_i;\ y_j)+I(x_i;\ z_k\mid y_j)\\&=I(x_i;\ z_k,y_j)\end{aligned} \tag{3.2.7}$$

三维联合集 XYZ 上的平均互信息满足:

$$I(X;\ Y,Z)=I(X;\ Y)+I(X;\ Z\mid Y) \tag{3.2.8}$$

$$I(X;\ Y,Z)=I(X;\ Z)+I(X;\ Y\mid Z) \tag{3.2.9}$$

$$I(Y,Z;\ X)=I(Y;\ X)+I(Z;\ X\mid Y) \tag{3.2.10}$$

3.2.3 数据处理中信息的变化

下面用信息论的观点来研究数据处理过程中信息的变化。如图 3-6 所示,X 是输入的

消息,Y 是第一级处理器输出的消息,Z 是第二级处理器输出的消息。由式(3.2.8)和式(3.2.9)计算得

$$I(X;Z) = I(X;Y) + I(X;Z \mid Y) - I(X;Y \mid Z) \tag{3.2.11}$$

假设在 Y 条件下 X 与 Z 相互独立,则 $I(X;Z|Y)=0$。因此,$I(X;Z)=I(X;Y)-I(X;Y|Z)$,即

$$I(X;Z) \leqslant I(X;Y) \tag{3.2.12}$$

进行变量替换,用 X 代替 Y,Y 代替 Z,Z 代替 X,式(3.2.8)可写成:

$$I(Z;X,Y) = I(X;Z) + I(Z;Y \mid X) \tag{3.2.13}$$

再将上式中的 X 与 Y 互换,得:

$$I(Z;X,Y) = I(Y;Z) + I(Z;X \mid Y) \tag{3.2.14}$$

利用式(3.2.13),式(3.2.14)及 $I(X;Z|Y)=0$,可得 $I(X;Z)=I(Y;Z)-I(Z;Y|X)$,即:

$$I(X;Z) \leqslant I(Y;Z) \tag{3.2.15}$$

式(3.2.12)和式(3.2.15)说明,当消息通过多级处理器时,随着数目的增多,输入消息与输出消息之间的平均互信息量趋于变小。这就是数据处理定理:数据处理过程中只会失掉一些信息,绝不会创造出新的信息,即满足信息不增性。将数据处理定理应用于如图 3-7 所示的通信系统中,根据信息不增性,有

$$I(U;V) \leqslant I(X;Y)$$

因此,信息经过编码和译码处理后均不可能增加,只会减少。

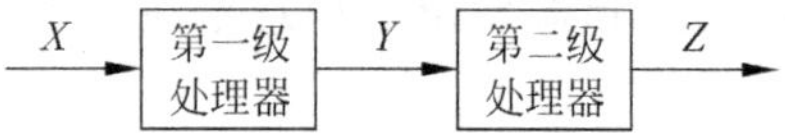

图 3-6 级联处理器示意图

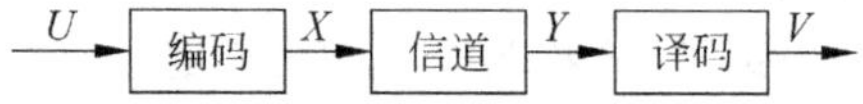

图 3-7 一般通信系统

3.3 离散符号信道容量

前面讨论了各种信道,本节从最简单的单个符号的离散信道开始来分析信道容量,通过单个符号信道的信道容量的分析,可以为序列信道的信道容量计算提供一定的简化方法。

3.3.1 信息传输率与信道容量

将信道中平均每个符号所能传送的信息量定义为信道的信息传输率 R,即

$$R = I(X;Y) = H(X) - H(X \mid Y) \quad (\text{bit/符号}) \tag{3.3.1}$$

若已知平均传输一个符号所需的时间为 $t(s)$,则信道在单位时间内平均传输的信息量定义为信息传输速率,即:

$$R_t = \frac{I(X;Y)}{t} \tag{3.3.2}$$

单位为 bit/s。

由于互信息 $I(X;Y)$是信源符号概率 $p(a_i)$和信道转移概率 $p(b_j|a_i)$的二元函数,当信道特性固定后,转移概率 $p(b_j|a_i)$就已经确定,此时互信息是关于输入符号概率 $p(a_i)$的 ∩ 形上凸函数,因此,可以找到某种概率分布 $p(a_i)$,使 $I(X;Y)$达到最大,该最大值就是信道

所能传送的最大信息量，即信道容量(Channel capacity)：

$$C = \max_{p(a_i)} I(X;Y) \tag{3.3.3}$$

单位为 bit/信道符号。若信道平均传输一个符号需要 t 秒，则单位时间的信道容量为：

$$C_t = \frac{1}{t}\max_{p(a_i)} I(X;Y) \tag{3.3.4}$$

单位为 bit/s。

对于固定信道参数的信道，信道容量是个定值，但在传输信息时信道能否提供其最大传输能力，取决于输入符号的概率分布。

3.3.2 无干扰离散信道

这类信道是理想的信道，信道的输入、输出符号之间是确定性关系或者简单的统计依赖关系，在实际中比较少。根据信道输入符号 X 与信道输出符号 Y 之间的关系，可以分为下面几种信道：

1. 无噪无损信道

该信道的输入、输出之间存在确定的一一对应关系，如图 3-8(a)所示，且 $n=m$。该信道的转移概率为：

$$p(b_j \mid a_i) = p(a_i \mid b_j) = \begin{cases} 0, & i \neq j \\ 1, & i = j \end{cases}$$

该信道的疑义度 $H(X|Y)$ 为 0，噪声熵 $H(Y|X)$ 为 0，平均互信息 $I(X;Y)=H(X)=H(Y)$。当输入符号等概率分布时，该信道的传输能力可达到信道容量 $C=\max I(X;Y)=\log n$。

2. 无噪有损信道

该信道多个输入对应一个输出，如图 3-8(b)所示，此时 $n>m$。该信道在已知某个输入符号 x_i 后，对应的输出符号 y_j 完全确定。因此，噪声熵 $H(Y|X)$ 为 0，但疑义度 $H(X|Y)$ 不为 0，所以 $H(X)\geqslant H(Y)$。该信道的信道容量为 $C=\max I(X;Y)=\max H(Y)$。

3. 有噪无损信道

该信道一个输入对应多个输出，但每个输入对应的输出值不重合，如图 3-8(c)所示，此时 $n<m$。该信道在接收到某个输出符号后，对应的输入符号完全确定。因此，疑义度 $H(X|Y)$ 为 0，但噪声熵 $H(Y|X)$ 不为 0，所以 $H(X)\leqslant H(Y)$。该信道的信道容量为 $C=\max I(X;Y)=\max H(X)$。

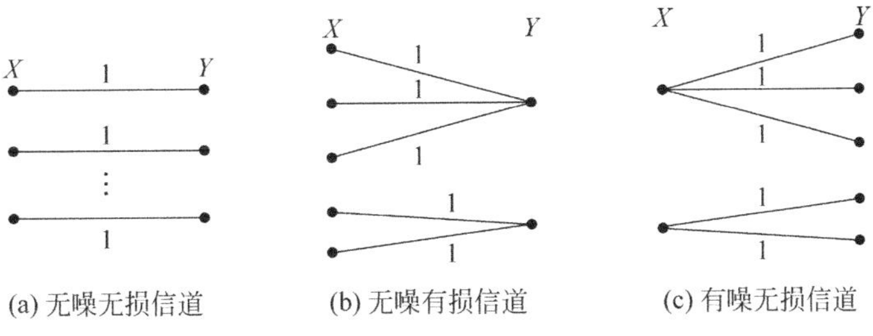

图 3-8 无干扰离散信道

3.3.3 对称 DMC 信道

在离散无记忆信道(DMC)中,最简单的就是对称信道。如果转移矩阵 $\boldsymbol{P}$ 的每一行都是第一行的置换(包含同样元素),称该矩阵是输入对称的;如果转移概率矩阵 $\boldsymbol{P}$ 的每一列都是第一列的置换(包含同样元素),则称该矩阵是输出对称的;如果输入输出都对称,则称该 DMC 为对称 DMC 信道。

例如,转移概率矩阵 $\begin{bmatrix} \frac{1}{3} & \frac{1}{3} & \frac{1}{6} & \frac{1}{6} \\ \frac{1}{6} & \frac{1}{6} & \frac{1}{3} & \frac{1}{3} \end{bmatrix}$ 和 $\begin{bmatrix} \frac{1}{2} & \frac{1}{3} & \frac{1}{6} \\ \frac{1}{6} & \frac{1}{2} & \frac{1}{3} \\ \frac{1}{3} & \frac{1}{6} & \frac{1}{2} \end{bmatrix}$ 所描述的信道均为对称 DMC 信道。

假设输入符号集中有 n 个符号,输出符号集中有 m 个符号,由于对称信道的转移概率矩阵中每行元素都相同,所以 $\sum_j p(b_j \mid a_i)\log p(b_j \mid a_i)$ 的值与 i 无关。因此,条件熵

$$\begin{aligned} H(Y \mid X) &= -\sum_i p(a_i) \sum_j p(b_j \mid a_i)\log p(b_j \mid a_i) \\ &= -\Big(\sum_j p(b_j \mid a_i)\log p(b_j \mid a_i)\Big) \times \sum_i p(a_i) \\ &= \sum_j p(b_j \mid a_i)\log p(b_j \mid a_i) = H(Y \mid a_i) \end{aligned} \tag{3.3.5}$$

该值与信道输入符号的概率分布 $p(a_i)$ 无关,在信道转移概率确定的情况下,该值为一个确定值。因此信道容量为

$$C = \max_{p(a_i)} I(X;Y) = \max_{p(a_i)}[H(Y) - H(Y \mid X)] = \max_{p(a_i)} H(Y) - H(Y \mid X) \tag{3.3.6}$$

则当 Y 等概率分布时,信道容量达到最大。如果信道输入符号等概率分布,则由于转移概率矩阵的列对称,所以

$$p(b_j) = \sum_i p(a_i) p(b_j \mid a_i) = \frac{1}{n} \sum_i p(b_j \mid a_i)$$

与 j 无关,即信道输出符号也等概率分布。反之,如果信道输出符号等概率分布,则对称 DMC 信道的输入符号必定也是等概率分布的。因此,对称 DMC 的信道容量为

$$C = \max_{p(a_i)} H(Y) - H(Y \mid X) = \log m - H(Y \mid a_i) = \log m + \sum_j p_{ij} \log p_{ij} \tag{3.3.7}$$

【例 3.3.1】 已知信道转移概率矩阵为 $\begin{bmatrix} \frac{1}{3} & \frac{1}{3} & \frac{1}{6} & \frac{1}{6} \\ \frac{1}{6} & \frac{1}{6} & \frac{1}{3} & \frac{1}{3} \end{bmatrix}$,求信道容量 C。

解: $C = \log m - H(Y|a_i) = \log_2 4 - H\left(\frac{1}{3}, \frac{1}{3}, \frac{1}{6}, \frac{1}{6}\right) = 0.082$(bit/符号)

考虑更理想的情况,在对称 DMC 信道的基础上,假设信道输入符号与输出符号的个数相同(均为 n),且正确的概率为 $1-\varepsilon$,错误概率 ε 被对称地均匀分给 $n-1$ 个输出符号,则该信道称为**强对称信道或均匀信道**,此时信道转移概率矩阵为

$$\begin{bmatrix} 1-\varepsilon & \frac{\varepsilon}{n-1} & \cdots & \frac{\varepsilon}{n-1} \\ \frac{\varepsilon}{n-1} & 1-\varepsilon & \cdots & \frac{\varepsilon}{n-1} \\ \vdots & \vdots & \vdots & \vdots \\ \frac{\varepsilon}{n-1} & \frac{\varepsilon}{n-1} & \cdots & 1-\varepsilon \end{bmatrix}$$

相应的信道容量为

$$C=\log n-H\left(1-\varepsilon,\frac{\varepsilon}{n-1},\cdots\frac{\varepsilon}{n-1}\right) \tag{3.3.8}$$

特别地，当 $n=2$ 时，信道为 BSC 信道，信道容量 $C=1-H(\varepsilon)$，C 随 ε 变化的曲线如图 3-9 所示。从图中可以看出，当 $\varepsilon=0$ 时，错误概率为 0，此时无差错，且信道容量达到最大，为 1bit/符号，输入端的信息全部传输至输出端。当 $\varepsilon=1/2$ 时，错误概率与正确概率相同，从输出端得不到关于输入的任何信息，互信息为 0，即信道容量为 0。当 $1/2<\varepsilon\leqslant 1$ 时，BSC 的输出端 0 和 1 颠倒，导致信道容量以 $\varepsilon=1/2$ 点为中心对称。

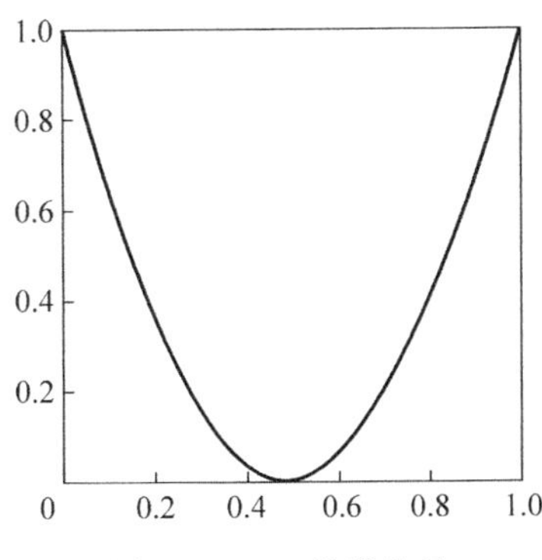

图 3-9　BSC 信道容量

3.3.4　准对称 DMC 信道

如果信道的转移概率矩阵 $\boldsymbol{P}$ 仅满足输入对称，即 $\boldsymbol{P}$ 中的每一行都包含相同的元素，而各列的元素不同，则称该信道是**准对称 DMC 信道**。

例如，转移概率矩阵 $\begin{bmatrix} \frac{1}{3} & \frac{1}{3} & \frac{1}{6} & \frac{1}{6} \\ \frac{1}{6} & \frac{1}{3} & \frac{1}{6} & \frac{1}{3} \end{bmatrix}$ 和 $\begin{bmatrix} 0.7 & 0.1 & 0.2 \\ 0.2 & 0.1 & 0.7 \end{bmatrix}$ 所描述的信道均为准对称 DMC 信道。

由于准对称 DMC 信道的转移概率矩阵中每行的元素相同，所以有式(3.3.5)成立。但每列的元素不相同，所以信道的输入和输出分布概率可能不等，此时 $H(Y)$ 的最大值可能小于 Y 等概率时的熵。因而准对称 DMC 信道的容量为

$$C\leqslant\log m+\sum_{j}p_{ij}\log p_{ij} \tag{3.3.9}$$

由于互信息 I 是输入符号概率的∩形凸函数，根据信道容量的定义，引入拉格朗日乘子法求解极值问题，便可求得输入符号概率和最大互信息。

【例 3.3.2】 已知一个信道的转移矩阵为 $\boldsymbol{P}=\begin{bmatrix}0.6 & 0.3 & 0.1\\0.3 & 0.6 & 0.1\end{bmatrix}$，求该信道容量 C。

解：根据信道转移概率矩阵 $\boldsymbol{P}$ 可知，信道的输入符号有两个，设信道输入符号的概率空间为

$$\begin{bmatrix}X\\p(x)\end{bmatrix}=\begin{bmatrix}a_1 & a_2\\\alpha & 1-\alpha\end{bmatrix}$$

信道的输出符号有 3 个，用 b_1,b_2,b_3 表示。由 $p(a_i,b_j)=p(a_i)p(b_j|a_i)$ 得联合概率矩阵为

$$\begin{bmatrix}0.6\alpha & 0.3\alpha & 0.1\alpha\\0.3(1-\alpha) & 0.6(1-\alpha) & 0.1(1-\alpha)\end{bmatrix}$$

由 $p(b_j)=\sum_i p(a_i,b_j)$ 得信道输出符号的概率为

$$\begin{cases}p(b_1)=0.6\alpha+0.3(1-\alpha)=0.3+0.3\alpha\\p(b_2)=0.3\alpha+0.6(1-\alpha)=0.6-0.3\alpha\\p(b_3)=0.1\alpha+0.1(1-\alpha)=0.1\end{cases}$$

式中，$p(b_3)$恒定，与 a_i 的分布无关。

下面对互信息 $I(X;Y)$进行计算。为了方便计算，取 e 为底的对数，则

$$\begin{aligned}I(X;Y)&=H(Y)-H(Y\mid X)\\&=-\sum_j p(b_j)\ln p(b_j)+\sum_i p(a_i)\sum_j p(b_j\mid a_i)\ln p(b_j\mid a_i)\\&=-(0.3+0.3\alpha)\ln(0.3+0.3\alpha)-(0.6-0.3\alpha)\ln(0.6-0.3\alpha)-0.1\ln 0.1\\&\quad+0.6\ln 0.6+0.3\ln 0.3+0.1\ln 0.1\end{aligned}$$

由$\dfrac{\partial I(X;Y)}{\partial\alpha}=0$得

$$0.3\ln(0.3+0.3\alpha)+0.3-0.3\ln(0.6-0.3\alpha)-0.3=0$$

解得 $\alpha=0.5$，即当输入符号等概率分布时，$I(X;Y)$达到极大值，所以信道容量为

$$C=\max_{p(a_i)}I(X;Y)=0.073\text{bit/符号}$$

此时输出符号的概率为

$$p(b_1)=p(b_2)=0.45,\quad p(b_3)=0.1$$

事实上该信道是一种叫做二元对称删除信道。当输入符号等概率分布时，可达到信道容量 $C=\max I(X;Y)$，因为 $p(b_3)$恒定为 0.1，则 b_1,b_2 等概率分布，即 $p(b_1)=p(b_2)=(1-0.1)/2=0.45$。

可以证明，如果将转移概率矩阵划分为若干个互不相交的对称子集，则准对称 DMC 信道的信道容量为

$$C=\log n-H(p'_1,p'_2,\cdots,p'_s)-\sum_{k=1}^{r}N_k\log M_k \tag{3.3.10}$$

式中，n 为输入符号集个数，$p'_1,p'_2,\cdots,p'_s$ 是转移概率矩阵中一行的元素，即 $H(p'_1,p'_2,\cdots,p'_s)=H(Y\mid a_i)$；$N_k$ 是第 k 个子矩阵中行元素之和，$N_k=\sum_j p(b_j\mid a_i)$；$M_k$ 是第 k 个子矩阵中列元素之和，$M_k=\sum_i p(b_j\mid a_i)$；$r$ 是互不相交的子集个数。证明从略。

【例 3.3.3】 已知转移概率矩阵为 $\boldsymbol{P}=\begin{bmatrix}0.6 & 0.3 & 0.1\\0.3 & 0.6 & 0.1\end{bmatrix}$，用矩阵分解的方法求信道容量。

解：对 $\boldsymbol{P}=\begin{bmatrix}0.6 & 0.3 & 0.1\\0.3 & 0.6 & 0.1\end{bmatrix}$ 进行分解，$\begin{bmatrix}0.6 & 0.3\\0.3 & 0.6\end{bmatrix}$ 和 $\begin{bmatrix}0.1\\0.1\end{bmatrix}$，根据式(3.3.9)可得

$$C=\log 2-H(0.6,0.3,0.1)-0.9\log_2 0.9-0.1\log_2 0.2=0.073\text{bit/ 符号}$$

【例 3.3.4】 已知转移概率矩阵为 $\boldsymbol{P}=\begin{bmatrix}\frac{1}{3} & \frac{1}{3} & \frac{1}{6} & \frac{1}{6}\\ \frac{1}{6} & \frac{1}{3} & \frac{1}{6} & \frac{1}{3}\end{bmatrix}$，用矩阵分解的方法求信道容量。

解：对 $\boldsymbol{P}=\begin{bmatrix}\frac{1}{3} & \frac{1}{3} & \frac{1}{6} & \frac{1}{6}\\ \frac{1}{6} & \frac{1}{3} & \frac{1}{6} & \frac{1}{3}\end{bmatrix}$ 进行分解，$\begin{bmatrix}\frac{1}{3} & \frac{1}{6}\\ \frac{1}{6} & \frac{1}{3}\end{bmatrix}$，$\begin{bmatrix}\frac{1}{3}\\ \frac{1}{3}\end{bmatrix}$ 和 $\begin{bmatrix}\frac{1}{6}\\ \frac{1}{6}\end{bmatrix}$，根据式(3.3.9)可得

$$C=\log 2-H\left(\frac{1}{3},\frac{1}{3},\frac{1}{6},\frac{1}{6}\right)-\left(\frac{1}{3}+\frac{1}{6}\right)\log_2\left(\frac{1}{3}+\frac{1}{6}\right)-\frac{1}{6}\log_2\left(\frac{1}{6}+\frac{1}{6}\right)-\frac{1}{3}\log_2\left(\frac{1}{3}+\frac{1}{3}\right)$$
$$=0.041\text{bit/ 符号}$$

3.3.5　一般 DMC 信道

一般地说，为使 $I(X;Y)$ 最大化以便求取 DMC 容量，输入符号概率集 $\{p(a_i)\}$ 必须满足的充分和必要条件是：

$$\begin{cases}I(a_i;Y)=C & \text{对于所有满足条件}\{p(a_i)\}>0\text{ 的 }i\\ I(a_i;Y)\leqslant C & \text{对于所有满足条件}\{p(a_i)\}=0\text{ 的 }i\end{cases}\tag{3.3.11}$$

上式说明：当信道平均互信息达到信道容量时，输入符号概率集 $\{p(a_i)\}$ 中每一个符号 a_i 对输出端 Y 提供相同的互信息，只是概率为 0 的符号除外。

可以直观地来理解式(3.3.10)，在某种给定的输入符号分布下，对输出 Y 所提供的平均互信息 $I(x;Y)$，若其中有一个输入符号 $x=a_i$ 比其他输入符号大，那么就可以更多地使用这一符号，即增大 a_i 出现的概率 $p(x=a_i)$，使得

$$I(X;Y)=\sum_i p(a_i)I(a_i;Y)$$

增大。但是，这就会改变输入符号的分布，而使该符号的平均互信息

$$I(a_i;Y)=\sum_j p(b_i\mid a_i)\log\frac{p(a_i\mid b_j)}{p(a_i)}$$

减小，而其他符号对应的互信息增大。所以经过不断调整输入符号的概率分布，最终将使每个概率不为 0 的输入符号对输出 Y 提供的平均互信息是相同的。

该结论只给出了达到信道容量 C 时输入符号概率分布的充要条件，并未给出具体值，所以 C 没有具体可求的公式，需要采用计算机迭代的方法求解。一般情况下，最佳分布不一定是唯一的，只需满足式(3.3.10)，并使互信息最大即可。

3.4 离散序列信道及容量

前面讨论的信道输入输出均为单个符号的随机变量,然而在实际应用中,信道的输入和输出往往是空间或时间上离散的随机序列,信道或者可近似认为是无记忆的信道,但是更多的却是有记忆的,即序列的转移概率之间存在相关性。离散序列信道的类型划分及信道模型分别如图 3-10 和图 3-11 所示。

离散序列信道
- 无记忆信道
  - 一般无记忆信道
  - 平稳无记忆信道
- 有记忆信道
  - 平稳有记忆信道
  - 其他有记忆信道

图 3-10 离散序列信道分类

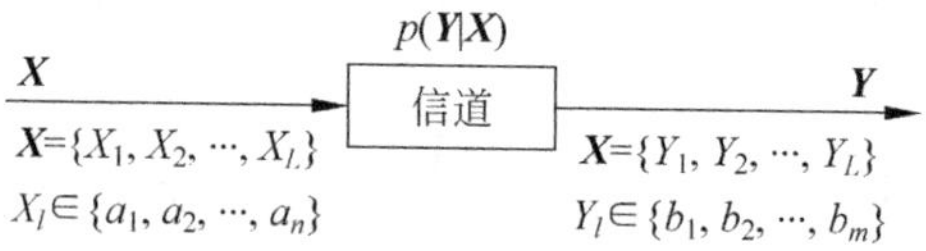

图 3-11 离散序列信道模型

对于无记忆离散序列信道,其信道转移概率为

$$p(\boldsymbol{Y} \mid \boldsymbol{X}) = p(Y_1, Y_2, \cdots, Y_L \mid X_1, X_2, \cdots, X_L) = \prod_{l=1}^{L} p(Y_l \mid X_l) \tag{3.4.1}$$

即仅与当前输入有关。若信道是平稳的,则 $p(\boldsymbol{Y}|\boldsymbol{X}) = p^L(y|x)$。

根据平均互信息的定义

$$\begin{aligned} I(\boldsymbol{X}; \boldsymbol{Y}) &= H(X^L) - H(X^L \mid Y^L) = \sum p(\boldsymbol{X},\boldsymbol{Y}) \log \frac{p(\boldsymbol{X} \mid \boldsymbol{Y})}{p(\boldsymbol{X})} \\ &= H(Y^L) - H(Y^L \mid X^L) = \sum p(X,Y) \log \frac{p(\boldsymbol{Y} \mid \boldsymbol{X})}{p(\boldsymbol{Y})} \end{aligned}$$

对于离散序列信道,可以证明:

(1) 如果信道无记忆,则

$$I(\boldsymbol{X}; \boldsymbol{Y}) \leqslant \sum_{l=1}^{L} I(X_l; Y_l) \tag{3.4.2}$$

(2) 如果输入矢量 $\boldsymbol{X}$ 中的各个分量相互独立,则

$$I(\boldsymbol{X}; \boldsymbol{Y}) \geqslant \sum_{l=1}^{L} I(X_l; Y_l) \tag{3.4.3}$$

如果输入矢量 $\boldsymbol{X}$ 独立且信道无记忆,则上述两个性质达到统一,取等号。当输入矢量达到最佳分布时

$$C_L = \max_{P_X} I(\boldsymbol{X}; \boldsymbol{Y}) = \max_{P_X} \sum_{l=1}^{L} I(X_l; Y_l) = \sum_{l=1}^{L} \max_{P_X} I(X_l; Y_l) = \sum_{l=1}^{L} C_l \tag{3.4.4}$$

当信道平稳时 $C_L = LC_1$。一般情况下 $I(\boldsymbol{X}; \boldsymbol{Y}) \leqslant LC_1$。

最典型的无记忆离散序列信道就是扩展信道,它类似于 2.1.1 节中所描述的 L 次扩展信源,如果 对离散单符号信道进行 L 次扩展,就形成了 L 次离散无记忆序列信道。信道输

入序列为 $\boldsymbol{X}=X^L$，信道输出序列为 $\boldsymbol{Y}=Y^L$，信道的序列转移概率为

$$p(\boldsymbol{Y} \mid \boldsymbol{X}) = \prod_{l=1}^{L} p(Y_l \mid X_l)$$

【例 3.4.1】 BSC 信道的转移概率矩阵为 $\boldsymbol{P}=\begin{bmatrix}1-p & p \\ p & 1-p\end{bmatrix}$，求 BSC 二次扩展信道。

解： BSC 二次扩展的序列转移概率为

$$p(00 \mid 00) = p(0 \mid 0)p(0 \mid 0) = (1-p)^2$$
$$p(01 \mid 00) = p(0 \mid 0)p(1 \mid 0) = p(1-p)$$
$$p(10 \mid 00) = p(1 \mid 0)p(0 \mid 0) = p(1-p)$$
$$p(11 \mid 00) = p(1 \mid 0)p(1 \mid 0) = p^2$$

同理可求得其他转移概率，对应的转移概率矩阵为

$$P = \begin{bmatrix} (1-p)^2 & p(1-p) & p(1-p) & p^2 \\ p(1-p) & (1-p)^2 & p^2 & p(1-p) \\ p(1-p) & p^2 & (1-p)^2 & p(1-p) \\ p^2 & p(1-p) & p(1-p) & (1-p)^2 \end{bmatrix}$$

由此可看出，这是一个对称 DMC 信道，当输入序列等概率分布时，信道容量为

$$C_2 = \log_2 4 - H[(1-p)^2, p(1-p), p(1-p), p^2]$$

若 $p=0.1$，则

$$C_2 = 2 - 0.938 = 1.062\text{bit/ 序列}$$

而 $p=0.1$ 时的 BSC 单符号信道的容量为

$$C_1 = 1 - H(0.1) = 0.531\text{bit/ 符号}$$

C_2 正好是 C_1 的两倍。

BSC 二次扩展后的信道如图 3-12 所示。

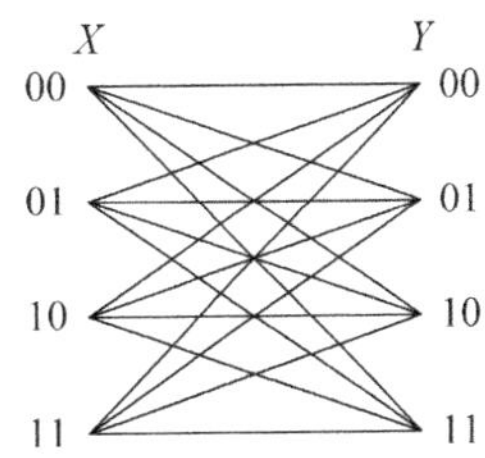

图 3-12 BSC 二次扩展信道

3.5 串联信道和并联信道的信道容量

3.5.1 串联信道

在实际的通信系统中，信号往往要通过几个环节的传输，或多步的这些传输和处理都可看成是信道，它们串接而成一个串联信道，如图 3-13 所示。比如，联网的计算机就是由一段段信道连接起来，最终连接到对应的服务器，从而访问服务器。整个互联网就是一个由多个信道连接起来的网络。

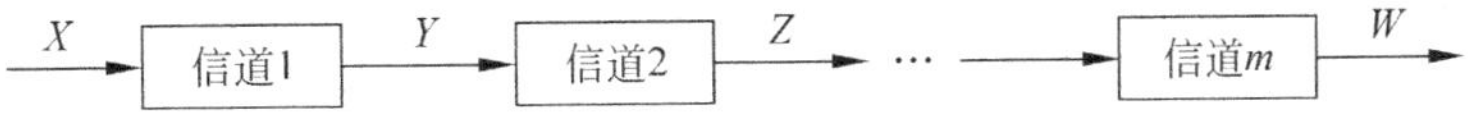

X → 信道1 → Y → 信道2 → Z → … → 信道m → W

图 3-13 串联信道

根据 3.2.3 节的数据处理定理可知，信息在传输过程中满足信息不增性，即

$$H(X) \geqslant I(X;Y) \geqslant I(X;Z) \geqslant \cdots \geqslant I(X;W)$$

则

$$C(1,2) = \max I(X;Z), \quad C(1,2,\cdots,m) = \max I(X;W) \tag{3.5.1}$$

可以证明，串联信道整体的信道容量不大于其中任何一段的信道容量，串接的信道越多，整体的信道容量可能会越小，当串接信道数无限大时，信道容量就有可能趋于0。

【例3.5.1】 设有两个离散BSC信道，串接如图3-14所示，两个BSC信道的转移概率矩阵为

$$\boldsymbol{P}_1=\boldsymbol{P}_2=\begin{bmatrix}1-\varepsilon & \varepsilon\\ \varepsilon & 1-\varepsilon\end{bmatrix}$$

则串联信道的转移矩阵为

$$\boldsymbol{P}=\boldsymbol{P}_1\boldsymbol{P}_2=\begin{bmatrix}1-\varepsilon & \varepsilon\\ \varepsilon & 1-\varepsilon\end{bmatrix}\begin{bmatrix}1-\varepsilon & \varepsilon\\ \varepsilon & 1-\varepsilon\end{bmatrix}=\begin{bmatrix}(1-\varepsilon)^2+\varepsilon^2 & 2\varepsilon(1-\varepsilon)\\ 2\varepsilon(1-\varepsilon) & (1-\varepsilon)^2+\varepsilon^2\end{bmatrix}$$

可以求得

$$I(X;Y)=1-H(\varepsilon)$$
$$I(X;Z)=1-H[2\varepsilon(1-\varepsilon)]$$

图3-15是m个串联BSC信道的互信息，m为串接的个数，$m=1$即为$I(X;Y)$，$m=2$即为$I(X;Z)$。

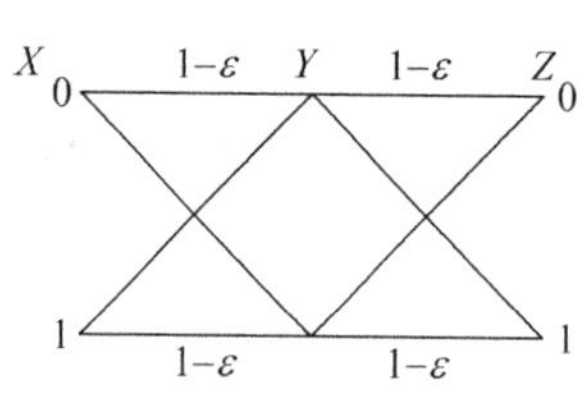

图3-14 两个BSC信道串联

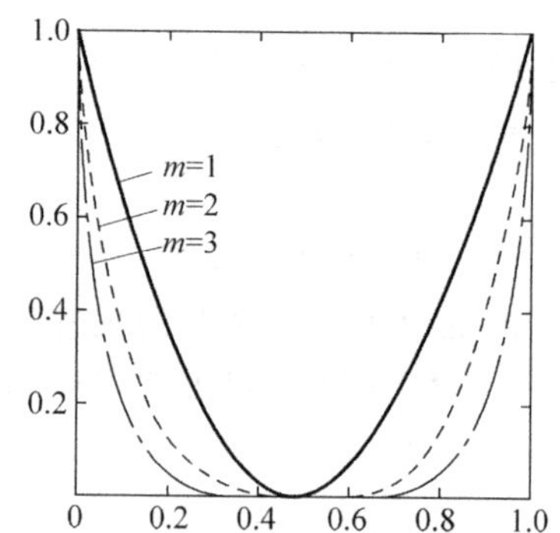

图3-15 m个BSC串联信道的互信息

如果有N个相同的BSC信道串联，其转移概率矩阵为$\boldsymbol{P}=\boldsymbol{P}_1^N$。通过正交变换可以把$\boldsymbol{P}_1$分解成

$$\boldsymbol{P}_1=\boldsymbol{L}^{-1}\begin{bmatrix}1 & 0\\ 0 & 1-2\varepsilon\end{bmatrix},\quad \boldsymbol{L}=\frac{\sqrt{2}}{2}\begin{bmatrix}1 & 1\\ -1 & 1\end{bmatrix}$$

所以

$$\boldsymbol{P}=\boldsymbol{P}_1^N=\boldsymbol{L}^{-1}\begin{bmatrix}1 & 0\\ 0 & 1-2\varepsilon\end{bmatrix}^N\boldsymbol{L}=\boldsymbol{L}^{-1}\begin{bmatrix}1 & 0\\ 0 & (1-2\varepsilon)^N\end{bmatrix}\boldsymbol{L}=\frac{1}{2}\begin{bmatrix}1+(1-2\varepsilon)^N & 1-(1-2\varepsilon)^N\\ 1-(1-2\varepsilon)^N & 1+(1-2\varepsilon)^N\end{bmatrix}$$

于是，串联信道的容量为

$$C_N=1-H\left[\frac{1-(1-2\varepsilon)^N}{2}\right]$$

只要，当N趋于无穷大时

$$\boldsymbol{P}_1^\infty=\lim_{N\to\infty}\boldsymbol{P}_1^N=\begin{bmatrix}1/2 & 1/2\\ 1/2 & 1/2\end{bmatrix}$$

信道容量为

$$C_\infty = \lim_{N\to\infty} C_N = 1 - H(1/2) = 0$$

3.5.2 并联信道

并联信道存在不同的类型，如图 3-16 所示。图中，(a)为输入并接信道，它可看成一个单输入多输出的信道，或者可以认为将相同的消息通过多个信道发送给对方；(b)为独立并联信道，又称为并用信道，它将 N 个符号通过 N 个信道独立地发送给对方；(c)为和信道，它每一次只单独地使用其中的一个信道传递信息。本书重点讨论独立并联信道。

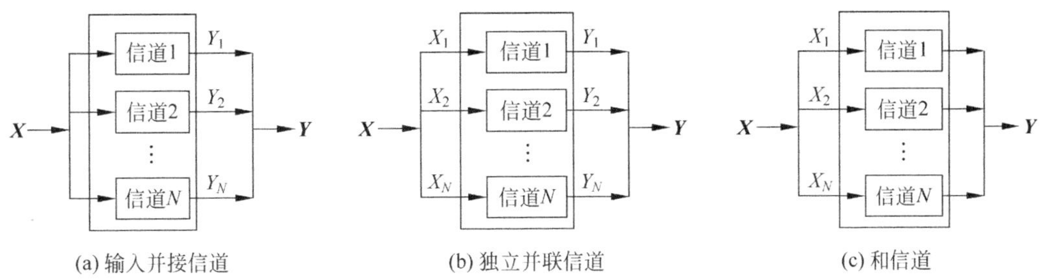

图 3-16 并联信道

对于 N 个信道构成的独立并联信道，由于信道的独立性，每个信道的输出 Y_i 只与本信道的输入 X_i 有关，假设各个信道的转移概率分别为 $p(Y_i|X_i)$，那么并联信道的转移概率为

$$p(Y_1, Y_2, \cdots, Y_N \mid X_1, X_2, \cdots, X_N) = \prod_{i=1}^{N} p(Y_i \mid X_i) \tag{3.5.2}$$

平均互信息量为

$$I(\boldsymbol{X}; \boldsymbol{Y}) = H(\boldsymbol{Y}) - H(\boldsymbol{Y} \mid \boldsymbol{X}) = H(\boldsymbol{Y}) - \sum_{i=1}^{N} H(Y_i \mid X_i) \tag{3.5.3}$$

如果每个信道都是无记忆的，总的信道也是无记忆的，则满足

$$H(\boldsymbol{Y}) = \sum_{i=1}^{N} H(Y_i) \tag{3.5.4}$$

因此

$$I(\boldsymbol{X}; \boldsymbol{Y}) \leqslant \sum_{i=1}^{N} I(X_i; Y_i) \tag{3.5.5}$$

独立并联信道的容量为

$$C = \max_{p(x)} \sum_{i=1}^{N} I(X_i; Y_i) = \sum_{i=1}^{N} C_i \tag{3.5.6}$$

当输入随机变量 X_i 相互独立，且有 $p(X_1, X_2, \cdots, X_m)$ 达到最佳分布时容量最大，为各自信道容量之和。

3.6 连续信道及其容量

在连续信源的情况下，如果取两个相对熵之差，则连续信源具有与离散信源一样的信息特征，而互信息量就是两个熵的差值。类似于离散信道，连续信道的互信息量的最大值为信道容量。因此，连续信道具有与离散信道类似的信息传输率和信道容量的表达式。不同的是,离散信道的特性用转移概率矩阵加以描述;而连续信道的特性用条件概率密度函数加以描述。

一般连续信道的容量并不容易计算,下面仅介绍较为简单的加性噪声信道的信道容量。

3.6.1 连续单符号加性信道

先考虑最简单的幅度连续的单符号信道,如图3-17所示。信道的输入和输出都是取值连续的一维随机变量,加入信道的噪声是均值为0、方差为σ^2的加性高斯噪声,概率密度函数记作$p_n(n)=N(0,\sigma^2)$。由2.4.3节可知,该噪声的连续熵为$H_c(n)=\frac{1}{2}\log 2\pi e\sigma^2$。

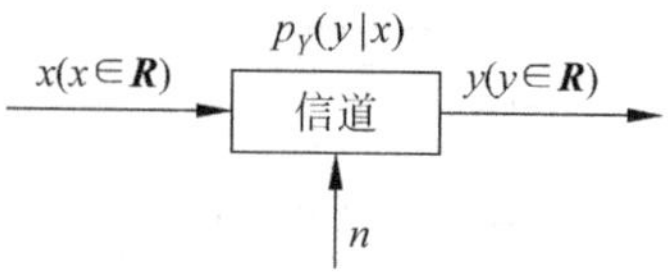

$p_Y(y|x)$

$x(x\in \boldsymbol{R})$ → 信道 → $y(y\in \boldsymbol{R})$

n

图3-17 单符号连续信道

单符号连续信道的平均互信息为

$$\begin{aligned}I(X;Y)&=H_c(X)-H_c(X\mid Y)=H_c(Y)-H_c(Y\mid X)\\&=H_c(X)+H_c(Y)-H_c(X,Y)\end{aligned}$$

信息传输率为

$$R=I(X;Y)\text{bit/符号}$$

信道容量为

$$C=\max_{p(x)}I(X;Y)=\max_{p(x)}[H_c(Y)-H_c(Y\mid X)]$$

由于条件熵$H_c(Y|X)$是由信道的噪声引起的不确定性,它等于噪声源的熵。因此

$$C=\max_{p(x)}[H_c(Y)-H_c(Y\mid X)]=\max_{p(x)}H_c(Y)-H_c(n)=\max_{p(x)}H_c(Y)-\frac{1}{2}\log 2\pi e\sigma^2 \tag{3.6.1}$$

根据限平均功率最大熵定理可知,只有当信道的输出Y服从正态分布时,$H_c(Y)$达到最大。设Y的概率密度函数为$p_Y(y)=N(0,P)$,其中P为Y的平均功率。由于信道的输入X与信道噪声是统计独立的,且信道为加性信道,即$y=x+n$,因此$P=S+\sigma^2$,这里S为信道输入X的平均功率。

由于输出Y、信道噪声n的概率密度函数为$p_Y(y)=N(0,P)$,$p_n(n)=N(0,\sigma^2)$且$y=x+n$,所以$p_X(y)=N(0,S)$,即当信道输入X是均值为0、方差为S的高斯分布随机变量时,信息传输率达到最大值

$$C=\frac{1}{2}\log 2\pi eP-\frac{1}{2}\log 2\pi e\sigma^2=\frac{1}{2}\log e\,\frac{P}{\sigma^2}=\frac{1}{2}\log e\left(1+\frac{S}{\sigma^2}\right) \tag{3.6.2}$$

式中$\frac{S}{\sigma^2}$是信号功率与噪声功率之比,称为信噪比,用SNR表示,记作$\text{SNR}=\frac{S}{\sigma^2}$。

可见单符号高斯加性连续信道的信道容量仅取决于信道的信噪比,且信道只存在加性噪声,而对输入功率没有损耗。在实际的通信系统中,几乎都存在大小不等的功率损耗,所以计算时输入信号的功率S应是经过损耗后的功率。例如信道损耗为$|H(e^{j\omega})|^2$,输入功率为S,则式(3.6.2)中的信号功率应为$S|H(e^{j\omega})|^2$。

此外,很多实际系统中的噪声虽然是加性的,但不是高斯型的,如天电干扰、工业干扰和其他脉冲干扰等,可以求出信道容量的上下界。对于均值为0、平均功率为σ^2的加性非高斯噪声信道,其信道容量的上下界为

$$\frac{1}{2}\log\left(1+\frac{S}{\sigma^2}\right)\leqslant C\leqslant\frac{1}{2}\log 2\pi eP-H_c(n) \tag{3.6.3}$$

式中，$H_c(n)$是噪声熵，$P=S+\sigma^2$ 为输出信号的功率。这里对式(3.6.3)不作证明，仅说明其物理意义。

式(3.6.3)右边第一项$\frac{1}{2}\log 2\pi eP$ 是均值为 0、方差为 P 的高斯信号的熵，由于信道噪声 n 是非高斯型的，如果输入信号 X 的分布能使 $x+n=y$ 呈高斯分布，则 $H_c(Y)$达到最大值，此时信道容量达到上限值$\frac{1}{2}\log 2\pi eP-H_c(n)$；式(3.6.3)左边可写成$\frac{1}{2}\log 2\pi eP-\frac{1}{2}\log 2\pi e\sigma^2$，其第二项$\frac{1}{2}\log 2\pi e\sigma^2$ 是均值为 0、方差为 σ^2 的高斯噪声的熵。它为平均功率受限于 σ^2 时的最大值，是信道受噪声干扰最坏的情况，所以是信道容量的下限值。

式(3.6.3)说明，在同样平均功率受限的情况下，非高斯噪声信道的容量要大于高斯噪声信道的容量，所以在处理实际问题时，通常采用计算高斯噪声信道容量的方法保守地估计容量，且高斯噪声的信道容量比较容易计算。

3.6.2 多维无记忆加性连续信道

设信道输入的随机序列 $\boldsymbol{x}=(x_1,x_2,\cdots,x_L)$，信道输出的随机序列为 $\boldsymbol{y}=(y_1,y_2,\cdots,y_L)$，信道中的噪声为加性噪声，$\boldsymbol{y}=\boldsymbol{x}+\boldsymbol{n}$，其中 $\boldsymbol{n}=(n_1,n_2,\cdots,n_L)$是均值为 0 的高斯噪声。多维无记忆加性连续信道的模型如图 3-18 所示。

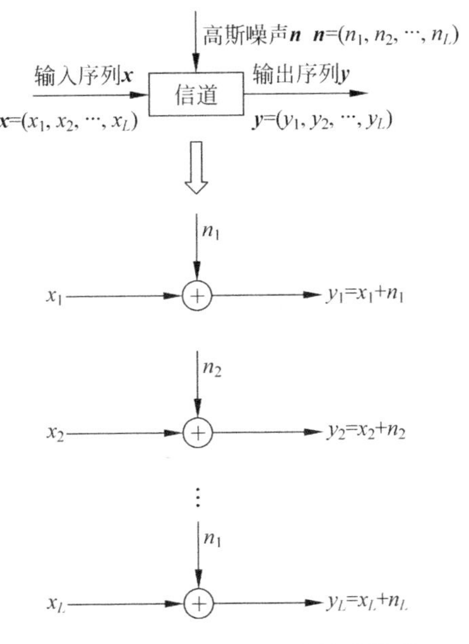

图 3-18　多维无记忆连续信道模型

由于信道无记忆，所以

$$p(\boldsymbol{y}\mid\boldsymbol{x})=\prod_{i=1}^{L}p(y_i\mid x_i)$$

加性信道中高斯噪声随机序列的各时刻分量是统计独立的，即

$$p_n(\boldsymbol{n}) = p(\boldsymbol{y} \mid \boldsymbol{x}) = \prod_{i=1}^{L} p(y_i \mid x_i) = \prod_{i=1}^{L} p(n_i)$$

其各分量都是均值为0、方差为σ_i^2的高斯变量。因此,多维无记忆高斯加性连续信道可以等价成L个独立的并联单符号高斯加性连续信道。

根据无记忆离散序列信道的性质有

$$I(\boldsymbol{X};\boldsymbol{Y}) \leqslant \sum_{i=1}^{L} I(X_i;Y_i) = \frac{1}{2}\sum_{i=1}^{L}\log\left(1+\frac{P_i}{\sigma_i^2}\right)$$

则

$$C = \max_{p(x)} I(\boldsymbol{X};\boldsymbol{Y}) = \frac{1}{2}\sum_{i=1}^{L}\log\left(1+\frac{P_i}{\sigma_i^2}\right)\text{bit}/L\text{ 维自由度} \tag{3.6.4}$$

式中,σ_i^2是第i个单元时刻上高斯噪声的方差,且均值为0。因此,当且仅当输入随机矢量$\boldsymbol{X}$中各分量统计独立,且满足均值为0,方差为P_i的高斯变量时,才能达到此信道容量。

式(3.6.4)即是多维无记忆高斯加性连续信道的信道容量,也是L个独立并联高斯加性信道的信道容量。下面分两种情况进行讨论:

(1) 如果在每个单元时刻上的噪声都是均值为0、方差为σ^2的高斯噪声,根据式(3.6.4)计算出信道容量为

$$C = \frac{L}{2}\log\left(1+\frac{S}{\sigma^2}\right)\text{bit}/L\text{ 维自由度} \tag{3.6.5}$$

当且仅当输入矢量$\boldsymbol{X}$的各分量统计独立,并且都是均值为0、方差为S的高斯变量时,信道中的信息传输概率达到最大值。

(2) 如果在每个单元时刻上的噪声是均值为0、但方差不同且为σ_i^2的高斯噪声,但输入信号的总平均功率受限,其约束条件为

$$E\left[\sum_{i=1}^{L} X_i^{\,2}\right] = \sum_{i=1}^{L} E[X_i^2] = \sum_{i=1}^{L} P_i = P \tag{3.6.6}$$

则此时各单元时刻的信号平均功率应合理分配,才能使信道容量达到最大。那么,在式(3.6.6)的约束条件下,如何分配每个单元时刻的信号平均功率P_i?这是一个标准的求极大值的问题,可用拉格朗日乘子法来求解。

为方便计算,取e为底的对数,并作辅助函数

$$f(P_1,P_2,\cdots,P_L) = \sum_{i=1}^{L}\frac{1}{2}\ln\left(1+\frac{P_i}{\sigma_i^2}\right)+\lambda\sum_{i=1}^{L}P_i$$

令

$$\frac{\partial f(P_1,P_2,\cdots,P_L)}{\partial P_i} = 0,\quad (i=1,2,\cdots,L)$$

解得

$$\frac{1}{2}\frac{1}{P_i+\sigma_i^2}+\lambda = 0,\quad (i=1,2,\cdots,L)$$

即

$$P_i+\sigma_i^2 = -\frac{1}{2\lambda},\quad (i=1,2,\cdots,L)$$

该式表明,各单元时刻上信号平均功率与噪声功率之和应为常数,即各个时刻的信道输出功率相等,设其为常数v,则

$$\begin{cases} P_i + \sigma_i^2 = v, \quad (i = 1,2,\cdots,L) \\ \sum_{i=1}^{L} P_i + \sigma_i^2 = P + \sum_{i=1}^{L} \sigma_i^2 = Lv \end{cases}$$

各单元时刻信号平均功率为

$$P_i = v - \sigma_i^2 = \frac{P + \sum_{i=1}^{L} \sigma_i^2}{L} - \sigma_i^2 \quad (i = 1,2,\cdots,L)$$

此时信道容量为

$$C = \frac{1}{2} \sum_{i=1}^{L} \log \frac{P + \sum_{i=1}^{L} \sigma_i^2}{L\sigma_i^2} \tag{3.6.7}$$

该结果说明：L 维无记忆高斯加性信道，当各时刻的噪声平均功率不相等时，为达到最大的信息传输率，要对输入信号的总能量适当地进行分配，即 $P_i = v - \sigma_i^2$，$(i=1,2,\cdots,L)$。但是如果某些单元时刻的噪声太大，使 $\sigma_i^2 > v$，则输入功率 P_i 会出现负数值，说明相应的信道质量太差，必须将 P_i 置 0，不分配功率并关闭。然后重新调整信号功率分配，直至 P_i 不出现负值。这就是著名的“注水法”原理，其示意图如图 3-19 所示。该原理将各单元时刻看成用来盛水的容器，将信号功率看成水，向容器中倒水，最后水平面是平的，每个子信道中装的水量即是分配的信号功率。此时的信道容量为

$$C = \frac{1}{2} \sum_{i=1}^{L} \log\left(1 + \frac{P_i}{\sigma_i^2}\right), \quad \sum_{i=1}^{L} P_i = P, \quad P_i \geqslant 0 \tag{3.6.8}$$

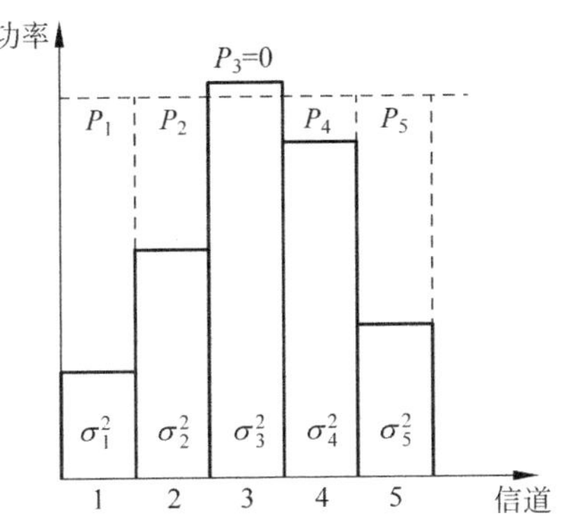

图 3-19　“注水法”功率分配

【例 3.6.1】　有一并联高斯加性信道，各子信道噪声均值为 0、噪声方差分别为 $\sigma_1^2 = 0.1$，$\sigma_2^2 = 0.2$，$\sigma_3^2 = 0.3$，$\sigma_4^2 = 0.4$，$\sigma_5^2 = 0.5$，$\sigma_6^2 = 0.6$，$\sigma_7^2 = 0.7$，$\sigma_8^2 = 0.8$，$\sigma_9^2 = 0.9$，$\sigma_{10}^2 = 1.0$。若输入信号的总功率分别为 $P_1 = 5$ 和 $P_2 = 1$，试用“注水法”确定各子信道的分配功率，并计算总的信道容量。

解：(1) 当输入信号的总功率为 $P_1 = 5$ 时，平均输出功率为

$$P_{平均1} = \frac{P_1 + \sum_{i=1}^{10} \sigma_i^2}{10} = 1.05$$

该值大于所有子信道的噪声功率 σ_i^2，所以各子信道分配的功率分别是

$P_1=0.95,\quad P_2=0.85,\quad P_3=0.75,\quad P_4=0.65,\quad P_5=0.55,$

$P_6=0.45,\quad P_7=0.35,\quad P_8=0.25,\quad P_9=0.15,\quad P_{10}=0.05$

总的信道容量为

$$C_1=\frac{1}{2}\sum_{i=1}^{10}\log\left(1+\frac{P_i}{\sigma_i^2}\right)=6.1\text{bit}/10\ 维自由度$$

(2) 当输入信号的总功率为 $P_2=1$ 时,平均输出功率为

$$P_{平均2}=\frac{P_1+\sum_{i=1}^{10}\sigma_i^2}{10}=0.65$$

该值小于最后4个子信道的噪声功率,因此关闭这4个子信道,即 $P_7=P_8=P_9=P_{10}=0$。重新计算平均输出功率

$$P'_{平均2}=\frac{P_1+\sum_{i=1}^{6}\sigma_i^2}{10}=0.517$$

该值小于第6个子信道的噪声功率,关闭第6个子信道,$P_6=0$。再计算平均输出功率

$$P^*_{平均2}=\frac{P_1+\sum_{i=1}^{5}\sigma_i^2}{10}=0.5$$

该值大于前5个子信道的噪声功率 σ_i^2,所以前5个子信道分配的功率分别是

$P_1=0.4,\quad P_2=0.3,\quad P_3=0.2,\quad P_4=0.1,\quad P_5=0$

实际只有前4个子信道可用,总的信道容量为

$$C_2=\frac{1}{2}\sum_{i=1}^{10}\log\left(1+\frac{P_i}{\sigma_i^2}\right)=2.4\text{bit}/10\ 维自由度$$

通过例题可知,"注水法"分配功率的方式是一种最佳的策略。噪声小的子信道分配到的输入功率大,信噪比大,信道的抗噪声能力就强,可以传输的比特数多,可采用更高进制的符号调制方法,以提高信道的频带利用率;反之,噪声大的子信道分配的功率小,信噪比小,可以传输的比特数就少。

3.6.3 加性高斯白噪声波形信道

在限时 t_B、限频 f_m、限功率 P_S 条件下,波形信道可转换为多维连续信道进行分析。将信道输入随机过程$\{x(t)\}$、输出随机过程$\{y(t)\}$转化成 L 维随机序列 $\boldsymbol{x}=(x_1,x_2,\cdots,x_L)$和 $\boldsymbol{y}=(y_1,y_2,\cdots,y_L)$,从而可以得到波形信道的平均互信息为

$$\begin{aligned}I[x(t);y(t)]&=\lim_{L\to\infty}I(\boldsymbol{X};\boldsymbol{Y})=\lim_{L\to\infty}[H_c(X)-H_c(X\mid Y)]\\&=\lim_{L\to\infty}[H_c(Y)-H_c(Y\mid X)]=\lim_{L\to\infty}[H_c(X)+H_c(Y)-H_c(X,Y)]\end{aligned}$$

一般情况下,波形信道都是研究单位时间内的信息传输率 R_t,即

$$R_t=\lim_{t_B\to\infty}\frac{1}{t_B}I(\boldsymbol{X};\boldsymbol{Y})\text{bit/s}$$

信道容量为

$$C_t=\max_{p(x)}\left[\lim_{t_B\to\infty}\frac{1}{t_B}I(\boldsymbol{X};\boldsymbol{Y})\right]\text{bit/s}$$

高斯白噪声加性波形信道是实际中经常假设的一种信道，加入信道的噪声是加性高斯白噪声$\{n(t)\}$，其均值为0，功率谱密度为$N_0/2$，输出信号满足

$$\{y(t)\}=\{x(t)\}+\{n(t)\}$$

因为一般信道的频带宽度总是有限的，设频带宽度为W，在该波形信道中，满足限频、限时、限功率的条件约束，可通过采样将输入和输出随机过程转化为L维统计独立的随机序列，而在频带内高斯白噪声的样本值彼此统计独立。根据采样定理，在$[0,t_B]$时刻内$L=2Wt_B$。这是多维无记忆高斯加性信道，根据式(3.6.4)计算其信道容量

$$C=\frac{1}{2}\sum_{i=1}^{L}\log\left(1+\frac{P_i}{\sigma_i^2}\right)$$

式中，σ_i^2是每个噪声分量的功率，$\sigma_i^2=P_n=\frac{N_0}{2}\times 2W\times t_B/L=\frac{N_0}{2}$；$P_i$是每个信号样本值的平均功率，若信号的平均功率受限于P_S，则$P_i=P_St_B/L=\frac{P_S}{2W}$。信道的容量为

$$C=\frac{1}{2}\sum_{i=1}^{L}\log\left(1+\frac{P_i}{\sigma_i^2}\right)=\frac{L}{2}\log\left(1+\frac{P_s/2W}{N_0/2}\right)=\frac{L}{2}\log\left(1+\frac{P_s}{N_0W}\right)$$

$$=Wt_B\log\left(1+\frac{P_s}{N_0W}\right)\text{bit}/L\text{ 维} \tag{3.6.9}$$

要使信道中传送的信息量达到式(3.6.9)的信道容量，必须使输入信号具有均值为0、平均功率P_S的高斯白噪声特性。不然，传送的信息率将低于信道容量，信道得不到充分利用。

单位时间内高斯白噪声加性信道的信道容量为

$$C_t=\lim_{t_B\to\infty}\frac{C}{t_B}=W\log\left(1+\frac{P_s}{N_0W}\right)\text{bit/s} \tag{3.6.10}$$

式中，P_S为信号的平均功率，$N_0\boldsymbol{W}$为高斯白噪声在带宽为W内的平均功率。P_s/N_0W为信噪功率比，记为SNR。由式(3.6.10)可知，信道容量与带宽和信噪功率比有关。这就是著名的香农公式。当信道输入信号是平均功率受限的高斯白噪声信号时，信息传输率可达到此信道容量。而实际信道一般为非高斯噪声波形信道，类似于3.6.1节所述，其噪声熵比高斯噪声的小，信道容量是以高斯加性信道的信道容量为下限值。因此，香农公式也适用于一般的非高斯波形信道，由香农公式得到的值是其信道容量的下限值。

香农公式的物理意义是：当信道容量一定时，增大信道的带宽，可以降低对信噪功率比的要求；反之，当信道频带较窄时，可以通过提高信噪功率比来补偿。香农公式是在噪声信道中进行可靠通信的信息传输率的上限值。

根据香农公式可知，增加信道容量的途径有3种：

(1) 当带宽W一定时，信噪比SNR与信道容量C_t成对数关系，如图3-20所示。若SNR增大，C_t就增大，但增大到一定程度后就趋于缓慢。这说明增加输入信号功率有助于信道容量的增大，但该方法是有限的；另一方面降低噪声功率也是有用的，当$N_0\to 0$时，$C_t\to\infty$，即无噪声信道的容量为无穷大。

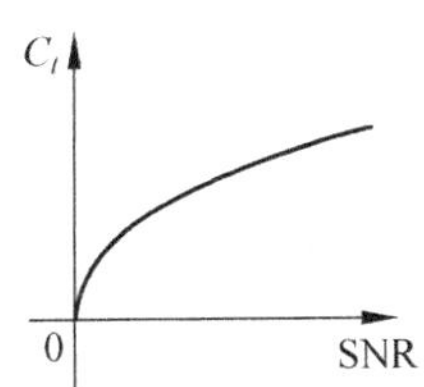

图3-20 信道容量与信噪比的关系

(2) 当输入信号功率P_S一定，增加信道带宽可以增加信道容量，但到一定阶段后增加变得缓慢。因为当噪声为加性高斯白噪声

时，随着 W 的增加，噪声功率 N_0W 也随之增加，当 $W\to\infty$ 时，$C_t\to C_\infty$，利用关系式 $\ln(1+x)\approx x$（x 很小时）可求出 C_∞ 值。即

$$\begin{aligned}C_\infty &= \lim_{W\to\infty} C_t = \lim_{W\to\infty} W\log\left(1+\frac{P_s}{N_0W}\right)\\&= \lim_{W\to\infty}\frac{P_s}{N_0}\frac{N_0W}{P_s}\log\left(1+\frac{P_s}{N_0W}\right)\\&= \lim_{x\to\infty}\frac{P_s}{N_0}\log(1+x)^{\frac{1}{x}}\\&= \frac{P_s}{N_0\ln 2}\text{bit/s}\end{aligned}\tag{3.6.11}$$

该式说明，即使带宽不受限制，传送 1bit 信息，信噪比最低只需－1.6dB，这就是香农限，是加性高斯噪声信道信息传输率的极限值，是一切编码方式所能达到的理论极限。能获得可靠的通信，实际值往往都比这个值大得多。

频带利用率定义为

$$\frac{C_t}{W} = \log(1+\text{SNR})\text{bit/(s}\cdot\text{Hz)}\tag{3.6.12}$$

即单位频带的信息传输率。该值越大，信道就利用得越充分，该值与信噪比的关系如图 3-21 所示。当 $C_t/W=1\text{bit/(s}\cdot\text{Hz)}$ 时，SNR＝0dB；当 $C_t/W\to\infty$ 时，SNR＝－1.6dB，此时信道完全丧失通信能力。

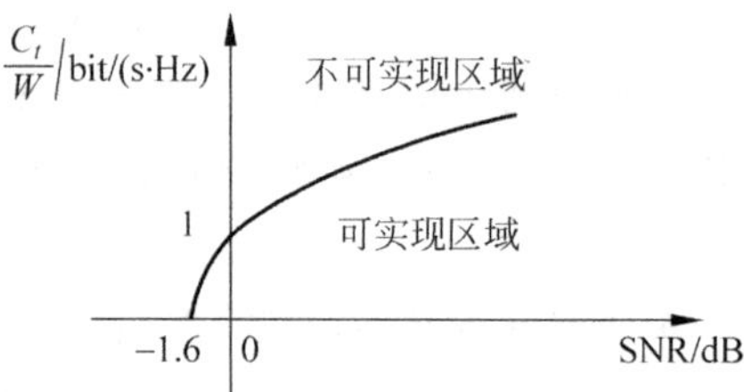

图 3-21 频带利用率与信噪比的关系

(3) C_t 一定时，带宽 W 增大，信噪比 SNR 可降低，即两者是可以互换的。若有较大的传输宽带，则在保持信号功率不变的情况下，可允许较大的噪声，即系统的抗噪声能力提高。无线通信中可扩频系统就是利用了这个原理，将所需传送的信号扩频，使之远远大于原始信号宽带，以增强抗干扰的能力。

【例 3.6.2】 一般电话信号的带宽为 3.3kHz。若信噪功率比为 20dB(SNR＝100)，试求电话通信的信道容量。

解：

$$C_t = W\log\left(1+\frac{P_s}{N_0W}\right) = 3.3\times\log(1+100) = 22\text{kbit/s}$$

而实际信道达到的最大信道传输率约为 19.2kbit/s。这是因为在实际电话信道中，还需要考虑串音、回声等干扰因素。所以实际的最大信道传输率比理论计算值要小。

3.7 信源与信道的匹配

一般情况下，当信源与信道相连接时，其信息传输率 R 并未达到最大。我们总希望能使信息传输率越大越好，能达到或尽可能接近信道容量。由前面的分析可知，信息传输率 R 接近于信道容量 C 只有在信源达到最佳分布时才能实现，由此可见，当信道确定后，信道的信息传输率与信源分布是密切相关的。当达到信道容量时，称信源与信道达到匹配，否则认

为信道有冗余。

信道冗余度包括绝对冗余度和相对冗余度，绝对冗余度定义为

$$\text{绝对冗余度} = C - I(X;Y) \tag{3.7.1}$$

式中，C 是该信道的信道容量，$I(X;Y)$是信源通过该信道实际传输的平均信息量。

相对冗余度定义为

$$\text{相对冗余度} = 1 - \frac{I(X;Y)}{C} \tag{3.7.2}$$

信道冗余度描述了信道的实际信息传输率和信道容量之间的相对差值。冗余度大，说明信源与信道的匹配程度低，信道的信息传递能力未得到充分利用；冗余度小，说明信源与信道的匹配程度高，信道的信息传递能力得到较充分利用；冗余度为零，说明信源与信道完全匹配，信道的信息传递能力得到完全利用。因此，要求信源的输出与信道的输入相匹配，以提高信道的利用率。

在一般通信系统中，信源与信道达到信息的完全匹配是不可能的，可以通过两方面来实现信源与信道的匹配：

(1) 符号匹配：信源输出的符号必须是信道能够传送的符号，即要求信源符号集就是信道的入口符号集或入口符号集的子集，这是实现信息传输的必要条件。

(2) 信息匹配：一般情况下，信源输出符号的概率分布并未使信息传输率 $R=I(X;Y)$ 达到最大，即信道没有得到充分利用。只有当输入符号的概率分布达到信道的最佳概率分布时，信道的信息传输率才能达到其信道容量 C，从而达到信源和信道的最佳匹配。

因此，需要对信源输出的符号进行信源编码，以达到两个目的：一是将信源符号变换为信道能够传输的符号，即符号匹配；二是变换后的符号分布概率能使信息传输率接近信道容量，即信息匹配。从而使信道冗余度接近于零，信道得到充分利用。

【例 3.7.1】 某离散无记忆信源的符号概率空间为

$$\begin{bmatrix} X \\ p(X) \end{bmatrix} = \begin{bmatrix} x_1 & x_2 & x_3 & x_4 & x_5 & x_6 \\ 1/2 & 1/4 & 1/8 & 1/16 & 1/32 & 1/32 \end{bmatrix}$$

相应的信源熵为

$$H(X) = -\sum_{i=1}^{6} p(x_i)\log(x_i) = 1.937\text{bit/ 信道符号}$$

该信源通过一个无噪无损二元离散信道进行传输，且信道容量为 $C=1\text{bit}$/信道符号。

为了将信源在些二元信道中传输，必须对信源 X 进行二元编码。对 6 个信源符号进行二元编码可有许多方案。例如：

	x_1	x_2	x_3	x_4	x_5	x_6
C_1	000	001	010	011	100	101
C_2	0000	0001	0010	0011	0100	0101

对于码 C_1，每个信源符号需用 3 个二元符号，信道的信息传输率为

$$R_1 = \frac{H(X)}{3} = 0.646\text{bit/ 信道符号}$$

对于码 C_2，每个信源符号需用 4 个二元符号，信道的信息传输率为

$$R_2 = \frac{H(X)}{4} = 0.484\text{bit/ 信道符号}$$

显然，对这两种码而言，$R_2<R_1<C$，即信道存在冗余。必须通过合适的信源编码，使信道的信息传输率接近或等于信道容量。

本章小结

1. 互信息、平均互信息与数据处理定理

(1) 互信息

$$I(x_i;\ y_j)=I(x_i)-I(x_i \mid y_j)=-\log p(x_i)+\log p(x_i \mid y_j)=\log \frac{p(x_i \mid y_j)}{p(x_i)}$$

(2) 平均互信息

$$\begin{aligned}I(X;\ Y)&=\sum_j p(y_j)I(X;\ y_j)=\sum_j p(y_j)p(x_i \mid y_j)\log \frac{p(x_i \mid y_j)}{p(x_i)}\\&=\sum_j p(x_i,y_j)\log \frac{p(x_i \mid y_j)}{p(x_i)}\end{aligned}$$

(3) 数据处理定理：数据处理过程中只会失掉一些信息，绝不会创造出新的信息，即满足信息不增性。

(4) 平均互信息与熵的关系

$$\begin{aligned}I(X;\ Y)&=H(X)-H(X \mid Y)\\&=H(Y)-H(Y \mid X)\\&=H(X)+H(Y)-H(X,Y)\end{aligned}$$

2. 信息传输率 **R**：信道中平均每个符号所能传送的信息量，即

$$R=I(X;\ Y)=H(X)-H(Y \mid X)\quad (\text{bit/符号})$$

信息传输速率：信道在单位时间内平均传输的信息量，即

$$R_t=\frac{I(X;\ Y)}{t}$$

3. 信道容量：选择某种信源概率分布 $p(a_i)$，使 $I(X;\ Y)$达到最大，即

$$C=\max_{p(a_i)} I(X;\ Y)$$

单位时间的信道容量为：

$$C_t=\frac{1}{t}\max_{p(a_i)} I(X;\ Y)$$

4. 无干扰离散信道容量：

(1) 无噪无损信道：$C=\max I(X;\ Y)=\log n$。

(2) 无噪有损信道：$C=\max I(X;\ Y)=\max H(Y)$。

(3) 有噪无损信道：$C=\max I(X;\ Y)=\max H(X)$。

5. 对称 DMC 信道容量：

$$C=\max_{p(a_i)} H(Y)-H(X \mid Y)=\log m-H(Y \mid a_i)=\log m+\sum_j p_{ij}\log p_{ij}$$

6. 准对称 DMC 信道容量：

$$C=\log n-H(p_1',p_2',\cdots,p_s')-\sum_{k=1}^{r} N_k\log M_k$$

7. 独立无记忆离散序列信道容量：

$$C_L = \max_{P_X} I(\boldsymbol{X}; \boldsymbol{Y}) = \max_{P_X} \sum_{l=1}^{L} I(X_l; Y_l) = \sum_{l=1}^{L} \max_{P_X} I(X_l; Y_l) = \sum_{l=1}^{L} C_l$$

8. 串联信道容量：

$$C(1,2) = \max I(X; Y), \quad C(1,2,\cdots,m) = \max I(X; W)$$

9. 独立并联信道容量：

$$C = \max_{p(x)} \sum_{i=1}^{N} I(X_i; Y_i) = \sum_{i=1}^{N} C_i$$

10. 多维无记忆高斯加性连续信道的信道容量：

$$C = \max_{p(x)} I(X; Y) = \frac{1}{2} \sum_{i=1}^{L} \log\left(1 + \frac{P_i}{\sigma_i^2}\right) \text{bit}/L \text{ 维自由度}$$

11. 限时限频限功率加性高斯白噪声信道容量(香农公式)：

$$C_t = \lim_{t_B \to \infty} \frac{C}{t_B} = W \log\left(1 + \frac{P_s}{N_0 W}\right) \text{bit/s}$$

当带宽不受限制，传送1bit信息，信噪比最低只需-1.6dB，这就是香农限。

12. 绝对冗余度定义为

$$\text{绝对冗余度} = C - I(X; Y)$$

13. 相对冗余度定义为

$$\text{相对冗余度} = 1 - \frac{I(X; Y)}{C}$$

习题

3-1 居住某地区的女孩中有20%是大学生，在女大学生中有75%身高为1.6m以上，而女孩中身高1.6m以上的占总数一半。假如得知“身高1.6m以上的某女孩是大学生”的消息，问获得多少信息量？

3-2 设二进制BSC信道的转移概率矩阵为$\boldsymbol{P} = \begin{bmatrix} 2/3 & 1/3 \\ 1/3 & 2/3 \end{bmatrix}$，

(1) 若$p(x_0) = 3/4$，$p(x_1) = 1/4$，求$H(X)$，$H(X|Y)$，$H(Y|X)$和$I(X; Y)$。

(2) 求该信道的信道容量及其达到信道容量时的输入概率分布。

3-3 已知一个信道的信道转移矩阵为$P = \begin{bmatrix} 0.5 & 0.3 & 0.2 \\ 0.3 & 0.5 & 0.2 \end{bmatrix}$，求该信道的容量$C$。

3-4 求下列两个信道的信道容量，并加以比较。

(1) $\begin{bmatrix} 1-p-\varepsilon & p-\varepsilon & 2\varepsilon \\ p-\varepsilon & 1-p-\varepsilon & 2\varepsilon \end{bmatrix}$；(2) $\begin{bmatrix} 1-p-\varepsilon & p-\varepsilon & 2\varepsilon & 0 \\ p-\varepsilon & 1-p-\varepsilon & 0 & 2\varepsilon \end{bmatrix}$。

3-5 已知信道转移概率矩阵为$\begin{bmatrix} 1/2 & 1/4 & 1/8 & 1/8 \\ 1/4 & 1/2 & 1/8 & 1/8 \end{bmatrix}$，求信道容量。

3-6 具有3kHz带宽的某高斯信道，若信道中信号功率与噪声功率谱密度之比为10dB，试求其信道容量。

3-7 一个平均功率受限制的连续信道，其通频带为1MHz，信道上存在白色高斯噪声。

(1) 已知信道上的信号与噪声的平均功率比值为10,求该信道的信道容量。

(2) 信道上的信号与噪声的平均功率比值降至5,要达到相同的信道容量,信道通频带应为多大?

(3) 若信道通频带减小为0.5MHz时,要保持相同的信道容量,信道上的信号与噪声的平均功率比值应等于多少?

3-8 电视图像由30万个像素组成,对于适当的对比度,一个像素可取10个可辨别的亮度电平,假设各个像素的10个亮度电平都以等概率出现,实时传送电视图像每秒发送30帧图像。为了获得满意的图像质量,要求信号与噪声的平均功率比值为30dB,试计算在这些条件下传送电视的视频信号所需的带宽。

3-9 在有扰离散信道上传输符号1和0,在传输过程中每100个符号发生一个错传的符号,已知 $p(0)=1/2$,$p(1)=1/2$,信道每秒钟内允许传输1000个符号,求此信道的信道容量。

3-10 某信源发送端有2个符号 x_i,$i=1,2$,$p(x_1)=a$,每秒发出一个符号。接收端有3种符号 y_j,$j=1,2,3$。信道转移概率矩阵为 $\begin{bmatrix} 1/2 & 1/2 & 0 \\ 1/2 & 1/4 & 1/4 \end{bmatrix}$。

(1) 计算接收端的平均不确定度。

(2) 计算由于噪声产生的不确定度 $H(Y|X)$。

(3) 计算信道容量。

第4章 信息率失真函数

CHAPTER 4

在实际的通信过程中,由于信息在信道的传输过程中不可避免地受到噪声和干扰的影响,导致信息或多或少地产生一些失真。此外,随着科学技术的发展,数字系统的应用越来越广泛,需要传送、存储和处理大量数据。为了提高传送和存储的效率,往往需要对数据进行压缩,也会产生一定的信息损失。

事实上,人们一般并不要求信息在传输过程中绝对无失真,通常要求在保证一定质量的条件下再现原来的信息即可。例如,人耳对语音信号接收的带宽和分辨力是有限的,语音信号的带宽是20Hz~20kHz,只需要选取带宽中300Hz~3.4kHz的部分,即可较好地获取主要的信息,即使传输的语音信号存在一定的失真,人耳不易分辨或感觉出来,但可以满足语音信号的传输要求,因此,这种失真是允许的。另一方面,信源输出的消息通常是取值连续的消息,即信源输出的信息熵 H 可以为无穷大,如果无失真地传输连续信源消息,要求信道的信息传输速率 R 无穷大。但对任何一个实际的信道来说,信道带宽总是有限的,信道容量总要受到一定的限制,不可能达到无穷大。因此,不可能完全实现无失真的信源信息的传输。

一般可以对信源输出的信息进行失真处理,以降低信息率,提高传输效率。那么在允许一定程度的失真条件下,能够把信源信息压缩到什么程度,至少需要多少比特的信息率才能描述信源?本章主要讨论以下内容:

- 失真函数及平均失真;
- 信息率失真函数的定义及性质;
- 离散信源和连续信源的信息率失真函数的计算。

4.1 失真函数

4.1.1 失真函数(失真度)

设离散无记忆信源 $\boldsymbol{X}$ 的概率空间为

$$\begin{bmatrix} X \\ p(x_i) \end{bmatrix} = \begin{bmatrix} x_1 & x_2 & \cdots & x_n \\ p(x_1) & p(x_2) & \cdots & p(x_n) \end{bmatrix}$$

经信道传输后,到达接收端 $\boldsymbol{Y}$:

$$\begin{bmatrix} Y \\ p(y_j) \end{bmatrix} = \begin{bmatrix} y_1 & y_2 & \cdots & y_m \\ p(y_1) & p(y_2) & \cdots & p(y_n) \end{bmatrix}$$

且信道的转移概率矩阵为

$$[p(y_j \mid x_i)] = \begin{bmatrix} p(y_1 \mid x_1) & p(y_2 \mid x_1) & \cdots & p(y_m \mid x_1) \\ p(y_1 \mid x_2) & p(y_2 \mid x_2) & \cdots & p(y_m \mid x_2) \\ \vdots & \vdots & \vdots & \vdots \\ p(y_1 \mid x_n) & p(y_2 \mid x_n) & \cdots & p(y_m \mid x_n) \end{bmatrix}$$

对于每一对(x_i, y_j)，指定一个非负的函数$d(x_i, y_j)$，用以表示信源发出符号x_i，经信道传输后，在接收端输出为y_j所引起的误差或失真，该函数称为失真函数：

$$d(x_i, y_j) = \begin{cases} 0 & x_i = y_j \\ \alpha(>0) & x_i \neq y_j \end{cases} \tag{4.1.1}$$

由上式可知，当$x_i = y_j$时，表示信源符号和接收符号之间没有失真，此时失真函数为0；当$x_i \neq y_j$时，表示信源符号和接收符号之间产生了失真，用失真函数$d(x_i, y_j)$来衡量y_j与x_i之间的失真程度。α越大，表示信源符号的失真程度越大。

对于信源符号集$\{x_i\}$和输出符号集$\{y_j\}$的所有变量，其失真函数可以写成失真矩阵的形式，即：

$$\boldsymbol{D} = \begin{bmatrix} d(x_1, y_1) & d(x_1, y_2) & \cdots & d(x_1, y_m) \\ d(x_2, y_1) & d(x_2, y_2) & \cdots & d(x_2, y_m) \\ \vdots & \vdots & \vdots & \vdots \\ d(x_n, y_1) & d(x_n, y_2) & \cdots & d(x_n, y_m) \end{bmatrix} \tag{4.1.2}$$

常用的失真函数主要有以下4个：

(1) 均方失真函数

$$d(x_i, y_j) = (x_i - y_j)^2$$

(2) 绝对失真函数

$$d(x_i, y_j) = |x_i - y_j|$$

均方失真和绝对失真只与x_i和y_j的差值有关，在数学处理上比较方便。

(3) 相对失真函数

$$d(x_i, y_j) = \frac{|x_i - y_j|}{|x_i|}$$

相对失真与主观特性比较匹配，因为主观感觉往往与客观量的对数成正比，但在数学处理中相对困难一些。

(4) 误码失真函数

$$d(x_i, y_j) = \begin{cases} 0 & x_i = y_j \\ \alpha & \text{其他} \end{cases}$$

该失真函数表示，当$x_i = y_j$时，表示信源符号和接收符号之间没有失真，此时失真函数为0；当$x_i \neq y_j$时，表示信源符号和接收符号之间产生了失真，此时失真度为α。当$\alpha = 1$时，称此失真为汉明失真，构成的矩阵称为失真矩阵，其特点是除主对角线的元素全部为0外，其他元素均为1。

$$D=\begin{bmatrix}0 & 1 & 1 & \cdots & 1\\ 1 & 0 & 1 & \cdots & 1\\ 1 & 1 & 0 & \cdots & 1\\ \vdots & \vdots & \vdots & & \vdots\\ 1 & 1 & 1 & \cdots & 0\end{bmatrix}$$

大多数情况下，信源输出为一个序列，此时可用序列的失真函数来衡量信源序列和接收序列的失真程度。设离散信源输出 N 维符号序列 $\boldsymbol{X}=\{X_1,X_2,\cdots,X_L\}$，其中 L 长符号序列样值 $x_i=\{x_{i_1},x_{i_2},\cdots,x_{i_L}\}$。经过信源编码后，输出符号序列 $\boldsymbol{Y}=\{Y_1,Y_2,\cdots,Y_L\}$，其中 L 长符号序列样值 $y_j=\{y_{j_1},y_{j_2},\cdots,y_{j_L}\}$，则序列的失真函数为：

$$d(x,y)=\sum_{l=1}^{L}d(x_{i_l},y_{j_l}) \tag{4.1.3}$$

式中 $d(x_{i_l},y_{j_l})$ 为信源输出 $\boldsymbol{x}_i$ 的第 l 个符号 x_{i_l}，经编码输出 $\boldsymbol{y}_j$ 的第 l 个符号 y_{j_l} 时的失真函数。信源序列的单个符号失真函数为：

$$d_L(x,y)=\frac{1}{L}\sum_{l=1}^{L}d(x_{i_l},y_{j_l}) \tag{4.1.4}$$

4.1.2 平均失真

失真函数 $d(x_i,y_j)$ 仅表示两个具体符号 x_i 和 y_j 之间的失真。为了能在平均意义上表示信道每传递一个符号所引起的失真程度的大小，将失真函数的数学期望定义为平均失真，记为：

$$\begin{aligned}\overline{D}=E[d(x_i,y_j)]&=\sum_{i=1}^{n}\sum_{j=1}^{m}p(x_i,y_j)d(x_i,y_j)\\&=\sum_{i=1}^{n}\sum_{j=1}^{m}p(x_i)p(y_j\mid x_i)d(x_i,y_j)\end{aligned} \tag{4.1.5}$$

式中 $p(x_i,y_j)$ 为联合分布，$p(x_i)$ 为信源符号概率分布，$p(y_j|x_i)$ 为符号转移概率分布，$d(x_i,y_j)$ 为离散随机变量的失真函数。平均失真度 $\overline{D}$ 是对给定信源分布 $p(x_i)$，经过某种转移概率 $p(y_j|x_i)$ 的有失真信源编码器输出后产生失真的总体度量。

对于长度为 L 的离散信源序列，平均失真为：

$$\overline{D}(L)=\sum_{i=1}^{n^L}\sum_{j=1}^{m^L}p(x_i,y_j)d(x_i,y_j)=\sum_{i=1}^{n^L}\sum_{j=1}^{m^L}p(x_i)p(y_j\mid x_i)d(x_i,y_j) \tag{4.1.6}$$

信源序列的单个符号平均失真度，也称信源的平均失真为：

$$\overline{D}_L=\frac{1}{L}\overline{D}(L)=\frac{1}{L}\sum_{i=1}^{n^L}\sum_{j=1}^{m^L}p(x_i)p(y_j\mid x_i)d(x_i,y_j) \tag{4.1.7}$$

当信源和信道都是无记忆时，则有：

$$\overline{D}(L)=\sum_{l=1}^{L}\overline{D}_l \text{ 及 } \overline{D}_L=\frac{1}{L}\sum_{l=1}^{L}\overline{D}_l$$

连续型随机信源的平均失真为：

$$\overline{D}=\int_{-\infty}^{\infty}\int_{-\infty}^{\infty}p_{x,y}(x,y)d(x,y)\mathrm{d}x\mathrm{d}y \tag{4.1.8}$$

4.2 信息率失真函数及其性质

4.2.1 信息率失真函数 $R(D)$

根据式(4.1.7)可知,在信源的概率分布 $p(x)$ 和失真函数 $d(x,y)$ 一定的条件下,平均失真度 $\overline{D}$ 是信道转移概率的函数。如果将平均失真度限制在一个有限的值 D 内,即 $\overline{D}\leqslant D$,则 D 为允许失真的上限,并称该限制条件称为保真度准则。

设 $P_D=\{P(y|x):\overline{D}\leqslant D\}$ 为满足保真度准则的试验信道集合,在该集合中寻求一个信道 $p(y_j|x_i)$,使给定信源 $p(x_i)$ 经过此信道传输后,互信息 $I(X;Y)$ 达到最小。该最小的互信息称为信息率失真函数,简称为率失真函数,记为

$$R(D)=\min_{p(y_j|x_i)\in P_D} I(X;Y)=\min_{p(y_j|x_i):\overline{D}\leqslant D} I(X;Y) \tag{4.2.1}$$

单位为比特(奈特,哈特)/信源符号。信息率失真函数 $R(D)$ 的物理意义是:对于给定信源,在平均失真不超过失真限度 D 的条件下,信息率容许压缩的最小值。

信息率失真函数可以推广到序列情况,设 $P_{ND}=\{P(y|x):\overline{D}(N)\leqslant ND\}$ 为所有满足保真度准则 $\overline{D}(N)\leqslant ND$ 的试验信道集合,则 N 维序列的信息率失真函数为:

$$R_N(D)=\min_{P(y|x)\in P_{ND}} I(\boldsymbol{X};\boldsymbol{Y})=\min_{(y|x):\overline{D}(N)\leqslant ND}\{I(\boldsymbol{X};\boldsymbol{Y})\} \tag{4.2.2}$$

若信源和信道均无记忆,则有:

$$\begin{aligned}R_N(D)&=\min\{I(X;Y):\overline{D}(N)\leqslant ND\}\\&=\min\{NI(X;Y):\overline{D}\leqslant D\}=NR(D)\end{aligned}$$

4.2.2 信息率失真函数的性质

1. $R(D)$ 函数的定义域

(1) $D_{\min}$ 和 $R(D_{\min})$

对离散信源来说,由于 D 是非负实数 $d(x,y)$ 的数学期望,因此 $\boldsymbol{D}$ 也是非负实数,其最小值为 $D_{\min}=0$,即信源无失真传输,相当于无噪声信道。此时信道传输的信息量等于信源熵,即:

$$R(D_{\min})=R(0)=H(X)$$

对连续信源来说,当 $D_{\min}=0$ 时相当于严格无噪声信道,通过无噪声信道的熵是不变的,即:

$$R(D_{\min})=R(0)=H_c(x)=\infty$$

实际信道总是有干扰的,此时最小的失真限度 $D_{\min}$ 为:

$$D_{\min}=\sum_i p(x_i)\min_j d(x_i,y_j) \tag{4.2.3}$$

(2) $D_{\max}$ 和 $R(D_{\max})$

由于 $R(D)$ 是在约束条件下的 $I(X;Y)$ 的最小值,且 $I(X;Y)$ 为非负函数,因此 $R(D)$ 也是一个非负函数。当 $R(D)=0$ 时,意味着 $I(X;Y)=0$,此时从 Y 中获取不到任何关于 X 的信息,即平均失真度最大。满足 $R(D)=0$ 的 D 值可能存在多个,选取所有 D 值中的最小值,定义为 $R(D)$ 定义域的上限 $D_{\max}$,即 $D_{\max}=\min\limits_{R(D)=0} D$。

当 $R(D_{max})=0$ 时，试验信道的输入 X 和输出 Y 是相互独立的，即：

$$p(y_j \mid x_i) = p(y_j)$$

此时 D_{max} 为：

$$D_{max} = \min_{p(y_j)} \sum_{i=1}^{n} \sum_{j=1}^{m} p(x_i)p(y_j)d(x_i, y_j) = \min_{p(y_j)} \sum_{j=1}^{m} p(y_j)D_j \tag{4.2.4}$$

式中，$D_j = \sum_{i=1}^{n} p(x_i)d(x_i, y_j)$。

当 $p(x_i)$ 和 $d(x_i, y_j)$ 给定时，可以计算出 D_j，D_j 随 j 的变化而变化。当计算出 $\min D_j$，并使其对应的 $p(y_j)=1$，其余为 0 时，即可求出 D_{max}。

综上所述，$R(D)$ 函数的定义域具有以下结论：

(1) 当且仅当失真矩阵的每一行至少有一个零元素时，$D_{min}=0$，且 $R(D_{min})=H(X)$。

(2) 可适当修改失真函数，使得 $\min\limits_{y} d(x,y)=0$。

(3) D_{min} 和 D_{max} 仅与 $p(x)$ 和 $d(x,y)$ 有关。

【例 4.2.1】 试验信道输入符号的概率空间 $\begin{bmatrix} X \\ P \end{bmatrix} = \begin{bmatrix} a_1 & a_2 & a_3 \\ \frac{1}{3} & \frac{1}{3} & \frac{1}{3} \end{bmatrix}$，失真矩阵 $\boldsymbol{d} = \begin{pmatrix} 1 & 2 & 3 \\ 2 & 1 & 3 \\ 3 & 2 & 1 \end{pmatrix}$，求 D_{min} 和 D_{max} 以及相应试验信道的转移概率矩阵。

解：

$$\begin{aligned} D_{min} &= \sum_i p(x_i) \min_j d(x_i, y_j) \\ &= \frac{1}{3}\min(1,2,3) + \frac{1}{3}\min(2,1,3) + \frac{1}{3}\min(3,2,1) \\ &= 1 \end{aligned}$$

令 $\min\limits_{j} d(x_i, y_j)$ 对应的 $p(y_i \mid x_i)=1$，其他 $d(x_i, y_j)$ 对应的 $p(y_i \mid x_i)=0$，可得 D_{min} 的转移概率矩阵：

$$[p(y \mid x)]_{D_{min}} = \begin{pmatrix} 1 & 0 & 0 \\ 0 & 1 & 0 \\ 0 & 0 & 1 \end{pmatrix}$$

$$\begin{aligned} D_{max} &= \min_{j=1,2,3} \sum_{i=1}^{n} p(x_i)d(x_i, y_j) \\ &= \min_{j=1,2,3} \left(\frac{1}{3}\times 1 + \frac{1}{3}\times 2 + \frac{1}{3}\times 3, \frac{1}{3}\times 2 + \frac{1}{3}\times 1 + \frac{1}{3}\times 2, \frac{1}{3}\times 3 + \frac{1}{3}\times 3 + \frac{1}{3}\times 1 \right) \\ &= \frac{5}{3} \end{aligned}$$

上式中第 2 项最小，所以 $p(y_2)=1$，$p(y_1)=0$，$p(y_3)=0$。D_{max} 的转移概率矩阵为：

$$[p(y \mid x)]_{D_{max}} = \begin{pmatrix} 0 & 1 & 0 \\ 0 & 1 & 0 \\ 0 & 1 & 0 \end{pmatrix}$$

【例 4.2.2】 离散二元信源 $p(x)=\begin{pmatrix}\frac{1}{3} & \frac{2}{3}\end{pmatrix}$,失真矩阵 $\boldsymbol{d}=\begin{bmatrix}0 & 1\\ 1 & 0\end{bmatrix}$,求 $D_{\max}$。

解:$D_{\max}=\min\sum_{i=1}^{n}p(x_i)d(x_i,y_j)=\min\left(\frac{1}{3}\times 0+\frac{2}{3}\times 1,\frac{1}{3}\times 1+\frac{2}{3}\times 0\right)=\frac{1}{3}$

2. *R*(*D*)函数的下凸性

设 D_1,D_2 为任意两个平均失真,$0\leqslant\alpha\leqslant 1$,那么

$$R(\alpha D_1+(1-\alpha)D_2)\leqslant\alpha R(D_1)+(1-\alpha)R(D_2)$$

证明:当信源分布给定后,$R(D)$可以看成试验信道转移概率 $p(y|x)$的函数,即:

$$R(D_1)=\min_{p(y|x)\in p_{D_1}}I[p(y\mid x)]=I[p_1(y\mid x)]$$

$$R(D_2)=\min_{p(y|x)\in p_{D_2}}I[p(y\mid x)]=I[p_2(y\mid x)]$$

且有

$$\sum_{i,j}p(x)p_1(y\mid x)d(x,y)\leqslant D_1\Rightarrow p_1(y\mid x)\in P_{D_1}$$

$$\sum_{i,j}p(x)p_2(y\mid x)d(x,y)\leqslant D_2\Rightarrow p_2(y\mid x)\in P_{D_2}$$

令 $D_0=\alpha D_1+(1-\alpha)D_2$,$p_0(y|x)=\alpha p_1(y|x)+(1-\alpha)p_2(y|x)$,那么

$$\begin{aligned}D&=\sum_{i,j}p(x)p_0(y\mid x)d(x,y)\\&=\sum_{i,j}P(x)[\alpha p_1(y\mid x)+(1-\alpha)p_2(y\mid x)]d(x,y)\\&\leqslant\alpha D_1+(1-\alpha)D_2=D_0\end{aligned}$$

所以 $p_0(y|x)$满足保真度准则 D_0,即 $p_0(y|x)\in P_{D_0}$。

$$R(D_0)=\min_{p(y|x)\in P_{D_0}}I[p(y\mid x)]\leqslant I[p_0(y\mid x)]=I[\alpha p_1(y\mid x)+(1-\alpha)p_2(y\mid x)]$$

由于平均互信息量是关于转移概率 $p(y|x)$的下凸函数,因此

$$R(D_0)\leqslant\alpha I[p_1(y\mid x)]+(1-\alpha)I[p_2(y\mid x)]=\alpha R(D_1)+(1-\alpha)R(D_2)$$

3. *R*(*D*)函数的连续性和单调递减性

证明:$R(D)$在定义域内为凸函数,保证了连续性。$R(D)$的单调递减性可理解为:容许的失真度越大,所要求的信息率越小,反之亦然。下面对该性质进行证明。

设 $D_2\geqslant D_1$,则对应试验信道的转移概率满足:

$$\{P(y\mid x):\overline{D}\leqslant D_1\}\subset\{P(y\mid x):\overline{D}\leqslant D_2\}$$

因此 $\min\{I(X;Y):\overline{D}\leqslant D_2\}\leqslant\min\{I(X;Y):\overline{D}\leqslant D_1\}$,即 $R(D_2)\leqslant R(D_1)$,$R(D)$是定义域$[D_{\min},D_{\max}]$上的非增函数(不为常数)。由于在定义域内 $R(D)$不是常数,而是下凸函数,也可通过反证法来证明 $R(D)$的单调递减性。

根据信息率失真函数 $R(D)$的上述性质,可画出信息率失真曲线,如图 4-1 所示。

综上所述,当规定了允许失真 D,又找到了适当的失真函数 $d(x_i,y_j)$时,可以计算出该失真条件下的信息率失真函数 $R(D)$,该函数是一个极限值。利用不同的方法进行数据压缩时,可通过 $R(D)$来衡量信源的压缩程度。近年来,该问题引起很多学者的兴趣。

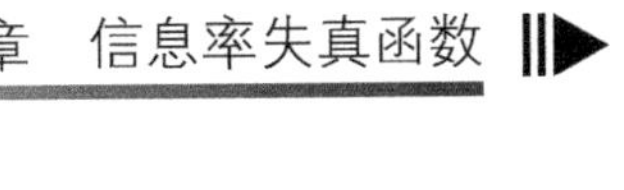

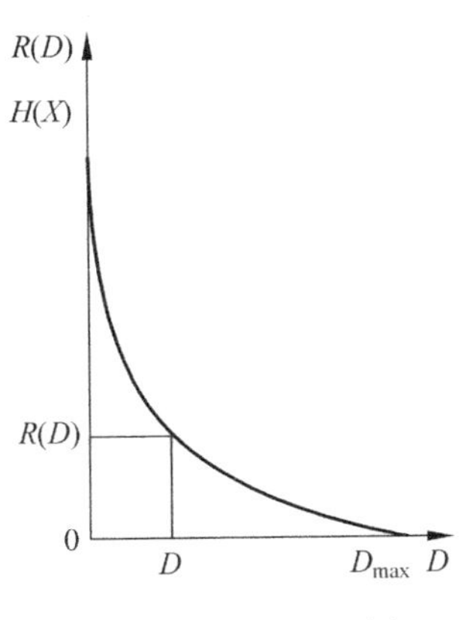

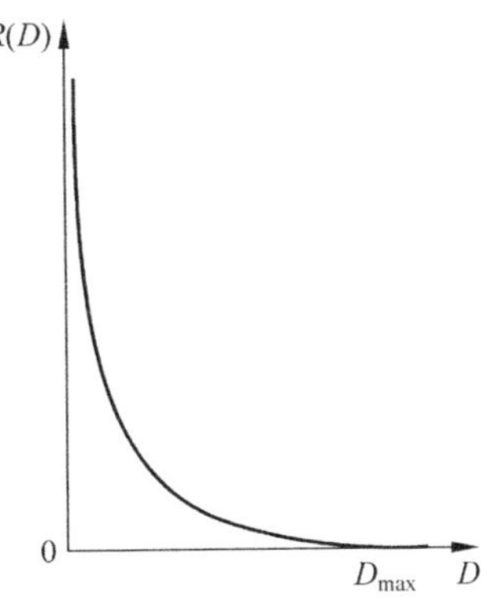

图 4-1　信息率失真曲线

4.2.3　信息率失真函数与信道容量的比较

研究信息率失真函数 $R(D)$，是为了解决在允许失真度 D 条件下，信源编码到底能压缩到什么程度的问题，$R(D)$ 给出了保真度条件下信源信息率可被压缩的最低限度。因此，$R(D)$ 能够为信源的压缩编码服务，它属于信源编码问题。而研究信道容量 C 是为了解决在所用信道中传送的最大信息量到底有多大的问题，即信道容量是信道可能传输的最大信息量，是无差错传输的上限。引入 C 的概念，说明经信道编码后，信息传输速率可以无限接近 C 且错误传输率任意小。因此，C 能够为信道编码服务，属于信道编码问题。

信息率失真函数 $R(D)$ 和信道容量 C 之间的对应关系如表 4-1 所示。

表 4-1　信息率失真函数 $R(D)$ 和信道容量 C 的比较

	信息率失真函数 $R(D)$	信道容量 C
研究对象	信源可压缩程度	信道传输能力
给定条件	信源分布 $p(x)$	信道转移概率 $p(y_j \mid x_i)$
选择参数	试验信道转移概率 $p(y_j \mid x_i)$	信源分布 $p(x)$
结论	求 $I(X;Y)_{\min}$	求 $I(X;Y)_{\max}$
概念上	固定信源，改变信道，使信息率最小	固定信道，改变信源，使信息率最大
通信上	信源编码问题	信道编码问题
对应定理	限失真信源编码定理	有噪信道编码定理

4.3　无记忆信源信息率失真函数的计算

4.3.1　离散无记忆信源的 $R(D)$ 计算

已知离散无记忆信源的概率分布 $p(x)$ 和失真函数 $d(x,y)$，即可求得离散信源的信息率失真函数 $R(D)$。原则上，$R(D)$ 是在失真限度 D 受约束的条件下求 $I(X;Y)$ 的极小值，即：

$$I(X;Y)_{\min} = \min \sum_{i=1}^{n} \sum_{j=1}^{m} P(x_i) P(y_j \mid x_i) \log_2 \frac{P(y_j \mid x_i)}{\sum_{l=1}^{n} P(x_l) P(y_j \mid x_i)} \tag{4.3.1}$$

相应的约束条件为：

$$\begin{cases}\sum_{i=1}^{n}\sum_{j=1}^{m}P(x_i)P(y_j\mid x_i)d(x_i,y_j)\leqslant D & \\ P(y_j\mid x_i)\geqslant 0 & \forall i,j \\ \sum_{j=1}^{m}P(y_j\mid x_i)=1 & \forall i\end{cases} \tag{4.3.2}$$

求解 $R(D)$的方法有很多，如变分法、拉格朗日乘子法和凸规划法等方法均可严格地进行求解，但很难得到极值的显式表达式，通常只能用参量形式进行描述。即使如此，除某些特殊的情况外，实际的计算还是困难的，必须采用迭代逼近的算法来求解 $R(D)$。

对于等概率、对称失真的离散信源，存在一个与失真矩阵具有相同对称性的转移概率矩阵，使信息率失真函数为 $R(D)$。该性质不做证明，下面通过两个例子来介绍等概对称失真信源的 $R(D)$的计算方法。

【例 4.3.1】 二元等概平稳无记忆信源 $X=\{0,1\}$，接收符号为 $Y=\{0,1,2\}$，失真矩阵为 $\boldsymbol{d}=\begin{pmatrix}0 & \infty & 1\\ \infty & 0 & 1\end{pmatrix}$。求信息率失真函数 $R(D)$。

解：根据失真矩阵 $\boldsymbol{d}$，求得 $D_{\min}=0$ 和 $D_{\max}=\min\limits_{j=1,2,3}\sum_{i=1}^{n}p(x_i)d(x_i,y_j)=\min\limits_{j=1,2,3}(\infty,1,\infty)=1$。

由于信源是等概分布，且具有对称失真矩阵，相应的转移概率矩阵形式为：

$$[p(y\mid x)]=\begin{pmatrix}\alpha & \beta & \gamma\\ \beta & \alpha & \gamma\end{pmatrix}\text{且 }\alpha+\beta+\gamma=1$$

由于 $d(0,1)=d(1,0)=\infty$，对于任何有限的平均失真，必有 $\beta=0$。因此，转移概率矩阵变为：

$$[p(y\mid x)]=\begin{pmatrix}\alpha & 0 & 1-\alpha\\ 0 & \alpha & 1-\alpha\end{pmatrix}$$

平均失真 D 为：$D\geqslant\sum_{i,j}p(x)p(y\mid x)d(x,y)=1-\alpha$，取等号，则 $\alpha=1-D$。

根据 $y_j=\sum_{i}p_ip(y_j\mid x_i)$，求得 $p(y=0)=\frac{D}{2}$，$p(y=1)=\frac{D}{2}$，$p(y=2)=1-D$，且

$$H(Y)=H\left(\frac{1-D}{2},\frac{1-D}{2},D\right)$$

而 $H(Y|X)=H(D,1-D)$，此时的信息率失真函数 $R(D)$为：

$$\begin{aligned}R(D)&=I(X;Y)=H(Y)-H(Y\mid X)\\&=H\left(\frac{D}{2},\frac{D}{2},1-D\right)-H(D,1-D)\\&=(1-D)\log 2-(1-D)\log(1-D)-D\log D+(1-D)\log(1-D)+D\log D\\&=(1-D)\log 2\end{aligned}$$

信息率失真函数 $R(D)$的曲线如图 4-2 所示。

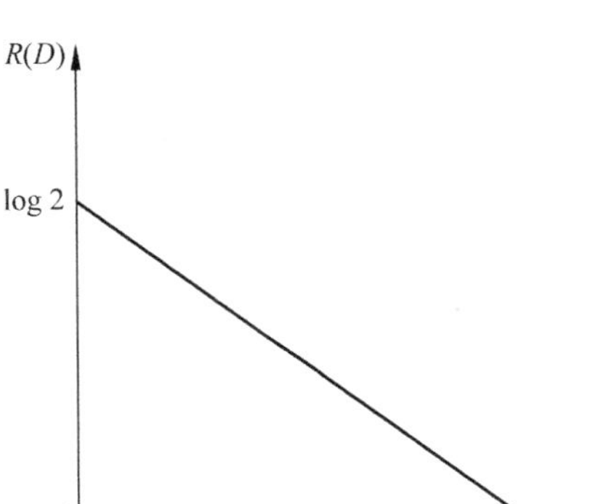

图 4-2 二元等概信源率失真函数曲线

【例 4.3.2】 n 元等概平稳无记忆信源 X，失真矩阵为 $\boldsymbol{d}=\begin{pmatrix} 0 & 1 & \cdots & 1 \\ 1 & 0 & \cdots & 1 \\ \vdots & \vdots & \vdots & \vdots \\ 1 & 1 & \cdots & 0 \end{pmatrix}$。求信息率失真函数 $R(D)$。

解：由于信源等概分布，且失真函数具有对称性，相应的转移概率矩阵为：

$$[\boldsymbol{p}(\boldsymbol{y} \mid \boldsymbol{x})]=\begin{pmatrix} A & \dfrac{1-A}{N-1} & \cdots & \dfrac{1-A}{N-1} \\ \dfrac{1-A}{N-1} & A & \cdots & \dfrac{1-A}{N-1} \\ \vdots & \vdots & \vdots & \vdots \\ \dfrac{1-A}{N-1} & \dfrac{1-A}{N-1} & \cdots & A \end{pmatrix}$$

平均失真 D 为：$D \geqslant \sum_{i,j} p(x)p(y \mid x)d(x,y)=1-A$，取等号，则 $A=1-D$。此时的信息率失真函数 $R(D)$ 为：

$$\begin{aligned} R(D) &= I(X;Y)=H(Y)-H(Y \mid X) \\ &= H\left(\frac{1}{n},\frac{1}{n},\cdots,\frac{1}{n}\right)-H\left(1-D,\frac{D}{n-1},\cdots\frac{D}{n-1}\right) \\ &= \log_2 n+(1-D)\log_2(1-D)+D\log_2\frac{D}{n-1} \\ &= \log_2 n-H(D,1-D)-D\log_2(n-1) \end{aligned}$$

分别取 $n=2,4,8$，得到对应的信息率失真函数曲线如图 4-3 所示。

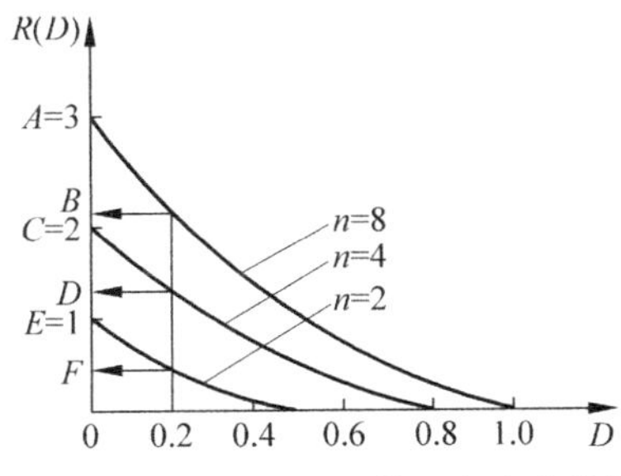

图 4-3 $n=2,4,8$ 时的信息率失真曲线

对于一般的离散无记忆信源，其信息率失真函数是在多个约束条件下的极值问题求解，非常困难，本书不做讨论。

4.3.2 连续信源的 $R(D)$ 计算

连续信源的信息率失真函数的定义与离散无记忆信源的信息率失真函数的定义类似，只是用积分代替了求和，用概率密度代替概率分布，用求上确界和下确界分别代替了求极大值和极小值。根据 4.1 节中式(4.1.8)可知，连续信源的平均失真度为：

$$\overline{D}=\int_{-\infty}^{\infty}\int_{-\infty}^{\infty}p_{x,y}(x,y)d(x,y)\mathrm{d}x\mathrm{d}y$$

通过试验信道获得的平均互信息为：

$$I(X;Y)=\iint P(x)P(y\mid x)\log_2\frac{P(y\mid x)}{P(y)}\mathrm{d}x\mathrm{d}y=h(Y)-h(Y\mid X) \tag{4.3.3}$$

当确定一个允许失真度 D，凡满足平均失真小于 D 的所有试验信道的集合记为 P_D，则连续信源的信息率失真函数 $R(D)$ 定义为：

$$R(D)=\inf_{P(y|x)\in P_D}\{I(X;Y)\} \tag{4.3.4}$$

严格地说，在连续信源的情况下，信息率失真函数可能不存在极小值或极大值，但是下确界和上确界是存在的。因此，连续信源的信息率失真函数仍然满足 4.2.2 节的性质，同样有：

$$D_{\min}=\int p(x)\inf_y d(x,y)\mathrm{d}x \tag{4.3.5}$$

$$D_{\min}=\inf_y\int p(x)d(x,y)\mathrm{d}x \tag{4.3.6}$$

连续信源的信息率失真函数的计算依然是求极值的问题，同样需要利用迭代逼近的算法来求解 $R(D)$。这里仅给出两种特殊情况下连续信源的信息率失真函数 $R(D)$ 的表达式。

1. 当 $d(x,y)=(x-y)^2$，$p(x)=\dfrac{1}{\sigma\sqrt{2\pi}}e^{-\frac{x^2}{2\sigma^2}}$ 时

$$R(D)=\frac{1}{2}\log\frac{\sigma^2}{D} \tag{4.3.7}$$

2. 当 $d(x,y)=|x-y|$，$p(x)=\dfrac{\lambda}{2}e^{-\lambda|x|}$ 时

$$R(D)=\log\frac{\sigma}{\sqrt{D}} \tag{4.3.8}$$

本章小结

1. 失真函数

用 $d(x_i,y_j)$ 表示信源发出符号 x_i，经信道传输后，在接收端输出为 y_j 所引起的误差或失真，即：

$$d(x_i,y_j)=\begin{cases}0 & x_i=y_j\\ \alpha(>0) & x_i\neq y_j\end{cases}$$

2. 平均失真

$$\overline{D}=E[d(x_i,y_j)]=\sum_{i=1}^{n}\sum_{j=1}^{m}p(x_i,y_j)d(x_i,y_j)=\sum_{i=1}^{n}\sum_{j=1}^{m}p(x_i)p(y_j\mid x_i)d(x_i,y_j)$$

3. 信息率失真函数

设 $P_D=\{P(y|x):\overline{D}\leqslant D\}$ 为满足保真度准则的试验信道集合，在该集合中寻求一个信道 $p(y_j|x_i)$，使给定信源 $p(x_i)$ 经过此信道传输后，互信息 $I(X;Y)$ 达到最小。该最小的互信息称为信息率失真函数，简称为率失真函数，记为：

$$R(D)=\min_{p(y_j|x_i)\in P_D}I(X;Y)=\min_{p(y_j|x_i):\overline{D}\leqslant D}I(X;Y)$$

4. 信息率失真函数的性质

(1) $R(D)$函数的定义域：

$$D_{\min}=0,\quad R(D_{\min})=H(X)$$

$$D_{\max}=\min_{R(D)=0}D,\quad R(D_{\max})=0$$

(2) $R(D)$函数的下凸性。

(3) $R(D)$函数的连续性和单调递减性。

(4) $R(D)$与信道容量 C 的对偶关系。

习题

4-1　已知二元信源 $\begin{bmatrix}x\\p(x)\end{bmatrix}=\begin{bmatrix}0 & 1\\p & 1-p\end{bmatrix}$ 以及失真矩阵 $[d_{ij}]=\begin{bmatrix}0 & 1\\1 & 0\end{bmatrix}$，试求 $D_{\min}$，$D_{\max}$，$R(D_{\min})$ 和 $R(D_{\max})$。

4-2　设输入符号表与输出符号表为 $X=Y=\{0,1\}$。输入符号等概出现，设失真矩阵为 $[d_{ij}]=\begin{bmatrix}0 & 1\\2 & 0\end{bmatrix}$，试求 $D_{\min}$，$D_{\max}$，$R(D_{\min})$，$R(D_{\max})$ 以及相应的编码器转移概率矩阵。

4-3　设输入符号表与输出符号表为 $X=Y=\{0,1,2,3\}$，且输入信号的分布为 $P(X=i)=1/4$，$i=0,1,2,3$。设失真矩阵为

$$\boldsymbol{d}=\begin{bmatrix}0 & 1 & 1 & 1\\1 & 0 & 1 & 1\\1 & 1 & 0 & 1\\1 & 1 & 1 & 0\end{bmatrix}$$

求 $D_{\min}$，$D_{\max}$，$R(D_{\min})$，$R(D_{\max})$ 以及相应的编码器转移概率矩阵。

4-4　设输入符号的概率分布为 $\begin{bmatrix}x\\p(x)\end{bmatrix}=\begin{bmatrix}0 & 1\\1/2 & 1/2\end{bmatrix}$，失真矩阵为 $d=\begin{bmatrix}0 & 1 & 1/4\\1 & 0 & 1/4\end{bmatrix}$。试求 $D_{\min}$，$D_{\max}$，$R(D_{\min})$，$R(D_{\max})$ 以及相应的编码器转移概率矩阵。

4-5　具有符号集 $U=\{u_0,u_1\}$ 的二元信源，概率分布为 $\begin{bmatrix}U\\p(u)\end{bmatrix}=\begin{bmatrix}u_0 & u_1\\p & 1-p\end{bmatrix}$，$0<p\leqslant\frac{1}{2}$。Z 信道如图 4-4 所示，接收符号集为 $V=\{v_0,v_1\}$，转移概率为 $q(v_0|u_0)=1$，$q(v_1|u_1)=$

$1-q$。失真矩阵为 $\boldsymbol{d}=\begin{bmatrix}0 & 1\\1 & 0\end{bmatrix}$。

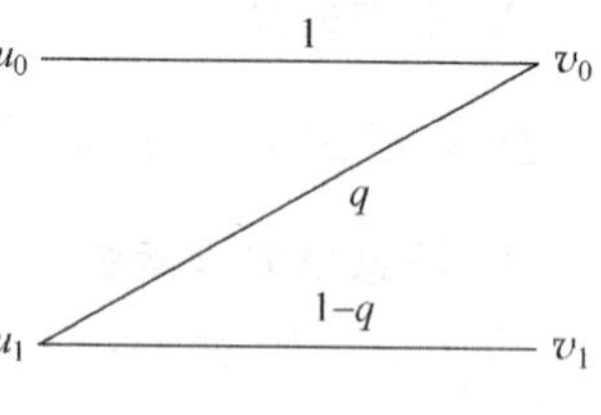

图 4-4 习题 4-5 图

(1) 计算平均失真 $\overline{D}$。

(2) 率失真函数的最大值是什么？当 q 为什么值时可达到该最大值？此时平均失真 $\overline{D}$ 是多大？

(3) 率失真函数的最小值是什么？当 q 为什么值时可达到该最小值？此时平均失真 $\overline{D}$ 是多大？

(4) 画出 $R(D)$-D 曲线。

4-6 利用 $R(D)$ 的性质，画出一般 $R(D)$ 的曲线并说明其物理意义。试问为什么 $R(D)$ 是非负且非增的？

4-7 若有一信源 $\begin{bmatrix}x\\p(x)\end{bmatrix}=\begin{bmatrix}0 & 1\\0.5 & 0.5\end{bmatrix}$，每秒钟发出 2.66 个信源符号。将此信源的输出符号送入某二元无噪无损信道中进行传输，而信道每秒钟只传递两个二元符号。

(1) 试问信源能否在此信道中进行无失真的传输。

(2) 若此信源失真度测量定义为汉明失真，问允许信源平均失真多大时，此信源就可以在此信道中传输？

第5章 信源编码

CHAPTER 5

前面几章对信息论的基础性知识进行了介绍和分析。从本章开始，在信息论的基础上进一步讨论对信息的各种编码。

信息通过信道传输到信宿的过程即为通信。要做到既不失真又快速安全地通信，需要解决三个问题：通信的有效性、可靠性和安全性。有效性是指在不失真或允许一定失真的情况下，如何提高信源信息的传输速率，或者说如何用尽可能少的符号来传送信源信息，这属于信源编码问题(第5章)；可靠性是指在信道受干扰的情况下，如何增加信号的抗干扰能力，同时保证信息传输率最大，即尽可能地提高信息传输的可靠性，这属于信道编码问题(第6章)；安全性是指在可以监听的信道上要进行安全通信，就需要对信息进行加密，使得监听人无法获取传输的信息，这属于加密编码问题(第7章)。

香农给出了关于信源编码和信道编码的三个极限定理，分别称为香农第一极限定理、香农第二极限定理、香农第三极限定理。香农第一极限定理指出，无失真信源编码压缩的极限即为信源熵，又被称为无失真信源编码定理；香农第二极限定理指出，有噪信道的信息传输率的上限为信道容量，即输入和输出端平均互信息量的极大值，又被称为信道编码定理；香农第三极限定理指出，在允许一定失真 D 的情况下，信源进行有损压缩的极限为信息率失真函数，因此又称为限失真信源编码定理。

本章主要介绍信源编码的基本理论及实现方法。信源编码的主要任务是减少冗余，提高编码效率。信源编码的基本途径有两个：一是使序列中各个符号尽可能地相互独立，即解除相关性；二是使编码中各个符号出现的概率尽可能地相等，即概率均匀化。具体来说，就是针对信源输出符号序列的统计特性，寻找一定的办法把信源输出符号序列变换为最短的码字序列。

根据是否允许失真，信源编码可分为无失真信源编码和限失真信源编码。无失真信源编码不会改变信源熵，只是对信源的冗余度进行压缩，且码元序列经干扰信道传输后可进行无失真译码，无失真信源编码又称为无损压缩。限失真信源编码在允许一定失真的条件下，对信源进行编码。在实际的通信中，信息在传输过程中总会受到噪声和干扰的影响，不可能完全保持发送的原样，或多或少总会产生一些失真。例如，音频信号的带宽为20Hz～20kHz，但只要取其中一部分即可保留主要的信息。限失真信源编码又称为有损压缩。

本章主要讨论以下问题：

- 信源编码的基本思路；
- 无失真信源编码定理；

- 香农码、费诺码、哈夫曼码等变长编码方法以及游程编码、算术编码等实用信源编码方法；
- 限失真信源编码定理,矢量量化、预测编码和变换编码等信源编码方法。

5.1 编码的基本概念

5.1.1 码的定义及分类

信源编码器的模型如图 5-1 所示。信源符号集 $S=\{s_1,s_2,\cdots s_q\}$ 为编码器的输入；符号集 $X=\{x_1,x_2,\cdots x_r\}$ 为编码器采用的编码符号集,且 x_i 是适合于信道传输的符号,称为码符号(或码元)。编码器的作用是将信源符号集中的符号 s_i 变换成由 x_j 组成的长度为 l_i 的输出序列 $W_i=\{x_{i1},x_{i2},\cdots,x_{il_i}\}$,该序列与信源符号 s_i 一一对应,称 W_i 为码字,其长度称为码长,全体码字 W_i 构成的集合 $C=\{W_1,W_2,\cdots,W_q\}$ 称为码集或码书。

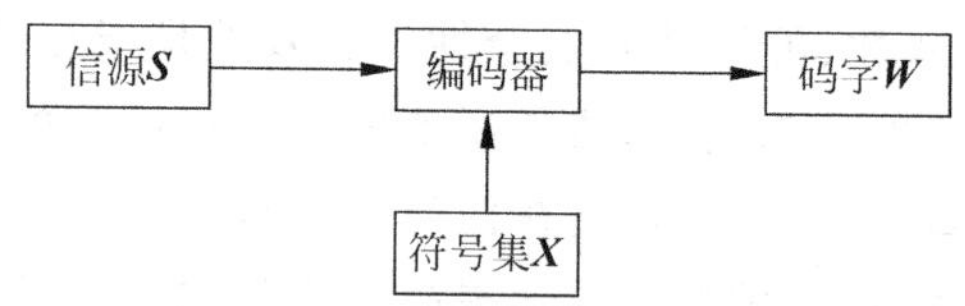

图 5-1 信源编码器模型

信源编码中常用的一种符号集为二元码符号集 $X=\{0,1\}$,利用该符号集将信源符号 s_i 变换成由 0,1 构成的码元序列,以适应二元信道的传输。同一个信源符号可变换成不同的码符号序列,如表 5-1 所示。一般情况下,码可以分为两类：一类是固定长度的码,码集中的所有码字的长度都相同,称为定长码,如表 5-1 中的码 1；另一类是可变长度的码,码中的码字长短不一,称为变长码,如表 5-1 中的码 2。

表 5-1 定长码和变长码

信源符号 s_i	符号出现概率 $p(s_i)$	码 1	码 2
s_1	$p(s_1)$	00	0
s_2	$p(s_2)$	01	01
s_3	$p(s_3)$	10	001
s_4	$p(s_4)$	11	111

若信源符号 s_i 按照固定的码表映射成一个码字 W_i,该码称为分组码(又称块码),否则就是非分组码。只有分组码才有对应的码表,而非分组码不存在码表。分组码具有以下属性：

(1) 奇异码和非奇异码。若信源符号和码字是一一对应的,则该码为非奇异码；反之,为奇异码。如表 5-2 中,码 1 是奇异码,其他码是非奇异码。

(2) 唯一可译码。若任意有限长的码元序列只能唯一地被分割成码字,则该码称为唯一可译码；反之,被称为非唯一可译码。例如{0,10,11}是一种唯一可译码,因为码元序列 100111000 只能被分割成 10,0,11,10,0,0,其他任何分割法都会产生一些非定义的码字。又如码元序列 10000100 是由表 5-2 中码 2 产生的码流,可被分割为 10,0,0,01,00,也可被分割成 10,0,00,10,0,此时产生了歧义,因此码 2 不是唯一可译码。显然,奇异码不是唯一可译码,而非奇异码包括唯一可译码和非唯一可译码。

表 5-2 分组码的不同属性

信源符号 s_i	符号出现概率 $p(s_i)$	码 1	码 2	码 3	码 4
s_1	1/2	0	0	1	0
s_2	1/4	11	10	10	01
s_3	1/8	00	00	100	001
s_4	1/8	11	01	1000	0001

(3) 即时码和非即时码。对唯一可译码进一步划分,可分为即时码和非即时码。如果接收到一个完整的码字后,不能立即译码,还需要等下一个码字开始接收后才能判断是否可以译码,该码被称为非即时码,如表 5-2 中的码 3。如果收到一个完整的码字后,可以立即译码,该码被称为即时码,又称为非延长码,如表 5-2 中的码 4。由于即时码的任意一个码字都不是其他码字的前缀部分,因此又称为异前缀码。

综上所述,码的分类如图 5-2 所示。

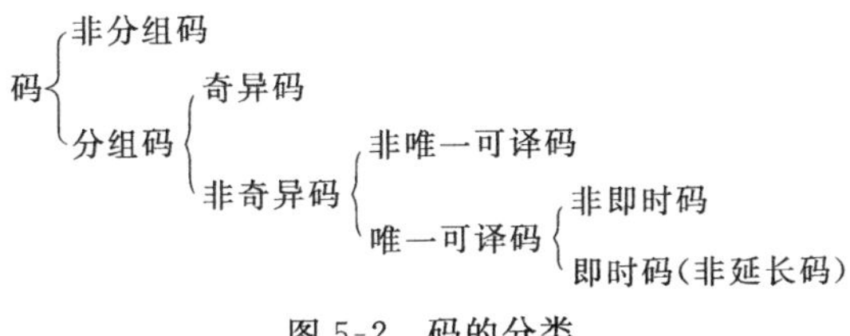

图 5-2 码的分类

5.1.2 码树

对于给定的码字集合 $C=\{W_1,W_2,\cdots,W_q\}$,可以用码树来描述。m 进制的码树如图 5-3 所示,其中图(a)为二进码树,图(b)为三进码树。码树最上端的顶点为树根,如图 5-3(a)中的 A 点,从树根伸出 m 个树枝,构成 m 进码树。树枝的尽头是节点,中间节点生出树枝,不伸出树枝的节点称为终端节点,编码时尽量在终端节点安排码字。

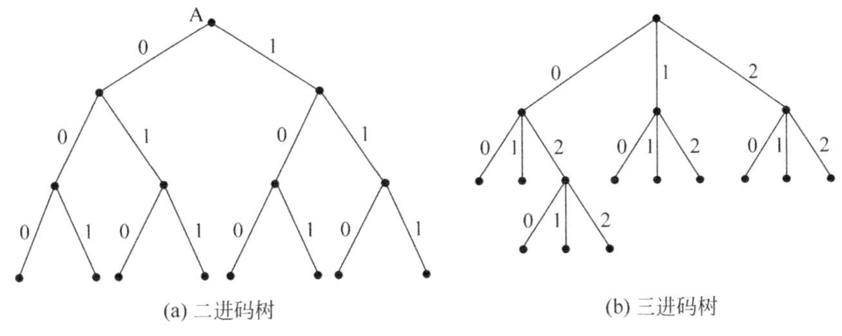

图 5-3 码树图

码树自树根经过一个分枝到达一级节点,一级节点最多为 m 个,二极节点的可能个数为 m^2 个,一般 r 级节点有 m^r 个。如图 5-3(a)中的码树为 3 节,有 $2^3=8$ 个可能的终端节点。若将从每个节点发出的 m 个分枝分别标以 $0,1,\cdots,m-1$，则每个 r 级节点需要用 r 个 m 元数字表示。如果指定某个 r 级节点为终端节点并表示一个信源符号，则该节点就不再延伸，相应的码字即为从树根到此端点的分枝标号序列，其长度为 r。这样构造的码满足即时码的条件，因为从树根到每一个终端节点所走的路径均不相同，故一定满足对前缀的限制。如果有 q 个信源符号，那么在码树上就要选择 q 个终端节点，用相应的 m 元基本符号表示这些码字。

若树码的各个分支都延伸到最后一级端点，此时共有 m^r 个码字，这样的码树称为满树，如图 5-3(a)所示；否则称为非满树，如图 5-3(b)所示，这时的码字就不是等长码了。综上所述，码树与码字的对应关系如图 5-4 所示。

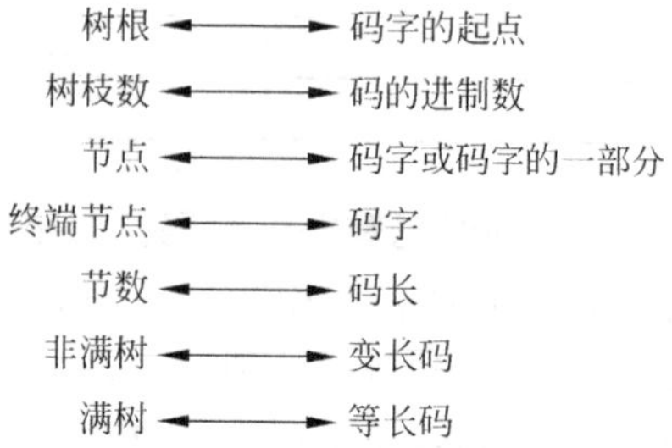

树根 ←——→ 码字的起点
树枝数 ←——→ 码的进制数
节点 ←——→ 码字或码字的一部分
终端节点 ←——→ 码字
节数 ←——→ 码长
非满树 ←——→ 变长码
满树 ←——→ 等长码

图 5-4 码树与码字对应关系

用树的概念可导出唯一可译码存在的充分和必要条件，即各码字的长度 K_i 应符合克劳夫特(Kraft)不等式，即：

$$\sum_{i=1}^{n} m^{-K_i} \leqslant 1 \tag{5.1.1}$$

式中，m 是进制数，n 是信源符号数。

Kraft 不等式是唯一可译码存在的充要条件，其必要性表现在如果码是唯一可译码，则必定满足该不等式，如表 5-1 中的码 1 和码 2、表 5-2 中的码 3 和码 4 等均满足不等式；充分性表现在如果满足 Kraft 不等式，则这种码长的唯一可译码一定存在，但并不表示所有满足不等式的码一定是唯一可译码。所以说，Kraft 不等式是唯一可译码存在的充要条件，而不是唯一可译码的充要条件。

【例 5.1.1】 设二进制码树中 $X\in(a_1,a_2,a_3,a_4)$，$K_1=1,K_2=2,K_3=2,K_4=3$，利用 Kraft 不等式=判断是否存在唯一可译码。

解：

$$\sum_{i=1}^{4} 2^{-K_i} = 2^{-1}+2^{-2}+2^{-2}+2^{-3} = \frac{9}{8} > 1$$

不满足 Kraft 不等式，因此不存在满足这种 K_i 的唯一可译码。

如果将各码字长度改成 $K_1=1,K_2=2,K_3=3,K_4=3$，此时

$$\sum_{i=1}^{4} 2^{-K_i} = 2^{-1}+2^{-2}+2^{-3}+2^{-3} = 1$$

满足 Kraft 不等式，因此这种 K_i 的唯一可译码是存在的，如{0,10,110,111}。但是，Kraft 不等式只是用来说明唯一可译码是否存在，并不能作为唯一可译码的判断依据。如码字{0,10,010,111}，虽然满足 Kraft 不等式，但它不是唯一可译码。

5.2 无失真信源编码定理

若信源输出的符号序列为 $\boldsymbol{X}=(X_1,X_2,\cdots,X_l,\cdots,X_L)$，$X_l\in\{a_1,a_2,\cdots,a_n\}$ 且 $L\geqslant 1$，将其编码成由 K_L 个符号组成的码序列 $\boldsymbol{Y}=(Y_1,Y_2,\cdots,Y_k,\cdots,Y_{K_L})$，$Y_k\in\{b_1,b_2,\cdots,b_m\}$。编

码的要求是能够无失真或无差错地从 Y 恢复 X，即能正确地进行反变换或译码，同时希望传送 Y 时所需要的信息率最小。

由于 Y_k 可取 m 种可能值，即平均每个符号输出的最大信息量为 $\log m$，K_L 长码字的最大信息量为 $K_L\log m$。若用该码字表示 L 长的信源序列，则送出一个信源符号所需要的平均信息率为：

$$\overline{K} = \frac{K_L}{L}\log m = \frac{1}{L}\log M \tag{5.2.1}$$

式中，$M=m^{K_L}$ 是 $\boldsymbol{Y}$ 所能编成的码字的个数。信息率最小，意味着寻找一种编码方式使 $\overline{K}$ 最小。然而，信息率最小为多少才能实现无失真的译码呢？若实际值比最小信息率还小时，是否还能无失真地译码呢？这些都是无失真信源编码定理的研究内容。无失真信源编码定理包括定长编码定理和变长编码定理，下面分别加以讨论。

5.2.1 定长编码定理

在定长编码中，对每一个信源序列，K_L 均是定值，设 $K_L=K$。编码的目的是寻找最小的 K 值。要实现无失真的信源编码，既要求信源符号 X_i 与码字 $Y_i(i=1,2,\cdots,q)$ 是一一对应的，还要求由码字组成的码符号序列的逆变换也是唯一的(唯一可译码)。

定理 5-1 定长编码定理：由 L 个符号组成的、每个符号熵为 $H_L(\boldsymbol{X})$ 的无记忆平稳信源符号序列 $(X_1,X_2,\cdots,X_l,\cdots,X_L)$，可用 K_L 个符号 $(Y_1,Y_2,\cdots,Y_k,\cdots,Y_{K_L})$（每个符号有 m 种可能值）进行定长编码。对任意 $\varepsilon>0,\delta>0$，只要

$$\frac{K_L}{L}\log m \geqslant H_L(X)+\varepsilon \tag{5.2.2}$$

则当 L 足够大时，必可使译码差错小于 δ；反之，当

$$\frac{K_L}{L}\log m \leqslant H_L(\boldsymbol{X})-2\varepsilon \tag{5.2.3}$$

时，译码差错一定是有限值。而且当 L 足够大时，译码几乎必定出错。

式(5.2.2)为定长编码定理的正定理，式(5.2.3)为定长编码定理的逆定理。

将该定理的条件式(5.2.2)改写成：

$$K_L\log m > LH_L(\boldsymbol{X}) = H(\boldsymbol{X}) \tag{5.2.4}$$

上式大于号左边为 K_L 长码字所能携带的最大信息量，右边为 L 长信源序列携带的信息量。因此，定长编码定理表明，只要码字传输的信息量大于信源序列携带的信息量，总可以实现几乎无失真的编码，条件是所取的符号数 L 足够大。反之，当 $\overline{K}<H_L(\boldsymbol{X})$ 时，不可能构成无失真的编码，即不可能做一种编码器，使接收端译码时差错概率趋于零。而当 $\overline{K}=H_L(\boldsymbol{X})$ 时为临界状态，可能无失真，也可能有失真。

设差错概率为 P_e，信源序列的自信息方差为

$$\sigma^2(\boldsymbol{X}) = E[(I(x_i)-H(\boldsymbol{X}))^2] \tag{5.2.5}$$

ε 为一正数。则有

$$P_e \leqslant \frac{\sigma^2(\boldsymbol{X})}{L\varepsilon^2} \tag{5.2.6}$$

当 $\sigma^2(\boldsymbol{X})$ 和 ε^2 均为定值时，只要 L 足够大，P_e 可以小于任一整数，即

$$\frac{\sigma^2(\boldsymbol{X})}{L\varepsilon^2} \leqslant \delta$$

此时要求

$$L \geqslant \frac{\sigma^2(\boldsymbol{X})}{\delta\varepsilon^2} \tag{5.2.7}$$

因此,只要 δ 足够小,就可以几乎无差错地译码,代价是 L 变得更大。

定义编码效率为

$$\eta = \frac{H_L(\boldsymbol{X})}{K} \tag{5.2.8}$$

编码效率总是小于 1。

定义最佳编码效率为

$$\eta = \frac{H_L(\boldsymbol{X})}{H_L(\boldsymbol{X}) + \varepsilon} \tag{5.2.9}$$

无失真信源编码定理从理论上阐明了编码效率接近于 1 的理想编码器的存在性,它使输出符号的信息率与信源熵之比接近于 1,但在实际应用中若想实现该指标,必须取无限长 ($L \to \infty$) 的信源符号序列进行统一编码,这往往是不现实的。下面用例子来说明。

【例 5.2.1】 设离散无记忆信源概率空间为

$$\begin{bmatrix} X \\ P \end{bmatrix} = \begin{bmatrix} a_1 & a_2 & a_3 & a_4 & a_5 & a_6 & a_7 & a_8 \\ 0.4 & 0.18 & 0.1 & 0.1 & 0.07 & 0.06 & 0.05 & 0.04 \end{bmatrix}$$

信源熵为

$$H(X) = -\sum_{i=1}^{8} p_i \log p_i = 2.55(\text{bit/ 符号})$$

自信息方差为

$$\begin{aligned} \sigma^2(x) &= E[(I(x_i) - H(X))^2] \\ &= \sum_{i=1}^{8} p_i(-\log_2 p_i - H(X))^2 \\ &= \sum_{i=1}^{8} p_i (\log_2 p_i)^2 + 2H(X)\sum_{i=1}^{8} p_i \log_2 p_i + (H(X))^2 \sum_{i=1}^{8} p_i \\ &= \sum_{i=1}^{8} p_i (\log_2 p_i)^2 - (H(X))^2 = 1.32(\text{bit})^2 \end{aligned}$$

对信源符号采用定长二元编码,要求编码效率 $\eta = 90\%$。对于离散无记忆信源,$H_L(X) = H(X)$,因此

$$\eta = \frac{H(X)}{H(X) + \varepsilon} = 90\%$$

求得 $\varepsilon = 0.28$。

如果要求译码错误概率 $\delta \leqslant 10^{-6}$,则

$$L \geqslant \frac{\sigma^2(X)}{\delta\varepsilon^2} = \frac{1.32}{0.28 \times 0.28 \times 10^{-6}} = 1.68 \times 10^7$$

由此可见,在对编码效率和译码错误概率的要求不是十分苛刻的情况下,就需要 $L = 10^8$ 个信源符号一起进行编码,这对存储和处理技术的要求太高,目前还无法实现。

如果用 3 比特的信息率对上述信源的 8 个符号进行定长二元编码，$L=1$，利用式(5.2.2)，则 $\overline{K}=H(X)+\varepsilon=3$，求得 $\varepsilon=0.45$。此时译码无差错，即 $\delta=0$。在这种情况下，式(5.2.7)就不适用了，但此时编码效率为

$$\eta=\frac{2.55}{3}=85\%$$

一般来说，当 L 有限时，高传输效率的定长码往往要引入一定的失真和错误。因此，定长编码处理的代价也很大，而且无法保证真正意义上的无失真，解决的办法是采用变长编码。

5.2.2 变长编码定理

在变长编码中，码长 K_i 是变化的，可根据信源各个符号的统计特性，对概率大的符号用较短的编码，对概率小的符号用较长的编码，按照这样的原则对离散信源进行适当的变换，使变换后形成的码符号信源尽可能为等概率分布，以使新信源的每个码符号平均所含的信息量达到最大，并使信道的信息传输率达到信道容量，从而实现信源与信道理想统计匹配。对大量信源符号进行变长编码后，平均每个信源符号所需的输出符号数就可以降低，从而提高编码效率。下面分别给出单个符号($L=1$)和符号序列的变长编码定理。

定理 5-2 单个符号变长编码定理： 若离散无记忆信源的符号熵为 $H(X)$，每个信源符号用 m 进制码元进行变长编码，一定存在一种无失真编码方法，其码字平均长度 $\overline{K}$ 满足下列不等式

$$\frac{H(X)}{\log m}\leqslant\overline{K}<\frac{H(X)}{\log m}+1 \tag{5.2.10}$$

定理 5-3 离散平稳无记忆序列变长编码定理： 对于平均符号熵为 $H_L(\boldsymbol{X})$ 的离散平稳无记忆信源，必存在一种无失真编码方法，使其平均码长 $\overline{K}$ 满足不等式

$$H_L(\boldsymbol{X})\leqslant\overline{K}<H_L(\boldsymbol{X})+\varepsilon \tag{5.2.11}$$

式中 ε 为任意小正数。

式(5.2.9) 可以由式(5.2.8)推出。设用 m 进制码元作变长编码，序列长度为 L 个信源符号，则由式(5.2.8)可以得到平均码字长度 K_L 满足下列不等式

$$\frac{LH_L(\boldsymbol{X})}{\log m}\leqslant\overline{K_L}<\frac{LH_L(\boldsymbol{X})}{\log m}+1$$

已知平均输出信息率为

$$\overline{K}=\frac{K_L}{L}\log m$$

则

$$H_L(\boldsymbol{X})\leqslant\overline{K}<H_L(\boldsymbol{X})+\frac{\log m}{L}$$

当 L 足够大时，可使 $\frac{\log m}{L}<\varepsilon$，于是得到了式(5.2.9)。

用变长编码来达到相当高的编码效率，一般所要求的符号长度 L 可以比定长编码小得多。由式(5.2.10)可得编码效率的下界为

$$\eta=\frac{H_L(X)}{\overline{K}}>\frac{H_L(X)}{H_L(X)+\frac{\log m}{L}} \tag{5.2.12}$$

编码效率总是小于1,可以用它来衡量各种编码方法的优劣。另外,为了衡量各种编码方法与最佳码的差距,定义码的剩余度为

$$\gamma = 1 - \eta = 1 - \frac{H_L(X)}{\frac{\overline{K_L}}{L}\log m} = 1 - \frac{H_L(X)}{\overline{K}} \tag{5.2.13}$$

【例 5.2.2】 设离散无记忆信源的概率空间为$\begin{bmatrix} X \\ P \end{bmatrix} = \begin{bmatrix} a_1 & a_2 \\ 3/4 & 1/4 \end{bmatrix}$。则信源熵为

$$H(X) = \frac{1}{4}\log_2\frac{1}{4} + \frac{3}{4}\log_2\frac{3}{4} = 0.811\text{bit/ 符号}$$

若用二元定长编码(0,1)来构造一个即时码：$a_1 \to 0, a_2 \to 1$。此时平均码长为

$$\overline{K} = 1\ \text{二元码符号 / 信源符号}$$

编码效率为

$$\eta = \frac{H(X)}{\overline{K}} = 0.811$$

信息传输速率为

$$R = 0.811\text{bit/ 二元码符号}$$

再对长度为2的信源序列进行变长编码,假设即时码如表5-3所示。

表5-3 L=2时信源序列的变长编码

a_i	$p(a_i)$	即时码
a_1a_1	9/16	0
a_1a_2	3/16	10
a_2a_1	3/16	110
a_2a_2	1/16	111

该码的码字平均长度为

$$\overline{K_2} = \frac{9}{16}\times 1 + \frac{3}{16}\times 2 + \frac{3}{16}\times 3 + \frac{1}{16}\times 3 = \frac{27}{16}\ \text{二元码符号 / 信源序列}$$

每一单个符号的平均码长为

$$\overline{K} = \frac{\overline{K_2}}{2} = \frac{27}{32}\ \text{二元码符号 / 信源符号}$$

编码效率为

$$\eta = \frac{H(X)}{\overline{K}} = \frac{0.811}{27/32} = 0.961$$

信息传输速率为

$$R = 0.961\text{bit/ 二元码符号}$$

可见,编码虽然复杂了一些,但信息传输效率得到了提高。

用同样的方法可进一步将信源序列的长度增加,$L=3$ 或 $L=4$,对这些信源序列进行编码,并求出其编码效率为

$$\eta_3 = 0.985,\quad \eta_4 = 0.991$$

此时的信息传输速率为

$$R_3 = 0.985\text{bit/二元码符号}, \quad R_4 = 0.991\text{bit/二元码符号}$$

如果对这一信源采用定长二元码编码，若允许译码错误概率 $\delta \leqslant 10^{-5}$，要求编码效率达到 96%时，根据式(5.2.5)，自信息方差为

$$\sigma^2(\boldsymbol{X}) = E[(I(x_i) - H(\boldsymbol{X}))^2] = 0.4715\ (\text{bit})^2$$

所需要的信源序列长度为

$$L \geqslant \frac{\sigma^2(\boldsymbol{X})}{\delta\varepsilon^2} = \frac{0.4715}{0.811 \times 0.811} \times \frac{0.96 \times 0.96}{0.04 \times 0.04 \times 10^{-5}} = 4.13 \times 10^7$$

很明显，定长码需要的信源序列长，这使得码表很大，且总存在译码差错。而变长码要求编码效率达到 96%时，只需 $L=2$。因此用变长码编码时，L 不需要很大就可达到相当高的编码效率，而且可实现无失真编码。随着信源序列长度的增加，编码的效率越来越接近于 1，编码后的信息传输率 R 也越来越接近于无噪无损二元对称信道的信道容量 $C=1\text{bit}$/二元码符号，达到信源与信道匹配，使信道得到充分利用。

5.3 无失真信源编码的常用方法

在实际应用中，多采用变长编码来实现信源符号的无失真编码。凡是能载荷一定的信息量，且码字的平均长度最短，可分离的变长码的码字集合称为最佳变长码。最佳变长码将概率大的信源符号编以短的码字，概率小的符号编以长的码字，以使平均码长最短。能获得最佳变长码的编码方法主要有：香农(Shannon)码、费诺(Fano)码、哈夫曼(Huffman)码。此外，还有一些改进的非分组码，可以根据信源的具体特点进行无失真编码，如游程编码和算术编码等。本节重点讨论这些编码方法。

5.3.1 香农码

香农第一定理指出了平均码长与信源之间的关系，同时也指出了可以通过编码使平均码长达到极限值，这是一个很重要的极限定理。如何构造这种码？香农第一定理指出，选择每个码字的长度 K_i 满足

$$-\log p_i \leqslant K_i - \log p_i + 1 \quad \forall i \tag{5.3.1}$$

就可以得到这种码。按式(5.3.1)选择的码长所构成的码称为香农码。一般情况下，按照香农编码方法编出来的码，其平均码长不是最短的，即不是最佳变长码。只有当信源符号的概率分布使不等式(5.3.1)左边的等号成立时，编码效率才能达到最高。

二元香农码的编码步骤如下：

(1) 将信源符号按其出现概率的递减方式进行排列：

$$p_1 \geqslant p_2 \geqslant \cdots \geqslant p_n$$

(2) 按式(5.3.1)计算出每个信源符号的码长 K_i。

(3) 为了编成唯一可译码，计算第 i 个信源符号的累加概率 P_i：

$$P_i = \sum_{k=1}^{i-1} p_k$$

(4) 将累加概率 P_i 变换成二进制数。

(5) 取 P_i 对应二进制数的小数点后 K_i 位构成该信源符号的二进制码字。

【例 5.3.1】 设信源共有 7 个信源符号，其概率分布如下：

$$\begin{bmatrix} X \\ P \end{bmatrix} = \begin{bmatrix} a_1 & a_2 & a_3 & a_4 & a_5 & a_6 & a_7 \\ 0.20 & 0.19 & 0.18 & 0.17 & 0.15 & 0.10 & 0.01 \end{bmatrix}$$

试对该信源进行香农编码。

解：该信源的香农编码过程如表 5-4 所示。

表 5-4 香农码编码过程

信源符号	概率 $p(a_i)$	累加概率 P_i	$-\log p(a_i)$	码字长度 K_i	码字
a_1	0.20	0	2.34	3	000
a_2	0.19	0.2	2.41	3	001
a_3	0.18	0.39	2.48	3	011
a_4	0.17	0.57	2.56	3	100
a_5	0.15	0.74	2.74	3	101
a_6	0.10	0.89	3.34	4	1110
a_7	0.01	0.99	6.66	7	1111110

下面对该香农码的性能进行分析。该信源符号的熵为：

$$H(S) = -\sum_{i=1}^{7} p(a_i)\log p(a_i) = 2.61\text{bit/ 符号}$$

平均码长：

$$\overline{K} = \sum_{i=1}^{7} p(a_i)K_i = 3.14\text{ 码元 / 符号}$$

编码效率：

$$\eta = \frac{H(X)}{\overline{K}} = \frac{2.61}{3.14} = 0.831$$

【例 5.3.2】 设信源有 3 个符号，概率分别为(0.5,0.4,0.1)，按香农编码对该信源进行编码所得的码长应为(1,2,4)，对应的码字为(0,10,1110)，其平均码长为 $\overline{K}=1.7$，信源的熵为 $H(S)=1.36$。因此，该码的编码效率 $\eta=0.8$。实际上，观察信源的概率分布可以构造出一个码长更短的码(0,10,11)，显然也是唯一可译码，但其平均码长为 $\overline{K}=1.5$，编码效率 $\eta=0.91$。

因此，香农码具有较大的剩余度，实用性不强，但它是依据香农第一定理直接得出的，具有重要的理论意义，而且香农编码也是后面要介绍的算术编码的基础。

5.3.2 费诺码

费诺编码属于概率匹配编码，它不是最佳的编码方法。二元费诺编码的步骤如下：

(1) 将信源符号按其出现概率的递减方式进行排列：$p_1 \geqslant p_2 \geqslant \cdots \geqslant p_n$。

(2) 将依次排列的信源符号按概率值分为两大组，使两个组的概率之和近似相同，并对各组赋予一个二进制码元“0”和“1”。

(3) 将每一个大组的信源符号再分成两组，使划分后的两个组的概率之和近似相同，并对各组赋予一个二进制码元“0”和“1”。

(4) 如此重复，直至每个组只剩下一个信源符号为止。

(5) 信源符号所对应的码字即为费诺码。

【例 5.3.3】 对例 5.3.1 的信源进行费诺编码，编码过程如表 5-5 所示。

表 5-5 费诺码编码过程

<table>
<tr><th>信源符号</th><th>概率 $p(a_i)$</th><th>第一次分组</th><th>第二次分组</th><th>第三次分组</th><th>第四次分组</th><th>码字</th><th>码长</th></tr>
<tr><td>a_1</td><td>0.20</td><td rowspan="3">0</td><td>0</td><td></td><td></td><td>00</td><td>2</td></tr>
<tr><td>a_2</td><td>0.19</td><td rowspan="2">1</td><td>0</td><td></td><td>010</td><td>3</td></tr>
<tr><td>a_3</td><td>0.18</td><td>1</td><td></td><td>011</td><td>3</td></tr>
<tr><td>a_4</td><td>0.17</td><td rowspan="4">1</td><td>0</td><td></td><td></td><td>10</td><td>2</td></tr>
<tr><td>a_5</td><td>0.15</td><td rowspan="3">1</td><td>0</td><td></td><td>110</td><td>3</td></tr>
<tr><td>a_6</td><td>0.10</td><td rowspan="2">1</td><td>0</td><td>1110</td><td>4</td></tr>
<tr><td>a_7</td><td>0.01</td><td>1</td><td>1111</td><td>4</td></tr>
</table>

下面对该费诺码的性能进行分析。该信源符号的熵为：

$$H(S)=-\sum_{i=1}^{7}p(a_i)\log p(a_i)=2.61\text{bit/ 符号}$$

码的平均长度：

$$\overline{K}=\sum_{i=1}^{7}p(a_i)K_i=2.74\text{ 码元 / 符号}$$

编码效率为：

$$\eta=\frac{H(X)}{\overline{K}}=\frac{2.61}{2.74}=0.953$$

显然费诺码要比上述香农码的平均码长小，消息传输速率大，说明编码效率高。

费诺码具有如下的性质：

(1) 费诺码的编码方法实际上是一种构造码树的方法，所以费诺码是即时码。

(2) 费诺码考虑了信源的统计特性，使概率大的信源符号能对应码长较短的码字，从而有效地提高了编码效率。

(3) 费诺码不一定是最佳码。因为费诺码编码方法不一定能使短码得到充分利用：当信源符号较多时，若有一些符号概率分布很接近时，分成两大组的组合方法就会有很多，可能某种划分大组的结果会使后面小组的概率和相差较远，从而使平均码长增加。

5.3.3 哈夫曼码

1952 年，哈夫曼提出了一种构造最佳码的方法，这是一种最佳的逐个符号的编码方法。二元哈夫曼码的编码步骤如下：

(1) 将信源符号按其出现概率的递减方式进行排列：$p_1 \geqslant p_2 \geqslant \cdots \geqslant p_n$。

(2) 取两个概率最小的字母分别配以“0”和“1”两个码元，并将这两个概率相加作为一个新字母的概率，与未分配的二进制符号的字母重新排队。

(3) 对重排后的两个概率最小符号重复步聚(2)的过程。

(4) 不断继续上述过程，直到最后两个符号配以“0”和“1”为止。

(5) 从最后一级开始，向前返回得到各个信源符号所对应的码元序列，即相应的码字。

【例 5.3.4】 对例 5.3.1 中的信源进行哈夫曼编码，编码过程如图 5-5 所示。

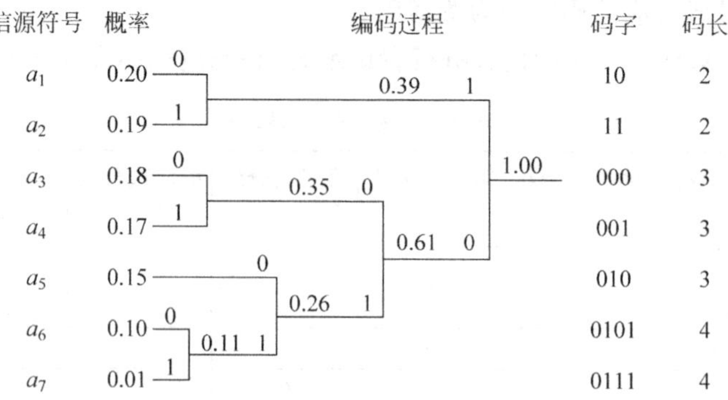

图 5-5 哈夫曼码编码过程

下面对该哈夫曼码的性能进行分析。该信源符号的熵为：

$$H(S)=-\sum_{i=1}^{7}p(a_i)\log p(a_i)=2.61\text{bit/ 符号}$$

码的平均长度：

$$\overline{K}=\sum_{i=1}^{7}p(a_i)K_i=2.72\text{ 码元 / 符号}$$

编码效率为：

$$\eta=\frac{H(X)}{\overline{K}}=\frac{2.61}{2.72}=0.96$$

由此可见，哈夫曼码的平均码长最小，编码效率最高。

哈夫曼编码方法得到的码并非是唯一的，原因主要有两点：

(1) 每次对信源缩减时，赋予信源最后两个概率最小的符号，0 和 1 的选择是任意的，所以可以得到不同的哈夫曼码，但不会影响码字的长度。

(2) 对信源进行缩减时，两个概率最小的符号合并后的概率与其他信源符号的概率相同时，这两者在缩减信源中进行概率排序，其位置放置次序可以是任意的，故会得到不同的哈夫曼码。此时将影响码字的长度，一般将合并的概率放在上面，这样可获得较小的码方差。

对给定信源，用哈夫曼编码方法得到的码并非唯一，但平均码长不变。

【例 5.3.5】 设有离散无记忆信源，试对其进行哈夫曼编码。

$$\begin{bmatrix}X\\P(x)\end{bmatrix}=\begin{bmatrix}x_1 & x_2 & x_3 & x_4 & x_5\\0.4 & 0.2 & 0.2 & 0.1 & 0.1\end{bmatrix}$$

采用两种哈夫曼编码方法进行编码，编码过程分别如图 5-6 和图 5-7 所示。

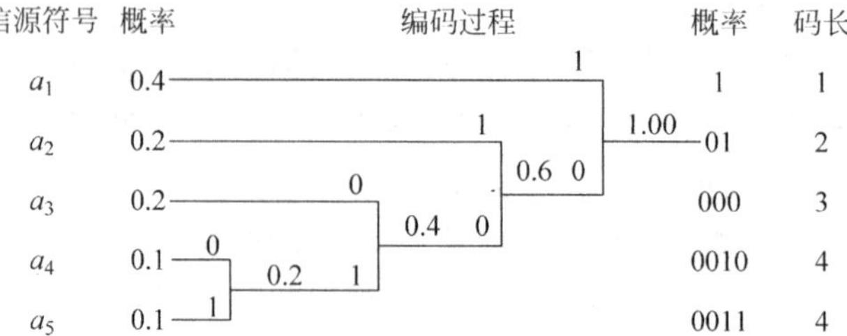

图 5-6 哈夫曼码编码过程一

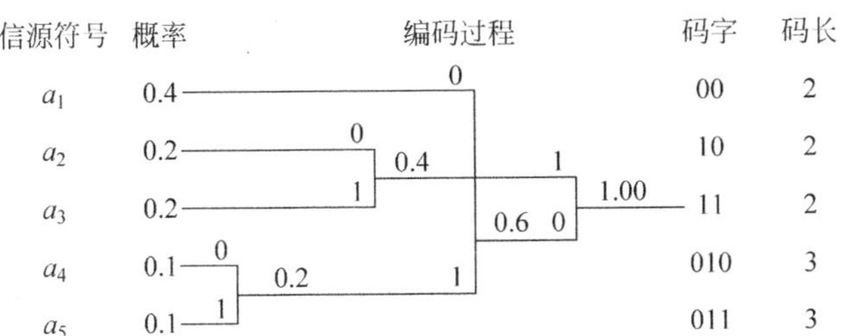

图 5-7 哈夫曼码编码过程二

相应的码树如图 5-8 所示。

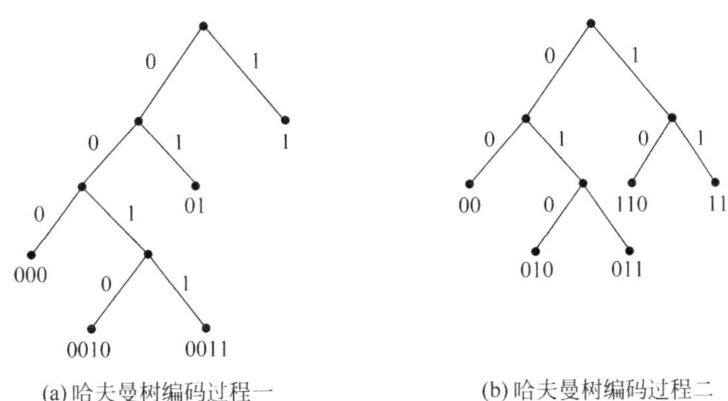

(a) 哈夫曼树编码过程一 (b) 哈夫曼树编码过程二

图 5-8 哈夫曼树码编码过程

根据图 5-6 和图 5-7 进行哈夫曼编码，得到的平均码长分别为：

$$\overline{K_1} = \sum_{i=1}^{5} p(a_i)K_i = 0.4\times 2+0.2\times 2\times 2+0.1\times 3\times 2 = 2.2\text{ 码元 / 符号}$$

$$\overline{K_2} = \sum_{i=1}^{5} p(a_i)K_i = 0.4\times 1+0.2\times 2+0.2\times 3+0.1\times 4\times 2 = 2.2\text{ 码元 / 符号}$$

两种编码得到的平均码长相等，因此编码效率也相同，但每个信源符号的码长却不相同。在这两种不同的码中，选择哪个码更好呢？利用码方差可以衡量两种哈夫曼码的质量，码方差定义为：

$$\sigma^2 = E[(K_i-\overline{K})^2] = \sum_{i=1}^{n} p(a_i)\,(K_i-\overline{K})^2 \tag{5.3.2}$$

分别计算以上两种码的码方差：

$$\sigma_1^2 = 0.4\times(1-2.2)^2+0.2\times(2-2.2)^2+0.2\times(3-2.2)^2+0.1\times(4-2.2)^2\times 2 = 1.36$$

$$\sigma_2^2 = 0.4\times(2-2.2)^2+0.2\times(2-2.2)^2\times 2+0.1\times(3-2.2)^2\times 2 = 0.16$$

由此可见，第 2 种哈夫曼编码方法得到的码方差要比第一种哈夫曼编码方法得到的码方差小很多，第 2 种哈夫曼码的质量更好。因此，在哈夫曼编码过程中，当缩减信源的概率分布重新排列时，应使合并后的概率尽量处于较高的位置，以减少再次合并的次数，充分利用短码。

从以上实例可以看出，哈夫曼码是用概率匹配方法进行信源编码，它具有以下 3 个特点：

(1) 哈夫曼码的编码方法保证了概率大的符号对应于短码,概率小的符号对应于长码,充分利用了短码。

(2) 缩减信源的最后两个码字总是最后一位码元不同,前面各位码元均相同,从而保证了哈夫曼码是即时码。

(3) 每次缩减信源的最长两个码字有相同的码长。

这 3 个特点保证了哈夫曼码一定是最佳变长码。实际中,哈夫曼码的编码效率是相当高的,它可以单个信源符号编码或用较小的信源序列编码,对编码器的设计来说也将简单得多。但是应当注意,要实现很高的效率仍然需要按长序列来计算,这样才能使平均码字长度降低。

可以将二元哈夫曼编码推广到 r 元编码中。不同的是每次把概率最小的 r 个符号合并成一个新的信源符号,并分别用 $0,1,\cdots,r-1$ 等码元表示。为了使短码得到充分利用,使平均码长最短,必须使最后一步的缩减信源有 r 个信源符号。

对于 r 元编码,信源 S 的符号个数 q 需要满足

$$q = n(r-1) + r \tag{5.3.3}$$

式中,n 表示缩减的次数,$r-1$ 为每次缩减所减少的信源符号个数。

对于二元码 $r=2$,信源符号个数 q 必定满足 $q=n+r$,因此 q 可等于任意正整数。而对于 r 元码时,就不一定能找到一个 n 使式(5.3.3)成立。在 q 不满足上式时,可假设一些信源符号作为虚拟的信源,并令它们对应的概率为 0,这样处理后得到的 r 元哈夫曼码即可充分利用短码。

【例 5.3.6】 对信源 S 进行四元哈夫曼编码,编码过程如图 5-9 所示。

信源符号	概率	编码过程	码字	码长
a_1	0.22	1	1	1
a_2	0.20	2	2	1
a_3	0.18	3　1.00	3	1
a_4	0.15	0	00	2
a_5	0.10	1	01	2
a_6	0.08	2　0.4　0	02	2
a_7	0.05	0	030	3
a_8	0.02	1　0.07　3	031	3
a_9	0	2		
a_{10}	0	3		

图 5-9 四元哈夫曼码编码过程

上图中 a_9 和 a_{10} 是两个假设的信源符号,这样 $q=10$,可以找到 $n=2$ 使式(5.3.3)成立。由图 5-9 的编码过程可知,这样编码使短码充分利用,所以平均码长为最短。

5.3.4 游程编码

在二元序列中,只有两种符号,即"0"和"1",这些符号可以连续出现。游程是指符号序列中各个符号连续重复出现而形成符号串的长度,又称游程长度或游长。游程编码(Run-

Length Coding,RLC)就是将信源符号序列映射成游程长度和对应符号序列的位置的标志序列。如果已知游程长度和对应符号序列的位置的标志序列,就可以完全恢复出原来的信源符号序列。

游程编码特别适用于对相关信源的编码。对于二元相关信源,其输出序列往往会出现多个连续的“0”或连续的“1”,其中,连续“0”称为“0”游程,记为 $L(0)$;连续“1”称为“1”游程,记为 $L(1)$。“0”游程和“1”游程总是交替出现的。如果规定二元序列是以“0”开始,则第一个游程是“0”游程,第二个必为“1”游程,第三个又是“0”游程……对于随机的二元序列,各游程长度将是随机变量,其取值可为 1,2,3,……直到无限。将任何二元序列变换成游程长度序列,这种变换是一一对应的,因此是可逆的,无失真的。

例如有一个二元序列:000101110010001,按游程编码,变换成游程序列是 31132131。若已知二元序列是以“0”起始的,从上面的游程序列很容易恢复成原来的二元序列,包括最后一个“1”,因为长度为 3 的“0”游程之后必定是“1”。

因为游程长度是随机的,多值的,所以游程序列本身是多元序列,对游程序列可以按哈夫曼编码或其他方法处理,以达到压缩码率的目的。

对于多元序列也存在相应的游程序列。例如 m 元序列中,可有 m 种流程。连续出现符号 a_i 的游程,其长度 $L(i)$就是 i 游程长度。用 $L(i)$也可构成游程序列,但由于游程 所对应的信源符号有 m 种,编码时必须再加一些符号,才能成为一一对应或可逆的。因此将多元序列变换成游程序列再进行压缩编码通常效率不高。

游程编码属于是变长码,有着变长码固有的缺点,即需要大量的缓冲和优质的通信信道。此外,由于流程长度可以从 1 直到无穷大,这在码字的选择和码表的建立方面都有困难,实际应用时需采取某些措施来改进。例如,通常长游程出现的概率较小,所以对于这些长游程对应的小概率码字,在实际应用时采用截断处理的方法。

游程编码已在图文传真、图像传输等通信工程技术中得到应用。在实际中还常常将游程编码与其他编码方法综合起来使用,以获得更好的压缩效果。下面以三类传真机中使用的国际标准 MH 码为例说明游程编码的实际应用。

文件传真是指一般文件、图纸、手写稿、表格和报纸等的传真,这种信源是黑白二值的,即信源为二元信源。

MH 编码是一维编码方案,它是一行一行地对文件传真数据进行编码。MH 编码将游程编码和哈夫曼编码相结合,是一种改进的哈夫曼编码。

对黑白二值文件传真,每一行由连续出现的白像素(用“0”表示)或连续出现的黑像素(用“1”表示)组成。MH 码分别对黑、白像素的不同游程长度进行哈夫曼编码,形成黑、白两张哈夫曼表。MH 码的编码和译码都通过查表进行。

MH 码以国际电话电报咨询委员会 CCITT 确定的 8 幅标准文件样张为样本信源,对这 8 幅样张作统计,计算出黑、白各种游程长度的出现概率,然后根据这些概率分布,分别得出黑、白流程长度的哈夫曼码表。

MH 码的编码方式非常简单,图像按行以黑色和白色点的游程编成序列。游程长度小于 64 时,其结尾加上一个结尾码。若其长度等于或大于 64 时,会根据不同情况在结尾码前加入不同的补充码,来定义游程的长度,这个长度是 64 的倍数,这个倍数为 1～40 的整数,故游程长度的范围就可以是 64～2560。这样就可以避免对 2560 个可能的游程进行哈夫曼编码，而把编码长度限制在 64。

2560 像素的单行长度对于标准的 A4 传真纸已经足够了，而一般的传真纸白色的部分要比黑色的部分的面积大，所以 MH 编码还针对这一特点进行了优化，白色像素的游程一般比黑色像素的游程长。每行总是从白色游程开始(如果第一像素为黑色，则此长度可设为 0)，这样就保证了收发图文颜色同步。

MH 编码方法对于一般的文件进行传真数据传输，需要的信息量很小，且压缩率较高。

5.3.5 算术编码

前面所讨论的无失真编码，都是建立在信源符号与码字一一对应的基础上的，这种编码方法通常称为块码或分组码。此时信源符号应是多元的，而且不考虑信源符号之间的相关性。如果要对最常见的二元序列进行编码，需采用游程编码、分帧编码或合并符号等方法，转换后这些多值符号之间的相关性也不予考虑。这就不能充分满足信源编码的匹配源，编码效率会有损失。如果要较好地解除相关性，常需在序列中取很长的一段，会遇到采用等长码时的困难。

为了克服这种局限性，就需要跳出分组码的范畴，研究非分组码的编码方法。算术编码属于其中的一种。在算术编码中，信源符号和码字间的一一对应关系并不存在，这是一种从整个符号序列出发，采用递推形式进行编码的方法。

算术编码的基本思路是：从整个符号序列出发，将各信源序列的概率映射到[0,1]区间上，使每个序列对应这区间内的一点，也就是一个二进制的小数。这些点把[0,1]区间分成许多小段，每段的长度等于某一序列的概率。再在段内取一个二进制小数，其长度可与该序列的概率匹配，达到高效率编码的目的。这种方法与香农编码法有点类似，只是它们考虑的信源对象不同，在香农编码中考虑的是单个信源符号，而在算术编码中考虑的是信源符号序列。

如果信源符号集为 $A=\{a_1,a_2,\cdots,a_n\}$，信源序列 $\boldsymbol{x}_i=(x_{i1},x_{i2},\cdots,x_{il},\cdots,x_{iL})$，$x_{il}\in A$，共有 n^L 种可能序列。由于考虑的是整个符号序列，所以序列长度 L 很大。实际中很难得到对应信源序列的概率，只能从已知的信源符号概率 $P=\{p_1,p_2,\cdots,p_n\}$ 递推得到。

定义各符号的积累概率为：

$$G_r=\sum_{i=1}^{r-1}p_i \tag{5.3.4}$$

那么由式(5.3.4)可得

$$G_1=0,G_2=p_1,G_3=p_1+p_2=G_2+p_2,\cdots,G_{r+1}=G_r+p_r$$

由于 G_{r+1} 和 G_r 都是小于 1 的正数，可用[0,1]区间内的两个点来表示，则 p_r 就是这两点间的小区间的长度，如图 5-10 所示。

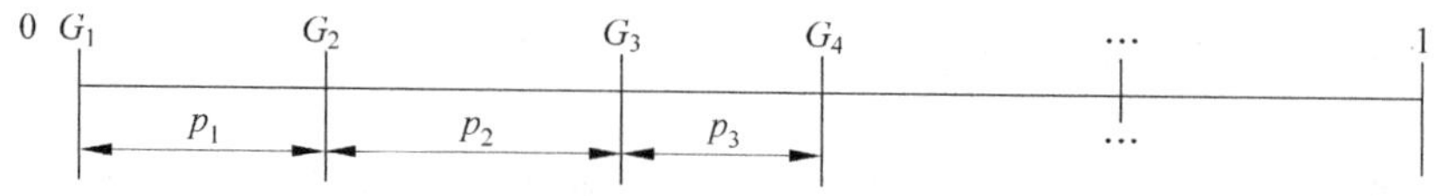

图 5-10　信源符号与对应的概率区间

不同的信源符号有不同的概率区间，它们互不重叠，因此可以用这个小区间中的任意一点的取值，作为该信源符号的代码。以后将计算这代码所需的长度，使之能与其概率匹配。

下面以二元无记忆信源为例，计算信源序列 s=“01111”的累积概率。

(1)当输入第一个符号“0”时，区间[0,1]被划分成区间[0,$G(1)$]和[$G(1)$,1]，分割点 $G(1)=p(0)$。

区间[0,$G(1)$]对应输入信源符号“0”，区间宽度为 $A(0)=p(0)$；

区间[$G(1)$,1]对应输入信源符号“1”，区间宽度为 $A(1)=p(1)$。此时，s=“0” 的累积概率为 $G(0)=0$。

(2) 当输入第二个符号“1”时，信源符号序列为 s=“01”，区间[0,$G(1)$]被划分成区间[$G(0)$,$G(01)$]和[$G(01)$,$G(1)$]，分割点 $G(01)=p(0)p(0)=p(00)$。

区间[$G(0)$,$G(01)$]对应输入信源符号“00”，区间宽度为：

$$A(00)=A(0)p(0)=p(0)p(0)=p(00)$$

区间[$G(01)$,$G(1)$]对应输入信源符号“01”，区间宽度为：

$$A(01)=A(0)p(1)=p(0)p(1)=p(01)$$

此时，s=“01” 的累积概率为 $G(01)=G(0)+A(00)=p(0)p(0)$。

(3) 当输入第三个符号“1”时，信源符号序列为 s=“011”，区间[$G(01)$,$G(1)$]被划分成区间[$G(01)$,$G(011)$]和[$G(011)$,$G(1)$]，分割点为 $G(011)$。

区间[$G(01)$,$G(011)$]对应输入信源符号“010”，区间宽度为：

$$A(010)=A(01)p(0)=p(01)p(0)=p(010)$$

区间[$G(011)$,$G(1)$]对应输入信源符号“011”，区间宽度为：

$$A(011)=A(01)p(1)=p(01)p(1)=p(011)$$

此时，s=“011” 的累积概率为 $G(011)=G(01)+A(01)p(0)$。

(4) 当输入第四个符号“1”时，信源符号序列为 s=“0111”，区间[$G(011)$,$G(1)$]被划分成区间[$G(011)$,$G(0111)$]和[$G(0111)$,$G(1)$]，分割点为 $G(0111)$。

区间[$G(011)$,$G(0111)$]对应输入信源符号“0110”，区间宽度为：

$$A(0110)=A(011)p(0)=p(011)p(0)=p(0110)$$

区间[$G(0111)$,$G(1)$]对应输入信源符号“0111”，区间宽度为：

$$A(0111)=A(011)p(1)=p(011)p(1)=p(0111)$$

此时，s=“0111” 的累积概率为 $G(0111)=G(011)+A(011)p(0)$。

(5) 当输入第五个符号“1”时，信源符号序列为 s=“01111”，区间[$G(0111)$,$G(1)$]被划分成区间[$G(0111)$,$G(01110)$]和[$G(01110)$,$G(1)$]，分割点为 $G(01111)$。

区间[$G(0111)$,$G(01110)$]对应输入信源符号“01110”，区间宽度为：

$$A(0110)=A(0111)p(0)=p(0111)p(0)=p(01110)$$

区间[$G(01110)$,$G(1)$]对应输入信源符号“01111”，区间宽度为：

$$A(01111)=A(0111)p(1)=p(0111)p(1)=p(01111)$$

此时，s=“01111”的累积概率为 $G(01111)=G(0111)+A(0111)p(0)$。

由此，我们确定了信源符号序列所对应区间的宽度和该区间所在的位置，即累积概率的值。信源符号序列的累积分布函数 $F(s)$及其对应的区间如图 5-11 所示。

根据以上的分析，得到二元信源序列的区间宽度与累积概率的递推公式为：

$$\begin{cases}G(sr)=G(s)+p(s)G(r)\\A(sr)=p(sr)=p(s)p(r)\end{cases}\tag{5.3.5}$$

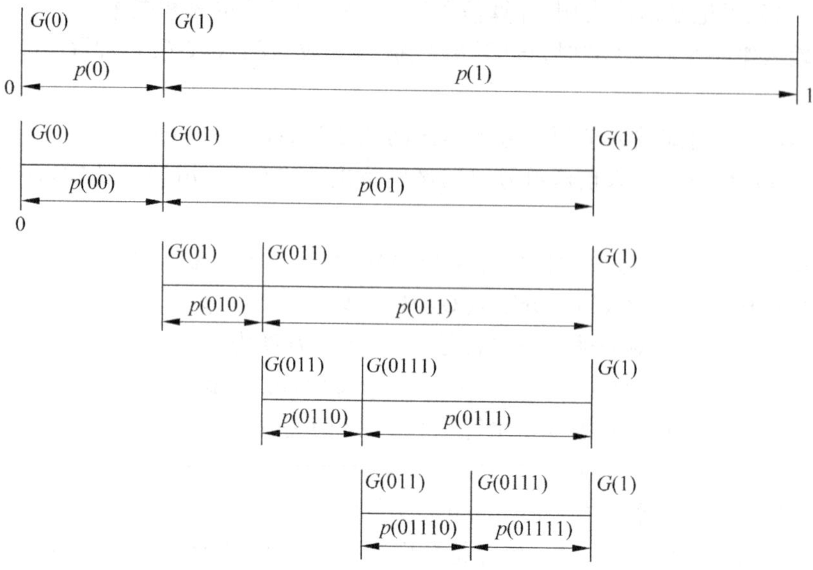

图 5-11 信源符号序列的累积分布函数 $F(s)$ 及其对应的区间

式中，$G(s)$为信源符号序列 s 的累积概率，$p(s)$为信源符号序列 s 的联合概率，$r=0,1$，且 $G(0)=0,G(1)=1$。在实际中，只需要两个存储器，把 $p(s)$和 $G(s)$保存下来，然后根据输入符号和上式更新两个存储器中的数值。

通过关于信源符号序列的累积概率的计算，$G(s)$把区间$[0,1]$分割成许多小区间，不同的信源符号序列对应于不同的区间$[G(s),G(s)+p(s)]$，可取小区间内的一点来代表这个序列。选取此点的方法可以有很多种，实际中常取小区间的下界值 $G(s)$。对信源符号序列的编码可以有很多种，下面介绍常用的一种算术编码方法：

将信源符号序列的累积概率值 $G(s)$写成二进制的小数 $G(s)=0.c_1c_2\cdots c_L,c_i\in\{0,1\}$，取小数点后 L 位，若后面有尾数，就进位到第 L 位，并使 L 满足

$$L=\left\lceil\log\frac{1}{p(s)}\right\rceil \tag{5.3.6}$$

式中$\lceil x\rceil$表示大于或等于 x 的最小整数。这样得到信源符号序列所地应的一个算术码 $c_1c_2\cdots c_L$。

【例 5.3.7】 设二元无记忆信源 $A=\{0,1\}$，$p(0)=1/4$，$p(1)=3/4$。对二元序列 $s=11111100$ 进行算术编码。

解：由于信源为无记忆信源，$p(s=11111100)=p^2(0)p^6(1)=0.01112366$

根据式(5.3.6)，计算得

$$L=\left\lceil\log\frac{1}{p(s)}\right\rceil=\lceil 6.49\rceil=7$$

累积概率为：

$$\begin{aligned}G(s)&=p(00000000)+p(00000001)+p(00000010)+\cdots+p(11111011)\\&=1-p(11111111)-p(11111110)-p(11111101)-p(11111100)\\&=1-p(111111)\\&=1-(3/4)^6\end{aligned}$$

$$= 0.110100100111$$

因此 $C=0.1101010$，s 的码字为 1101010。

编码效率为

$$\eta = \frac{H(s)}{\bar{L}} = \frac{0.811}{7/8} = 92.7\%$$

s 的算术编码过程如表 5-6 所示，此时 $s=11111100$ 对应的区间为[0.110100100111, 0.1101010101001001]，可见 C 是该区间中的一点。

表 5-6　序列 s=11111100 的算术编码过程

输入符号	$G(s)=A(s)$	$A(s)G(0)$	$F(s)$	$L(s)$	$C(s)$
空	1		0	0	
1	0.11	0.11	0.01	1	0.1
1	0.1001	0.0011	0.0111	1	0.1
1	0.011011	0.001001	0.100101	2	0.11
1	0.01010001	0.00011011	0.10101111	2	0.11
1	0.0011110011	0.001010001	0.1100001101	3	0.111
1	0.001011011001	0.000011110011	0.110100100111	3	0.111
0	0.00001011011001	0.00001011011001	0.110100100111	5	0.11011
0	0.0000001011011001	0.0000001011011001	0.110100100111	7	0.1101010

实际应用中，采用累积概率 $G(s)$ 表示码字 $C(s)$，符号概率 $p(s)$ 表示状态区间 $A(s)$，则有

$$\begin{cases} C(sr) = C(s) + A(s)G(r) \\ A(sr) = A(s)p(r) \end{cases} \tag{5.3.7}$$

实际编码过程是这样的：先设定两个存储器，起始时令

$$A(\varnothing) = 1, C(\varnothing) = 0$$

式中 $\varnothing$ 代表空集，即起始时码字为 0，状态区间为 1。每输入一个信源符号，存储器 C 和 A 就按照式(5.3.7)更新一次，直至信源符号输入完毕，就可将存储器 C 的内容作为该序列的码字输出。由于 $C(s)$ 是递增的，状态区间 $A(s)$ 越来越小，与信源单符号的积累概率 $G(r)$ 的乘积也越来越小，因此增量 $A(s)G(r)$ 随着序列的增长而减小。所以 C 的前面几位一般已固定，在以后计算中不会被更新，因而可以边算边输出，只需保留后面几位用作更新即可。

【例 5.3.8】 有 4 个符号 a,b,c,d 构成简单序列 $S=(a,b,d,a)$，各符号及其对应概率如表 5-7 所示(符号概率和符号累加概率用二进小数表示)。

表 5-7　各符号及其对应概率

符号	符号概率 p_i	符号累积概率 G_j
a	0.100(1/2)	0.000
b	0.010(1/4)	0.100
c	0.001(1/8)	0.110
d	0.001(1/8)	0.111

序列 S 的算术编码过程如下：

设起始状态为空序列$\varnothing$，则$A(\varnothing)=1, C(\varnothing)=0$。

输入第1个符号a时：$\begin{cases} C(\varnothing a)=C(\varnothing)+A(\varnothing)G_a=0+1\times 0=0 \\ A(\varnothing a)=A(\varnothing)p_a=1\times 0.1=0.1 \end{cases}$

输入第2个符号b时：$\begin{cases} C(a,b)=C(a)+A(a)G_b=0+0.1\times 0.1=0.01 \\ A(a,b)=A(a)p_b=0.1\times 0.01=0.001 \end{cases}$

输入第3个符号d时：

$$\begin{cases} C(a,b,d)=C(a,b)+A(a,b)G_d=0.01+0.001\times 0.111=0.010111 \\ A(a,b,d)=A(a,b)p_d=0.001\times 0.001=0.000001 \end{cases}$$

输入第4个符号a时：

$$\begin{cases} C(a,b,d,a)=C(a,b,d)+A(a,b,d)G_a=0.010111+0.000001\times 0=0.010111 \\ A(a,b,d,a)=A(a,b,d)p_a=0.000001\times 0.1=0.0000001 \end{cases}$$

因此$C(a,b,d,a)$即为编码后的码字，即010111。

算术编码的译码过程就是一系列比较过程，即判断码字$C(s)$落在哪一个区间就可以得出一个相应的符号序列。根据递推公式的相反过程译出每一个符号。步骤如下：

① 由于$C(a,b,d,a)=0.010111<0.1\in[0,0.1)$，第一个符号为$a$；

② 放大至$[0,1)\times p_a^{-1}$，则$0.010111\times 10=0.10111\in[0.1,0.110)$，第二个符号为$b$；

③ 去掉积累概率P_b，放大至$[0,1)\times p_b^{-1}$，则$(0.10111-0.1)\times 0.01^{-1}=0.111\in[0.111,1)$，第三个符号为$d$；

④ 去掉积累概率P_d，放大至$[0,1)\times p_d^{-1}$，则$(0.111-0.111)\times 0.001^{-1}=0\in[0,0.1)$，第四个符号为$a$。译码过程完成。

算术编码从性能上看具有许多优点，特别是由于所需的参数很少，不像哈夫曼编码那样需要一个很大的码表，常设计成自适应算术编码来针对一些信源概率未知或非平稳情况。但是在实际实现时还有一些问题，如计算复杂性、计算的精度以及存储量等，随着这些问题的逐渐解决，算术编码正在进入实用阶段，但要扩大应用范围或进一步提高性能，降低造价，还需要进一步改进。

5.4 限失真信源编码定理及方法

根据有扰离散信道编码定理可知，无论哪种信道，只要信息传输率R小于信道容量C，总能找到一种编码方法，使得在信道上能以任意小的错误概率，以任意接近C的传输率来传送信息。而在实际信道中，信源输出的信息传输率一般都会超过信道容量C，因此也就不可能实现完全无失真地传输信源的信息。

限失真信源编码的主要任务是：在允许的失真范围内把编码后的信息率压缩至最小。引入限失真信源编码的原因如下：

(1) 无失真信源编码并非总是必需的。在有些情况下，信宿不需要或无能力接受信源发出的全部信息，例如人眼或人耳不可能接受全部的视觉信号和听觉信号，这时就没有必要进行无失真的信源编码；

(2) 无失真信源编码并非总是可能的。例如对连续信号进行数字化处理时，由于不可能从根本上去除量化误差，因此不可能做到完全无失真的编码；

(3) 降低信息率有利用于传输和处理，因此有必要进行限失真信源编码。例如连续信源的绝对熵为无穷大，若用离散码元来表示，需要用无穷长的码元串，传输无穷长的码元串势必造成无限延时，这时通信就没有任何意义了。所以，对连续信源而言，限失真信源编码是绝对必需的。限失真信源编码主要针对连续信源，但也同样适用于离散信源。

在第 4 章中讨论过，信息率失真函数给出了失真小于 D 时所必须具有的最小信息率 $R(D)$；只要信息率大于 $R(D)$，一定可以找到一种编码使译码后的失真小于 D。

5.4.1 保真度准则下信源编码定理

定理 5-4 限失真信源编码定理：设离散无记忆信源的信息率失真函数为 $R(D)$，当信息率 $R>R(D)$时，只要信源序列长度 L 足够长，一定存在一种编码方法，其译码失真小于或等于 $D+\varepsilon$，ε 为任意小的正数；反之，若 $R<R(D)$，则无论采用什么样的编码方法，其译码失真必大于 D。

如果是二元信源，则对于任意小的 $\varepsilon>0$，每一个信源符号的平均码长满足

$$R(D) \leqslant \bar{K} < R(D) + \varepsilon$$

上述定理指出，在失真限度内使信息率任意接近 $R(D)$的编码方法存在。然而，要使信息率小于 $R(D)$，平均失真一定会超过失真限度 D。

上述定理只能说明最佳编码是存在的，而具体构造编码方法却一无所知，因而不能像无损编码那样从证明过程中引出概率匹配的编码方法。一般只能从优化的思路去求最佳编码。限失真信源编码采用的编码方法主要有矢量量化编码、预测编码和变换编码。

5.4.2 矢量量化

量化就是把经过抽样得到的瞬时值的幅度离化，即用一组规定的电平，把瞬时抽样值用最接近的电平值来表示。量化一般用于连续信源的编码，但也可以用于离散信源的编码。对小数和实数进行四舍五入就是一个最简单通俗的例子，比如通过四舍五入取整，会将区间[1.5,2.5)的数值都量化为 2。

按照量化级的划分方式，量化分为均匀量化和非均匀量化。均匀量化是最简单的量化方法，又称为线性量化，它将输入信号的取值阈等间隔划分；非均匀量化的划分范围不均匀，一般用类指数的曲线进行量化。为了适应幅度大的输入信号，同时又要满足精度要求，就需要增加样本的位数。但是，对话音信号来说，大信号出现的机会并不多，增加的样本位数没有充分利用。为了克服这个不足，出现了非均匀量化的方法，又称为非线性量化。非均匀量化的基本思想是，对输入信号进行量化时，概率小的输入信号采用大的量化间隔。这样就可以在满足精度要求的情况下，用较少的位数来表示；声音数据还原时，采用相同的规则。常见的非均匀量化有 A 律和 μ 律等，它们的区别在于量化曲线不同。通常美洲采用 μ 律，而我国和欧洲通用 A 律。均匀量化的好处就是编解码很容易，但要达到相同的信噪比，占用的带宽要大。现代通信系统中都采用非均匀量化。

按照量化的维数分，量化分为标量量化和矢量量化。标量量化是一维的量化，一个幅度值对应一个量化结果。而矢量量化是二维甚至多维的量化，两个或两个以上的幅度值作为

一个整体决定一个量化结果。当把多个信源符号联合起来形成多维矢量，再对矢量进行标量量化时，自由度将更大，在同样的失真条件下，量化级数可进一步减少，码率可进一步压缩，这种量化称为矢量量化。以二维情况为例，两个幅度决定了平面上的一点。而这个平面事先按照概率已经划分为 N 个小区域，每个区域对应一个输出结果。由输入确定的那一点落在了哪个区域内，矢量量化器就会输出那个区域对应的码字。进行无失真信源编码时，对单个符号进行相应信源编码的压缩效果比对序列进行信源编码的效果要差。类似地，矢量量化由于考虑将一个做整体来看待，可以消除序列内部相关性的影响，一般会比标量量化效率更高。

矢量量化中码书的码字越多，维数越大，失真就越小。只要适当地选择码字数量，就能控制失真量不超过某一给定值，因此码书控制着矢量的大小。

实验证明，即使各信源符号相互独立，多维量化通常也可压缩信息率。因而矢量量化引起了人们的兴趣而成为当前连续信源编码的一个热点。可是当维数较大时，矢量量化尚无解析方法，只能求助于数值计算；而且联合概率密度也不易测定，还需采用诸如训练序列的方法。一般说来，高维矢量的联合是很复杂的，虽已有不少方法，但其实现尚有不少困难，有待进一步研究。

5.4.3 预测编码

哈夫曼编码、游程编码、算术编码等编码方法都是针对独立的信源序列。对于相关性很强的信源，其条件熵远小于无条件熵，应尽量解除信源的相关性，使信源输出转化为独立序列，从而进一步压缩码率。

常用的解除相关性的措施是预测和变换，两者都是序列的变换。一般来说，预测编码有可能完全解除序列的相关性，但必须概率特性；变换编码一般只解除矢量内部的相关性，但它可有许多可变换矩阵，以适应不同的信源特性。这在信源概率特性未确知或非平稳时可能有利。

下面介绍预测编码的一般理论与方法。

预测编码的基本思想是通过提取与每个信源符号相关的新信息，并对这些新信息进行编码来消除信源符号之间的相关性。实际中常用的新信息为信源符号的当前值与预测值的差值。正是由于信源符号之间存在相关性，所以才使预测成为可能。对于独立信源，预测就没有可能。

预测的主要理论是估计理论。所谓估计就是用实验数据组成一个统计量作为某一物理量的估值或预测值，若估值的数学期望等于原物理量，称为无偏估计；若估值与原物理量之间的均方误差最小，称为最佳估计，且这种方法称为最小均方误差预测，并认为这种预测是最佳的。

在具体的预测编码实现过程中，编码器和译码器都存有过去的信号值，并以此来预测或估计未来的信号值。编码器输出端输出的不是信源信号本身，而是信源信号与预测值之差；译码器输入端接收这一差值，并与译码器中存储的预测值相加，从而恢复信号。

要实现最佳预测就需要找到计算预测值的预测函数。这个函数根据数据的相关性来定。设信源序列为 $x_1,x_2,\cdots,x_r,x_{r+1},\cdots$，$r$ 阶预测就是由 $x_1,x_2,\cdots,x_r$ 来预测 x_{r+1}。

令预测值为

$$x'_{r+1} = f(x_1, x_2, \cdots, x_r)$$

式中函数 $f(\cdot)$是待定的预测函数。要使预测值具有最小均方误差，必须确知 $r+1$ 个变量 $x_1, x_2, \cdots, x_r, x_{r+1}$的联合概率密度函数，一般情况下是很难确定的。常用线性预测的方法来达到次最佳的结果。

线性预测是取预测函数为各已知信源符号的线性函数，即 x_{r+1}的预测值为

$$x'_{r+1} = f(x_1, x_2, \cdots, x_r) = \sum_{s=1}^{r} a_s x_s \tag{5.4.1}$$

均方误差为

$$D = E\,(x'_{r+1} - x_{r+1})^2 \tag{5.4.2}$$

求均方误差最小时的各 a_s 值。对各 a_s 取偏导并置零后得：

$$\frac{\partial D}{\partial a_s} = -E\left[\left(x_{r+1} - \sum_{s=1}^{r} a_s x_s\right) x_s\right] = 0$$

只需已知信源各符号之间的相关函数即可进行运算。

最简单的预测是令 $x'_{r+1} = x_r$，称为零阶预测，常用的差值预测就属这类。

利用预测值进行编码的方法可分为两类：一类是用实际值与预测值之差进行编码，也叫差值编码；另一类是根据差值的大小，决定是否传送该信源符号。例如，可规定某一阈值 T，当差值小于 T 时可不传送。对于相关性很强的信源序列，常有很长一串符号的差值可以不传送，此时只需传送这串符号的个数，这样能大量压缩码率。这类方法一般是按信宿要求设计的，也就是失真应能满足信宿需求。

综上所述，若想实现预测编码，需进一步考虑以下 3 个问题：

(1) 预测误差准则的选取，比如采用使预测误差的均方值达到最小作为准则，或者绝对误差均值最小等。

(2) 预测函数的选取。

(3) 预测器输入数据的选取。

5.4.4 变换编码

变换是一个广泛的概念。在通信系统中，常希望把信号进行变换以达到某一目的。信源编码实际上就是一种变换，使之能在信道中更有效地传送。变换编码的基本原理是：通过一种数学变换，来解除或减弱信源符号之间的相关性，使经变换后的信号的样值能更有效地编码。将变换后的样值再进行标量量化，或采用对于独立信源符号的编码方法，以达到压缩码率的目的。

首先介绍变换编码的基本原理，然后介绍变换编码中常用的几种变换。

1. 变换编码的基本原理

设有函数 $f(t)$，$0<t<T$，则

$$\int_0^T f^2(t)\,\mathrm{d}t < \infty \tag{5.4.3}$$

该函数是希尔伯特(Hilbert)空间 $L^2(0,T)$的一个矢量，其维数是可数、无限的，它的坐标系将可用一完备正交函数系来表征。

设有一完备正交归一函数系 $\varphi(i,t)$，$i=0,1,2,\cdots$。正交性为：

$$\int_0^T \varphi(i,t)\varphi(j,t)\mathrm{d}t = 0 \quad i \neq j \tag{5.4.4}$$

归一性为：

$$\int_0^T \varphi^2(i,t)\mathrm{d}t = 1 \tag{5.4.5}$$

则可把 $f(t)$ 展开为

$$f(t) = \sum_{i=0}^{\infty} a_i\varphi(i,t) \tag{5.4.6}$$

式中，a_i 是待定系数，可用有限项逼近时的均方误差最小准则来求，即

$$D_n = \int_0^T \left[f(t) - \sum_{i=0}^{n-1} a_i\varphi(i,t) \right]^2 \mathrm{d}t$$

$$\frac{\partial D_n}{\partial a_i} = \int_0^T -2\left[f(t) - \sum_{i=0}^{n-1} a_i\varphi(i,t) \right]\varphi(i,t)\mathrm{d}t$$

利用式(5.4.4)和(5.4.5)，可求得

$$a_i = \int_0^T f(t)\varphi(i,t)\mathrm{d}t \tag{5.4.7}$$

如果

$$\lim_{n\to\infty} D_n \to 0$$

则称上述正交函数系是完备的，此时式(5.4.6)成立；否则正交函数系是不完备的，式(5.4.6)不成立。

通过上述变换，把函数 $f(t)$ 变换成一系列离散的系数 a_i，若已给这些系数，就可用式恢复函数 $f(t)$ 而不产生误差，所以这种变换是可逆的。如果只取有限个系数，恢复时就会引入误差。

要有效地解除相关性，正交函数系必须根据信源的相关函数来选择。按均方误差最小准则来推算，K-L(Karhunen-Loeve Transform)变换可使变换后的随机变量之间互不相关。一般认为 K-L 变换是压缩编码的最佳变换，其正交矢量系和变换矩阵可根据输入矢量各分量间的相关系数来求，而不用解积分方程，即只需求相关矩阵的特征值和特征矢量。经过 K-L 变换后输出矢量的相关系数为零，即能完全解除输出矢量间的线性相关性，且各分量的方差就是各特征值，它们各不相等，下降很快。这样在实际编码时，就可以根据压缩编码的要求，不传送方差很小的那些分量，提高传输效率。

K-L 变换的最大缺点是计算复杂，除了需测定相关函数和解积分方程外，变换时的运算也十分复杂，尚无快速算法可用。为此，人们又找出了各种实用化程度较高的变换，如离散傅里叶变换（Discrete Fourier Transform，DCT）和离散余弦变换（Discrete Cosine Transform，DCT），其中 DCT 的性能较接近 K-L 变换。在某些情况下，DCT 能获得与 K-L 变换相同的性能，因此也被称为准最佳变换。

2. 离散余弦变换

由于 DCT 源于 DFT，这里先讨论 DFT。设长度为 N 的离散序列 $\{f_1, f_2, \cdots, f_N\}$，其 DCT 的正变换和逆变换分别定义为：

$$F(u) = \frac{1}{\sqrt{N}} \sum_{x=0}^{N-1} f(x)\exp\left[-j\,\frac{2\pi ux}{N}\right]$$

$$=\frac{1}{\sqrt{N}}\sum_{x=0}^{N-1}f(x)\omega^{-ux}\quad (u=0,1,\cdots,N-1)\tag{5.4.8}$$

$$f(x)=\frac{1}{\sqrt{N}}\sum_{u=0}^{N-1}F(u)\exp\left[j\frac{2\pi ux}{N}\right]$$

$$=\frac{1}{\sqrt{N}}\sum_{u=0}^{N-1}f(x)\omega^{ux}\quad (x=0,1,\cdots,N-1)\tag{5.4.9}$$

式中 $\omega=e^{j2\pi/N}$。DCT 的正变换和反变换的矩阵形式分别如式(5.4.10)和(5.4.11)所示：

$$\begin{bmatrix} y_0\\ y_1\\ \vdots\\ y_{N-1}\end{bmatrix}=\frac{1}{\sqrt{N}}\begin{bmatrix}1 & 1 & \cdots & 1\\ 1 & \omega & \cdots & \omega^{N-1}\\ \vdots & \vdots & \vdots & \vdots\\ 1 & \omega^{N-1} & \cdots & \omega^{(N-1)^2}\end{bmatrix}\begin{bmatrix} x_0\\ x_1\\ \vdots\\ x_{N-1}\end{bmatrix}\tag{5.4.10}$$

$$\begin{bmatrix} x_0\\ x_1\\ \vdots\\ x_{N-1}\end{bmatrix}=\frac{1}{\sqrt{N}}\begin{bmatrix}1 & 1 & \cdots & 1\\ 1 & \omega^* & \cdots & \omega^{*N-1}\\ \vdots & \vdots & \vdots & \vdots\\ 1 & \omega^{*N-1} & \cdots & \omega^{*(N-1)^2}\end{bmatrix}\begin{bmatrix} y_0\\ y_1\\ \vdots\\ y_{N-1}\end{bmatrix}\tag{5.4.11}$$

经傅里叶变换后的输出各分量间的相关系数将与原输入过程的相关函数有关。一般来说。输入过程的相关系数越接近 1，输出各分量间的相关函数越小，也就是说傅里叶变换对强相关的信源是有效的。此外各输出分量的方差不同，有大有小，即经变换后能量有所集中，这对压缩码率也是有利的。但通常 DFT 是复数域的运算，在实际中有许多不便。

如果将一个实函数对称延拓成一个实偶函数，由于实偶函数的傅里叶变换也是实偶函数，只含有余弦项，因此构造了一种实数域的变换，即离散余弦变换。

离散余弦变换的完备正交归一函数是

$$\begin{cases}\varphi(0,t)=\dfrac{1}{\sqrt{N}}\\ \varphi(i,t)=\sqrt{\dfrac{2}{N}}\cos[(2k+1)i\pi/N]\end{cases}\quad t\in(0,T)\tag{5.4.12}$$

对这些函数在$(0,T)$内取 N 个样值，即得到离散余弦变换矩阵的元为

$$\begin{cases}a_{0k}=\dfrac{1}{\sqrt{N}}\\ a_{ik}=\sqrt{\dfrac{2}{N}}\cos[(2k+1)i\pi/N]\end{cases}\tag{5.4.13}$$

因此，对于长度为 N 的离散序列$\{f_1,f_2,\cdots,f_N\}$，其 DCT 的正变换和逆变换分别定义为：

$$F(u)=a(u)\sum_{x=0}^{N-1}f(x)\cos\left[\frac{(2x+1)u\pi}{2N}\right]\quad (u=0,1,\cdots,N-1)\tag{5.4.14}$$

$$f(x)=\sum_{u=0}^{N-1}a(u)F(u)\cos\left[\frac{(2x+1)u\pi}{2N}\right]\quad (x=0,1,\cdots,N-1)\tag{5.4.15}$$

相应的矩阵形式分别如式(5.4.16)和(5.4.17)所示：

$$\begin{bmatrix} y_0 \\ y_1 \\ \vdots \\ y_{N-1} \end{bmatrix} = \frac{2}{\sqrt{N}} \begin{bmatrix} \frac{1}{\sqrt{2}} & \frac{1}{\sqrt{2}} & \cdots & \frac{1}{\sqrt{2}} \\ \cos\frac{\pi}{2N} & \cos\frac{3\pi}{2N} & \cdots & \cos\frac{(2N-1)\pi}{2N} \\ \vdots & \vdots & \vdots & \vdots \\ \cos\frac{(N-1)\pi}{2N} & \cos\frac{3(N-1)\pi}{2N} & \cdots & \cos\frac{(2N-1)(N-1)\pi}{2N} \end{bmatrix} \begin{bmatrix} x_0 \\ x_1 \\ \vdots \\ x_{N-1} \end{bmatrix} \tag{5.4.16}$$

$$\begin{bmatrix} x_0 \\ x_1 \\ \vdots \\ x_{N-1} \end{bmatrix} = \frac{2}{\sqrt{N}} \begin{bmatrix} \frac{1}{\sqrt{2}} & \frac{1}{\sqrt{2}} & \cdots & \frac{1}{\sqrt{2}} \\ \cos\frac{\pi}{2N} & \cos\frac{3\pi}{2N} & \cdots & \cos\frac{(2N-1)\pi}{2N} \\ \vdots & \vdots & \vdots & \vdots \\ \cos\frac{(N-1)\pi}{2N} & \cos\frac{3(N-1)\pi}{2N} & \cdots & \cos\frac{(2N-1)(N-1)\pi}{2N} \end{bmatrix} \begin{bmatrix} y_0 \\ y_1 \\ \vdots \\ y_{N-1} \end{bmatrix} \tag{5.4.17}$$

此外,还有很多离散变换,如正反变换矩阵都相同的离散哈尔(Haar)变换和离散沃尔什(Walsh)变换;由有限维正交矢量系导出的广泛用于电视信号编码的斜变换和多重变换;可把信号分割成多个窄带以解除或减弱信号样值间相关性的子带编码和小波变换等。在实际应用中,需要根据信源特性来选择变换方法以达到解除相关性、压缩码率的目的。另外还可以根据一些参数来比较各种变换方法间的优劣,如反映编码效率的编码增益和反映编码质量的块效应系数等。当信源的统计特性很难确知时,可用各种变换分别对信源进行变换编码,然后用实验或计算机仿真来计算这些参数。

本章小结

1. 码的定义及分类:分组码与非分组码、定长码与变长码、奇异码与非奇异码、唯一可译码与非唯一可译码、即时码与非即时码。

2. 唯一可译码存在的充分和必要条件是满足 Kraft 不等式:$\sum_{i=1}^{n} m^{-K_i} \leqslant 1$。

3. 定长编码定理:由 L 个符号组成的、每个符号熵为 $H_L(\boldsymbol{X})$的无记忆平稳信源符号序列$(X_1,X_2,\cdots,X_l,\cdots,X_L)$,可用 K_L 个符号$(Y_1,Y_2,\cdots,Y_k,\cdots,Y_{K_L})$(每个符号有 m 种可能值)进行定长编码。对任意 $\varepsilon>0,\delta>0$,只要

$$\frac{K_L}{L}\log m \geqslant H_L(\boldsymbol{X}) + \varepsilon$$

则当 L 足够大时,必可使译码差错小于 δ;反之,当

$$\frac{K_L}{L}\log m \leqslant H_L(\boldsymbol{X}) - 2\varepsilon$$

时,译码差错一定是有限值。而且当 L 足够大时,译码几乎必定出错。

4. 单个符号变长编码定理

若离散无记忆信源的符号熵为 $H(X)$,每个信源符号用 m 进制码元进行变长编码,一

定存在一种无失真编码方法，其码字平均长度 $\overline{K}$ 满足下列不等式

$$\frac{H(X)}{\log m} \leqslant \overline{K} < \frac{H(X)}{\log m} + 1$$

5. 离散平稳无记忆序列变长编码定理

对于平均符号熵为 $H_L(\boldsymbol{X})$ 的离散平稳无记忆信源，必存在一种无失真编码方法，使其平均码长 $\overline{K}$ 满足不等式

$$H_L(\boldsymbol{X}) \leqslant \overline{K} < H_L(\boldsymbol{X}) + \varepsilon$$

式中 ε 为任意小正数。

6. 限失真信源编码定理

设离散无记忆信源的信息率失真函数为 $R(D)$，当信息率 $R>R(D)$ 时，只要信源序列长度 L 足够长，一定存在一种编码方法，其译码失真小于或等于 $D+\varepsilon$，ε 为任意小的正数；反之，若 $R<R(D)$，则无论采用什么样的编码方法，其译码失真必大于 D。

7. 常用的信源编码方法：香农编码、费诺编码、哈夫曼编码、游程编码、算术编码、矢量量化、预测编码、变换编码。

习题

5-1 将如表 5-8 所示的某六进制信源进行二进制编码，试问：

表 5-8 六进制信源

消息	概率	C_1	C_2	C_3	C_4	C_5	C_6
u_1	1/2	000	0	0	0	1	01
u_2	1/4	001	01	10	10	000	001
u_3	1/16	010	011	110	1101	001	100
u_4	1/16	011	0111	1110	1100	010	101
u_5	1/16	100	01111	11110	1001	110	110
u_6	1/16	101	011111	111110	1111	110	111

(1) 这些码中哪些是唯一可译码？

(2) 哪些码是非延长码(即时码)？

(3) 对所有唯一可译码求出其平均码长和编码效率。

5-2 下面所有的码是否是即时码？是否是唯一可译码？

(1) $C_1=\{0,10,1100,1101,1110,1111\}$。

(2) $C_2=\{0,10,110,1110,1011,1101\}$。

5-3 已知信源的各个消息分别为字母 A,B,C,D，现用二进制码元对消息字母作信源编码，$A\to(x_0,y_0)$，$B\to(x_0,y_1)$，$C\to(x_1,y_0)$，$D\to(x_1,y_1)$，每个二进制码元的长度为 5ms。计算：

(1) 若各个字母以等概率出现，计算在无扰离散信道上的平均信息传输速率。

(2) 若各个字母出现的概率分别为 $P(A)=1/5$，$P(B)=1/4$，$P(C)=1/4$，$P(D)=3/10$，再计算在无扰离散信道上的平均信息传输速率。

(3) 若字母消息改用四进制码元作信源编码，码元幅度分别为，码元长度为 10ms。重

新计算(1)和(2)两种情况下的平均信息传输速率。

5-4 若消息符号、对应概率分布和二进制编码如下：

消息符号	u_0	u_1	u_2	u_3
p_i	1/2	1/4	1/8	1/8
编码	0	10	110	111

试求：

(1) 消息符号熵。

(2) 每个消息符号所需的平均二进制码个数。

(3) 若各消息符号间相互独立，求编码后对应的二进制码序列中出现"0"和"1"的无条件概率 p_0 和 p_1，以及码序列中的一个二进制码的熵，并求相邻码间的条件概率 $p(1|1)$，$p(0|1)$，$p(1|0)$和 $p(0|0)$。

5-5 若某信源有 8 个符号$\{u_1,\cdots u_8\}$，概率分别为 1/2，1/4，1/8，1/16，1/32，1/64，1/128，1/128，试编成 000，001，010，011，100，101，110，111 的码。

(1) 求信源的符号熵 $H(X)$。

(2) 求出现一个"1"或一个"0"的概率。

(3) 求这种码的编码效率。

(4) 求出相应的香农码和费诺码。

(5) 求该码的编码效率。

5-6 某信源有 6 个符号，概率分别为 3/8，1/6，1/8，1/8，1/8，1/12，试求三进制码元(0，1，2)的费诺码及其编码效率。

5-7 设无记忆二元信源，概率为 $p_0=0.005$，$p_1=0.995$，信源输出的二元序列在长为 $L=100$ 的信源序列中只对含有 3 个或小于 3 个"0"的各信源序列构成一一对应的一组定长码。

(1) 求码字所需的最小长度。

(2) 考虑没有给予编码的信源序列出现的概率，该定长码引起的错误概率 P 是多少？

5-8 设有离散无记忆信源 $P(X)=\{0.37,0.25,0.18,0.10,0.07,0.03\}$。

(1) 求该信源符号熵 $H(X)$。

(2) 用哈夫曼编码编成二元变长码，计算其编码效率。

(3) 要求译码错误小于10^{-3}，采用定长二元码要达到(2)中的哈夫曼编码效率，问需要多少个信源符号连在一起编？

5-9 信源符号 X 有 6 种字母，概率为 0.32，0.22，0.18，0.16，0.08，0.04。

(1) 求该信源符号熵 $H(X)$。

(2) 用香农编码编成二进制变长码，计算其编码效率。

(3) 用费诺编码编成二进制变长码，计算其编码效率。

(4) 用哈夫曼编码编成二进制变长码，计算其编码效率。

(5) 用哈夫曼编码编成三进制变长码，计算其编码效率。

(6) 若用逐个信源符号来编定长二进制码，要求不出差错译码，所需要的每符号的平均信息率和编码效率。

(7) 当译码差错小于10^{-3}，采用定长二元码要达到(4)中的哈夫曼编码效率，问需要多少个信源符号连在一起编?

5-10 已知一信源包含 8 个消息符号,其出现的概率为 $P(X)=\{0.1,0.18,0.4,0.05,0.06,0.1,0.07,0.04\}$。

(1) 该信源在每秒钟内发出 1 个符号,求该信源的熵及信息传输速率。

(2) 对这 8 个符号作哈夫曼编码,写出相应码字,并求出编码效率。

(3) 采用香农编码,写出相应码字,求出编码效率。

(4) 进行费诺编码,写出相应码字,求出编码效率。

5-11 有一 9 个符号的信源,概率分别为 1/4,1/4,1/8,1/8,1/16,1/16,1/16,1/32,1/32,用三进制符号(a,b,c)编码。

(1) 编出费诺码和哈夫曼码,并求出编码效率。

(2) 若要求符号 c 后不能紧跟另一个 c,编出一种有效码,其编码效率是多少?

5-12 一信源可能发出的数字有 1,2,3,4,5,6,7,对应的概率分别为 $P(1)=P(2)=1/3$,$P(3)=P(4)=1/9$,$P(5)=P(6)=P(7)=1/2$,在二进制或三进制无噪信道中传输,若二进制信道中传输一个码字需要 1.8 元人民币,三进制信道中传输一个码字需要 2.7 元人民币。

(1) 编出二进制符号的哈夫曼码,求其编码效率。

(2) 编出三进制符号的费诺码,求其编码效率。

(3) 根据(1)和(2)的结果,确定在哪种信道中传输可能得到较小的花费。

5-13 离散无记忆信源发出 A,B,C 3 种符号,其概率分布为 5/9,1/3,1/9,应用算术编码方法对序列(C,A,B,A)进行编码,并对结果进行解码。

5-14 已知二元信源$\{0,1\}$,$p_0=1/8$,$p_1=7/8$,试对序列 11111110111110 进行算术编码,并计算此序列的平均码长。

5-15 有一个含有 8 个消息的无记忆信源,其概率各自为 0.2,0.15,0.15,0.1,0.1,0.1,0.1,0.1。试编成两种三元哈夫曼码,使它们的平均码长相同,但具有不同的码方差。并计算其平均码长和方差,说明哪一种更实用些。

第 6 章 信道编码

CHAPTER 6

在通信系统中，为了降低信源的相关性，去掉冗余的信息，提高信息传输的有效性，我们将信源的输出经过信源编码，用较少的符号来表达信源消息，这些符号冗余度很小，效率很高，但对噪声干扰的抵抗能力很弱。而信息传输要通过各种物理信道，由于干扰、设备故障等影响，被传送的信源符号可能会发生失真，使有用信息遭受损坏，接收信号造成误判。

为了改善通信系统的传输质量，提高信息传输的准确性，使其具有较好的抗噪声干扰能力，需要进行信道编码。信道编码可分为两个层次：一是如何正确接收载有信息的信号，这种编码称为线路编码，它是为了实现在特定信道上可靠地传输信息而对信号或格式进行设计的编码；二是如何避免少量差错信号对信息内容的影响，这种编码称为差错控制编码，包括各种形式的纠错、检错码，可统称为纠错编码。本书讨论的信道编码是指纠错编码。

本章主要讨论以下问题：

- 信道编码的基本概念与分类；
- 线性分组码的编译码原理；
- 循环码的编译码原理；
- 卷积码的编译码原理。

6.1 信道编码概述

数字信号在传输过程中由于各种各样的原因，传输的数据流会产生误码，因此需要通过一定的方法降低误码，这就是信道编码。通过信道编码，使系统具有一定的检错和纠错能力，能抵抗一定的干扰，降低数据流传输中的误码。

信道编码的定义为：为了与信道的统计特性相匹配，并且区分通路和提高通信的可靠性，在信源编码的基础上，按一定规律加入一些称为监督码元的新码元，以实现检错和纠错目的的编码方法。信道编码的定义表明：(1)编码的方法要与信道的统计特性匹配，对于不同传输特性的信道，最佳的信道编码方法是不相同的。(2)编码的方法是加入冗余码元，且加入的码元和信息码元之间一定要建立联系，要按一定的规律添加，以便在传输过程中出错后能被发现并且能够纠正传输中的错误。(3)加入的监督码元需要尽量少，以便提高信息传输率。

6.1.1 信道编码的基本概念与分类

1. 码字、信息元和监督元

设信源编码器输出的二元数字信息序列为(001010110001…)，序列中每一个数字都是一个信息元素。为了适应信道的最佳传输而进行编码，首先要对信息序列进行分组。一般是以截取相同长度的码元进行分组，每组长度为k(即含有k个信息元)，这种序列一般称为信息组或信息序列，例如以$k=2$对上面的信息序列分组为(00)，(10)，(10)，(11)，(00)，…如果将这样的信息组直接送入信道传输，它是没有任何抗干扰能力的，因为任意信息组中任一元素出错都会变成另一个信息组，例如信息组(00)出错，将会变成(10)或(01)，而它们代表着不同的信息组，因此在接收端就会判断错误。可见，不管k的大小如何，直接传输信息组是无任何抗干扰能力的。

如果在各个信息组后按一定规律人为地添加一些数字，例如上例，我们在$k=2$的信息组后再添加一位数字，使每一组的长度变为3，这样的各组序列我们称为码字，码字长度记为n，本例中$n=k+1$，其中每个码字的前两个码元为原来的信息组，称为信息元，它主要用来携带要传输的信息内容，后一个新添加的码元称为监督元(或校验元)，其作用是利用添加规则来监督传输是否出错。添加监督元的规则为：新添监督元的符号(0或1)与前两个信息元符号(0或1)的模2和为0，这样的码字共有$2^k=2^2=4$个，即{(000)，(011)，(101)，(110)}，它们组成了一个码字集合，其中每一个码字分别代表一个不同的信息组。而在3位二进制序列构成的码组中共有$2^3=8$码字，除以上4个作为码字外，还有4个未被选中，即这4个码组不在发送之列，我们称为禁用码组，而被编码选中的4个码字称为许用码组。对于接收端，若接收序列不在码字集合中，说明不是发送端所发出的码字，从而确定传输有错。

2. 差错与差错图案

信道编码总要以有形的形式传送，其承载信息比特的基本单位为“码元”或“符号”均是有形的信号，如基带脉冲、数字调制波形等。由于大的畸变而出现符号差错时，必须导致该符号所携带的信息比特跟着发生差错。信号差错与信息差错既有联系又有区别，分别用差错符号、差错比特来描述。通常所说的符号差错概率(误码元率)是指信号差错概率，而误比特率是指信息差错概率。

对于二进制传输系统，符号差错等于比特差错；对于多进制系统，一个符号差错到底对应多少比特差错却难以确定。表6-1给出自然二进制码和反射二进制码(又称格雷码或循环二进码)对应的八电平编码方法。当符号从量级3畸变为量级4而产生一个符号差错时，自然二进码导致3bit差错，而反射二进码只有1bit差错；若符号从量级3畸变为量级6，符号差错仍然算一个，但两种编码分别对应2bit和3bit差错。可见，符号差错率与比特差错率之间的关系并不是固定的，需根据具体差错及编码方式来确定。对于高斯信道，最易出现的符号差错是畸变一个量级的差错，很显然，由于反射二进码任何相邻量级码字间只有1bit差异，其性能优于自然二进码。

为了定量地描述信号的差错，定义收、发码之“差”为差错图案：

$$\text{差错图案}\ \boldsymbol{E}=\text{发码}\ \boldsymbol{C}-\text{收码}\ \boldsymbol{R}(\text{模}\ \boldsymbol{M}) \tag{6.1.1}$$

比如，对于八进制(M=8)码元，当发码$\boldsymbol{C}=(0,2,5,4,7,5,2)$，而收码变为$\boldsymbol{R}=(0,1,5,4,7,5,4)$时，差错图案就是$\boldsymbol{E}=\boldsymbol{C}-\boldsymbol{R}=(0,1,0,0,0,0,6)$。

最常用的二进制码可当作特例来研究,其差错图案等于收码与发码的模 2 加,即

$$E = C \oplus R \quad 或 \quad C = R \oplus E \tag{6.1.2}$$

此时差错图案中的"1"既是符号差错也是比特差错,差错的个数叫汉明距离。

对于收信者而言,收码 $\boldsymbol{R}$ 是已知的,只要设法找出差错图案 $\boldsymbol{E}$,就可能利用式(6.1.1)估算出发码 $\boldsymbol{C}$。

表 6-1 两种八电平编码方法比较

量　　级	自然二进码	反射二进码
0	000	000
1	001	001
2	010	011
3	011	010
4	100	110
5	101	111
6	110	101
7	111	100

3. 纠错码的分类

由于实际信道存在噪声和干扰,使发送的码字与信道传输后所接收到的码字之间存在差错。在一般情况下,信道中的噪声或干扰越大,码字产生差错的概率也就越大。从不同角度、不同侧面去看问题,纠错码可以大致分为以下几类:

(1) 按照码的功能可分为检错码和纠错码。

只能够检测出错误的编码称为检错码。既能检测出错误又能自动纠正错误的编码称为纠错码。检错码与纠错码在理论上没有本质的区别,只是应用场合不同,而侧重的性能参数也不同。本书后面提到的纠错编码自然包括检错码在内。

(2) 按照监督码元和信息码元的关系可分为线性码和非线性码。

线性码的所有码元均是原始信息元的线性组合,编码器不带反馈回路。非线性码的码元并不都是信息元的线性组合,可能还与前面已编的码元有关,编码器可能含反馈回路。

(3) 按照对信息序列的处理方法可分为分组码和卷积码。

分组码将信息序列的每 k 个码元分割成一组,然后对每组信息码元进行独立编解码,与其他组的信息码元无关。卷积码也先将信息序列分组,码元的编解码运算不仅与本组信息码元有关,还与前面若干组信息码元有关。

(4) 按照适用的差错类型可分为纠随机差错码、纠突发差错码、纠混合差错码。

纠随机差错码用于随机差错信道,其纠错能力用码组或码段内允许的独立差错的个数来衡量。纠突发差错码针对突发差错而设计,其纠错能力主要用可纠突发差错的最大长度来衡量。

(5) 按照码构造理论可分为代数码、几何码、算术码和组合码等。

代数码的理论基础是近代代数,几何码的理论基础是投影几何,算术码的理论基础是数论、高等算术,组合码的理论基础是排列组合和数论,用到同余、拉丁方阵、阿达玛矩阵等数学方法。

除了上述分类外,还有其他分类方法。比如,按每个码元的取值,可以分为二进制码与

多进制码；按码字之间的关系，有循环码和非循环码。不同的分类方法只是从不同的角度抓住码字的某一特性进行归类而已，并不能说明某个码的全部特性。比如某线性码可能同时又是分组码、循环码、纠突发差错码、代数码和二进码。

4. 差错控制的基本方式

从系统的角度，运用纠/检错码进行差错控制的基本方式大致分成3类：前向纠错（Forward error correction，FEC）、反馈重发（Automatic repeat request，ARQ）和混合纠错（Hybrid error correction，HEC）。

(1) 前向纠错。发送端信息经纠错编码后实行传送，而接收端通过纠错译码自动纠正传递过程中的差错。所谓“前向”，指纠错过程在接收端独立进行，不存在差错信息的反馈。这种方式的优点是无需反向信道，时延小，实时性好，既适用于点对点通信，又适用于点对多点组播或广播式通信。缺点是译码设备比较复杂，所选用的纠错码必须与信道特性相匹配，为了获得较好的纠错性能必须插入较多的校验元而导致误码率低。最关键的一点还在于：前向纠错能力是有限的，即当差错数大于纠错能力时，接收端发生错译却意识不到错译的发生，收信者无法判断译出的码是纠错后的正确码还是误判了的码。是否适合采用前向纠错取决于纠错码的纠错能力、差错特性、误码率以及信息内容对差错的容忍程度。数据通信网要求误码率小于10^{-9}，一般不采用前向纠错方案；话音、图像通信对实时性要求高而容错能力强，基本上都采用前向纠错。

随着编码理论和大规模集成电路的应用，性能优良的实用编译码方法不断出现而实现成本不断降低，前向纠错的应用已从语音、图像扩展到计算机存储系统、磁盘、光盘和激光唱机等。

(2) 反馈重发。发送端发送检错码，如循环冗余校验(CRC)码，接收端通过检测接收码是否符合编码规律来判断该码是否存在差错。若判定码组有错，则通过反向信道通知发送端重发该码，如此反复，直到接收端认为正确接收为止。围绕如何重发、由谁重发等，ARQ系统可采用不同的重发策略。比如等待式系统的接收端以单帧、单码组为单位给发送端反馈ACK或NAK信息，以决定是发下一条还是重发上一条信息。连续式系统则给帧或码字编上顺序号后连续发送，接收端对所有帧的正确与否按顺序号给出反馈回音。重发可以在通信网各交换节点间逐一发生，也可像高速通信网那样将反馈重发的任务转移给网络边缘的终端设备去完成。

ARQ的优点是编译码设备简单，在同样冗余度下检错码的检错能力比纠错码的纠错能力要高得多。通过ARQ可大大降低整个系统的误码率，早期最成功的例子是分组交换数据网，它用10^{-6}误码率的PCM物理信道构建出符合数据通信要求的10^{-9}误码率的数据网。目前，ARQ方式已广泛应用于其他数据通信网，如计算机局域网、分组交换网、7号信令网等。ARQ的缺点是需要一条反馈信道来传输回音，并要求发送和接收端装备有大容量的存储器以及复杂的控制设备。ARQ是一种自适应系统，由于反馈重发的次数与信道干扰密切相关，当信道误码率很高时，重发将过于频繁而使效率大大降低甚至使系统阻塞。此外，被传输信息的连贯性和实时性也较差。特别是光纤通信出现后，信道的高速度使节点的ARQ处理成为真正的瓶颈。因此从帧中继、ATM到MPLS，现代调整网络不再采用反馈重发，而仅在节点处作检错运算。如果发现分组(或帧、包、信元等)有错，则网络简单地将它们丢弃，而把协商重发的任务移交给终端去处理。

(3) 混合纠错。该方式是前向纠错和反馈重发的结合，发送端发送的码兼有检错和纠错两种能力。接收端译码器收到码字后首先检验错误情况。如果差错不超过码的纠错能力，则自动进行纠错。如果判断码的差错数量已超出码的纠错能力，则接收端通过反馈信道给发送端一个要求重发的信息。HEC 方式的性能及优缺点介于 FEC 和 ARQ 之间，误码率低，设备不很复杂，实时性和连贯性比较好，在移动通信和卫星通信中得到了应用。

6.1.2 信道编码的基本参数

1. 码率

对于(n,k)分组码，定义信息元位数 k 在码字长度 n 中所占的比重称为码率 R。对于二元线性码，其码率 R 等效于编码效率 η，即

$$\eta = R = \frac{k}{n} \tag{6.1.3}$$

码率是衡量所编的分组码有效性的一个基本参数，码率越大，表明信息传输的效率越高。但对编码来说，每个码字中所加进的监督元越多，码字内的相关性越强，码字的纠错能力越强。而监督元本身并不携带信息，单纯从信息传输的角度来说是多余的。一般地说，码字中冗余度越高，纠错能力越强，可靠性越高，而此时码的效率则降低了。所以，信道编码必须注意综合考虑有效性与可靠性的问题，在满足一定纠错能力要求的情况下，总是力求设计码率尽可能高的编码。

2. 码重与码距

一个码字 C 中非零码元的个数称为该码字的(汉明)重量，简称码重，记为 $W(C)$。对于二进制码来说，码重 $W(C)$就是码字中所含码元“1”的个数，如码字 110010，其码重为 $W(C)=3$。

两个等长码字之间对应位码元不同的码元数目称为这两个码字间的汉明距离，简称码距，记为 d。例如码字 110000 与 100001，其码距为 $d=2$。

在一个码集中每个码字都有一个重量，每两个码字间都一个码距。对于整个码集而言，所有非零码字的汉明重量的最小值称为该码集的最小码重，记为 $W_{\min}(C)$；码集中任两个码字间的汉明距离的最小值称为该码集的最小码距，记为 $d_{\min}$。

3. 码的纠错、检错能力

如果一种码的任一码字在传输中出现 e 位或 e 位以下的错码，均能自动发现，则称该码的检错能力为 e；如果一种码的任一码字在传输中出现 t 位或 t 位以下的错码，均能自动纠正，则称该码的纠错能力为 t；如果一种码的任一码字在传输中出现 t 位或 t 位以下的错误，均能纠正，当出现多于 t 位而少于 $e+1$ 个错误时($e > t$)，此码能检出而不造成译码错误，则称该码能纠正 t 个错误同时检测 e 个错误。

6.1.3 纠错编码的基本原理

1. 有扰信道的信道编码定理

可以证明，一定存在某种编码方式，使有扰信道的编码差错概率 P_e 满足：

$$P_e < e^{-NE(R)} \tag{6.1.4}$$

式中，$\boldsymbol{N}$ 是码长，$\boldsymbol{R}$ 是信息传输率，$E(R)$是传输可靠性函数(又称为误差指数)。用文字叙述其内涵是：只要信息传输率 R 小于信道容量 C，总存在一种信道编码(及解码器)，以所要求

的任意小的差错概率实现可靠通信。

后来 Fano 推导了一个 Fano 不等式，并利用它推出了信道编码逆定理。其内涵是：信道容量 C 是可靠通信系统信息传输率 R 的上界，如果 $R > C$，就不可能有任何一种信道编码使差错概率任意小。这两个定理统称为有扰或噪声信道的信道编码定理。证明从略。

2. 纠错编码的基本原理

可以通过两种方式来分析纠错编码的基本原理：一种是从信道编码定理的公式出发，不强调物理意义，只是从数学角度分析使差错概率 P_e 减小的办法；对于第一种方式，根据式(6.1.4)，由于 P_e 是负指数函数，可通过增加码长 N 或增加可靠性函数 $E(R)$ 来减小 P_e。

保持信道容量 C 和码率 R 不变，增加码长 N 并没有增加信道容量的冗余度，这是随机编码的特点：随着 N 增大，矢量空间元素 X^N 以指数量级增大，从统计角度而言码字间距离也将加大，从而可靠性提高。另外，码长 N 越大，实际差错概率就越可能符合统计规律。但是，增加码长 N 带来好处的同时也需要付出代价，那就是 N 越大编解码算法就越复杂，编解码器也越昂贵。随着数字电子技术及大规模集成电路的发展，通过增加码长 N 来提高可靠性已成为纠错编码的主要途径之一，它本质上是以设备的复杂度换取可靠性，从这个意义上说，妨碍数字通信系统性能提高的真正限制因素是设备的复杂性。

增大 $E(R)$ 可以通过增加信道容量 C 或者减小码率 R 两种办法。根据第 3 章中介绍的香农公式(式 3.6.10)，信道容量 C 与带宽 W、信号平均功率 P_{sa} 和噪声谱密度 N_0 有关。为此，可以通过扩展带宽、加大功率和降低噪声的办法来增加信道容量 C。在纠错编码技术发展之前，通信系统设计者传统上主要就是靠增大 C 来提高 R，或等效地在 R 不变前提下增大通信可靠性的；而对于码率 R，在通信容量 C 不变时减小码率 R，等效于拉大 $C-R$ 之差，因此可以说这是用增加信道容量的冗余度来换取可靠性。从 20 世纪 50 年代到 70 年代，主要的纠错编码方法都是以这种冗余度为基础的。

另一种是从概念上分析纠错编码的基本原理，可以把纠错能力的获取归结为两条：一条是利用冗余度，另一条是噪声均化(随机化、概率化)。

冗余度就是在信息流中插入冗余比特，这些冗余比特与信息比特之间存在着特定的相关性。这样，即使在传输过程中个别信息受损，也可以利用相关性从其他未受损的冗余比特中推测出受损比特的原貌，保证了信息的可靠性。例如，如果用 2bit 表示 4 种意义，则无论如何也不能发现差错，因为如果有一信息 01 误传成 00，则根本无法判断这是在传输过程中由 01 误成 00，还是原本发送的就是 00。但是，如果用 3bit 来表示 4 种意义，就有可能发现差错，因为 3bit 的 8 种组合能表示 8 种意义，用它代表 4 种意义，还剩 4 种冗余组合，如果传输差错使收到的 3bit 组合落入 4 种冗余组合之一，就可断言一定有差错位。至于加多少冗余、加什么样的相关性最好，这正是纠错编码技术所要解决的问题，但必须有冗余，这是纠错编码的基础。

噪声均化是让差错随机化，以便更符合编码定理的条件从而得到符合编码定理的结果。噪声均化的基本思想是设法将危害较大的、较为集中的噪声干扰分摊开来，使不可恢复的信息损伤最小。这是因为噪声干扰的危害大小不仅与噪声总量有关，而且与其分布有关。举例来说，二进制(7,4)汉明码能纠一个差错，假设噪声在 14 个码元(两码字)上产生两个差错，那么差错的不同分布将产生不同后果。如果 2 个差错集中在前 7 个码元(同一码字)上，该码字将出错。如果差错分散在前、后两个码字，每个码字承受一个差错，则每个码字差错的个数都没有超出其纠错能力范围，这两个码字将全部正确解码。由此可见：集中的噪声干扰(称为突发差错)的危害大于分散的噪声干扰(称为随机差错)。噪声均化正是将差错均匀分摊给各码字，达到提高总体差错控制能力的目的。

一般情况下，实现噪声均化的方法主要有3种：增加码长 N、卷积和交错(或称交织)的编码方法。码长越大，具体每个码字中误码的比例就越接近统计平均，也就是说，噪声按平均数均摊到各码上；卷积是将一定约束长度内的若干码字之间也加进了相关性，译码时不是根据单个码字，而是一串码字来作判决。如果再加上适当的编译码方法，就能够使噪声分摊到码字序列而不是一个码字上，达到噪声均化的目的；交错是对付突发差错的有效措施。突发噪声使码流产生集中的、不可纠的差错，若能采取某种措施，对编码器输出的码流与信道上的符号流作顺序上的变换，则信道噪声造成的符号流中的突发差错，就有可能被均化而转换为码流上的随机的、可纠正的差错。

6.1.4 最优译码与最大似然译码

已知信道编译码过程如图6-1所示，设任意一个信息序列 $\boldsymbol{m}$ 是一个 k 位信息元序列，通过编码器按一定的规律(编码规则)产生若干监督元，形成一个长度为 n 的码字序列(n 重数组)。每个信息序列将形成不同的码字与之对应，在二进制下，k 位信息元序列共有 2^k 种组合，因此编码输出的码字集合共有 2^k 个码字，而二进制下的 n 重序列共有 2^n 种可能，显然编码输出的码字仅是所有 2^n 种可能的一部分，编码实际上就是从这 2^n 种不同的序列中按一定规律选出 2^k 个码字代表不同的信源信息序列。

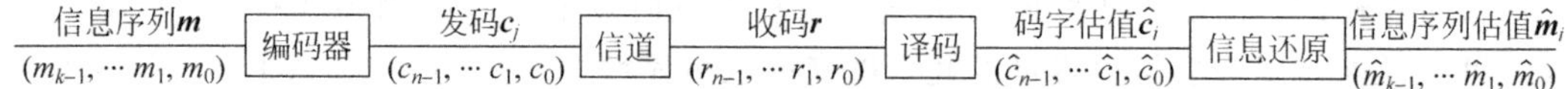

图6-1 信道编码与译码过程

经编码后产生的(n,k)码送信道传输，由于信道干扰的影响将不可避免地发生错误，这种错误有两种趋势：

(1) 许用码字变成禁用码字，这种错误一旦出现，由于接收到的码组不在编码器输出的码字集合中，译码时可以发现，因此，该错误模型是可以检出的。

(2) 许用码字变成另一个许用码字，即发端发生某一码字 c_i 经传输后错成码集中的另一个码字 c_j，这时收端无法确认是否出错，因此该错误模型不可检出。

可见，一个 n 位二进制码字 c 在传输中由于信道干扰的影响，到接收端可能变成 2^n 种码字中的任意一个，为了能在接收端确认发送的是何消息，就需要建立一定的判决规则以获得最佳译码。一般来说，译码器要完成比编码器更为复杂的运算，译码器性能的好坏、速度的快慢往往决定了整个差错控制系统的性能和成本。译码正确与否的概率主要取决于所使用的码、信道特征及译码算法。对特定码类如何寻找译码错误概率小、译码速度快、设备简单的译码算法，是纠错编码理论中一个重要而实际的课题。下面我们讨论当码类和信道给定时，应采用什么样的算法使译码错误概率小。

译码器的基本任务就是根据接收码字序列 $\boldsymbol{r}$ 和信道特征，按照一套译码规则，尽可能正确地恢复出原始信息序列 $\boldsymbol{m}$。作为译码器的输入，译码算法的已知条件是：

(1) 已知实际接收到的码字序列$\{\boldsymbol{r}\}$。

(2) 已知发送端所采用的编码算法和该算法产生的码集 X^N，且满足 $\boldsymbol{c}\in X^N$。

(3) 已知信道模型及信道参数。

其中(1)，(2)是必要条件，(3)尽管可能为译码提供准确的算法依据，但因实践中很多信道参数难以得到，因此早期的译码算法并不直接用到它。现代信号处理为信道的盲估计提供了各种方法，现在利用信道参数的译码算法变得越来越多。

译码器译码时，先根据接收序列$\{\boldsymbol{r}\}$解得发送码字序列$\{\boldsymbol{c}_i\}$的估值序列$\{\hat{\boldsymbol{c}}_i\}$，再实行编码的逆过程，从码字估值序列$\{\hat{\boldsymbol{c}}_i\}$还原出消息序列$\{\hat{\boldsymbol{m}}_i\}$，如图 6-1 所示。由于从$\{\hat{\boldsymbol{c}}_i\}$可唯一地解得$\{\hat{\boldsymbol{m}}_i\}$，所以还原的消息正确与否取决于$\{\hat{\boldsymbol{c}}_i\}$是否等于$\{\boldsymbol{c}_i\}$。

译码器要在已知 $\boldsymbol{r}$ 的条件下找出可能性最大的发码 $\boldsymbol{c}_i$ 作为译码估值$\hat{\boldsymbol{c}}_i$，即令

$$\hat{\boldsymbol{c}}_i = \max P(\boldsymbol{c}_i \mid \boldsymbol{r}) \tag{6.1.5}$$

这种译码规则一定使译码器输出错误概率最小，因此称为最大后验概率译码(Maximum a posteriori，MAP)，又称为最佳译码。它是一种通过经验与归纳由收码推测发码的方法，是最优的译码方法。但在实际译码时，定量地找出后验概率值是很困难的。比如，在 BSC 信道或 DMC 信道模型里，只告诉信道的前向转移概率(即先验概率)，并没有告诉信道的后向转移概率(即后验概率)。这时可通过最大似然译码算法(Maximum likelihood decoding，MLD)对接收码字进行译码，即在已知 $\boldsymbol{r}$ 的条件下使先验概率最大的译码算法

$$\hat{\boldsymbol{c}}_i = \max P(\boldsymbol{r} \mid \boldsymbol{c}_i) \tag{6.1.6}$$

$P(\boldsymbol{r}|\boldsymbol{c}_i)$也叫似然函数，最大似然译码又称为最大先验概率译码。

利用贝叶斯公式可以建立先验概率和后验概率之间的联系，即

$$P(\boldsymbol{c}_i \mid \boldsymbol{r}) = \frac{P(\boldsymbol{c}_i)P(\boldsymbol{r} \mid \boldsymbol{c}_i)}{P(\boldsymbol{r})} \quad i = 1,2,\cdots,2^k \tag{6.1.7}$$

式中，$P(\boldsymbol{c}_i)$是发码的概率，$P(\boldsymbol{r})$是接收码的概率，$P(\boldsymbol{r}|\boldsymbol{c}_i)$是先验概率，$P(\boldsymbol{c}_i|\boldsymbol{r})$是后验概率。

如果

(1) 构成码集的 2^k 个码字以相同概率发送，满足 $P(\boldsymbol{c}_i)=1/2^k$；

(2) $P(\boldsymbol{r})$对于任何 $\boldsymbol{r}$ 都有相同的值，满足 $P(\boldsymbol{r})=1/2^n$。

则 $P(\boldsymbol{c}_i|\boldsymbol{r})$最大等效于 $P(\boldsymbol{r}|\boldsymbol{c}_i)$最大。在此前提下最大后验概率译码等效于最大先验概率译码，或者说最佳译码等效于最大似然译码。理论上，可以通过信源编码算法的改进及扰码、交织的采用使发码 $\boldsymbol{c}_i$ 等概化。令信道对称均衡而使收码 $\boldsymbol{r}$ 也等概化，从而可用最大似然译码替代最佳译码。

对于无记忆信道，码字的似然函数 $P(\boldsymbol{r}|\boldsymbol{c}_i)$等于组成该码字的各码元的似然函数之积，码字的最大似然函数也就是各码元似然函数之积的最大化，即

$$\max P(\boldsymbol{r} \mid \boldsymbol{c}_i) = \max \prod_{j=1}^{N} P(r_j \mid c_{ij}) \tag{6.1.8}$$

为了将乘法运算简化为加法运算，取似然函数的对数，称为对数似然函数。根据对数的单调性，似然函数最大时对数似然函数也最大，因此，码字对数似然函数最大化等效于各码元对数似然函数之和的最大化，即

$$\max\log P(\boldsymbol{r} \mid \boldsymbol{c}_i) = \max \sum_{j=1}^{N} \log P(r_j \mid c_{ij}) \tag{6.1.9}$$

BSC 信道作为一个特例，其最大似然译码可以简化为最小汉明距离译码。这是因为当

逐位比较发码和收码时,仅存在两种可能性:相同或不同。两种情况发生的概率分别是

$$P(r_j \mid c_{ij}) = \begin{cases} p & c_{ij} \neq r_j \\ 1-p & c_{ij} = r_j \end{cases} \tag{6.1.10}$$

如果 $\boldsymbol{r}$ 中有 d 个码元,并与 $\boldsymbol{c}_i$ 的码元不同,则 $\boldsymbol{r}$ 与 $\boldsymbol{c}_i$ 的汉明距离是 d。显然,d 代表 $\boldsymbol{c}_i$ 在 BSC 信道传输过程中的码元差错个数,也就是 $\boldsymbol{r}$ 与 $\boldsymbol{c}_i$ 模 2 加后的重量为

$$d = \mathrm{dis}(\boldsymbol{r},\boldsymbol{c}_i) = W(\boldsymbol{r} \oplus \boldsymbol{c}_i) = \sum_{j=1}^{N} r_j \oplus c_{ij} \tag{6.1.11}$$

此时的似然函数是

$$P(\boldsymbol{r} \mid \boldsymbol{c}_i) = \prod_{j=1}^{N} P(r_j \mid c_{ij}) = p^d (1-p)^{N-d} = \left(\frac{p}{1-p}\right)^d (1-p)^N \tag{6.1.12}$$

式中,$(1-p)^N$ 是常数,而 $p/(1-p) \ll 1$。d 越大,似然函数 $P(\boldsymbol{r}|\boldsymbol{c}_i)$ 越小,因此求最大似然函数 $\max P(r|\boldsymbol{c}_i)$ 的问题可转化成求最小汉明距离 $\min d$ 的问题。

汉明距离译码是一种硬判决译码。只要在接收端将发码 $\boldsymbol{c}_i$ 与收码 $\boldsymbol{r}$ 的各码元逐一作比较,选择其中汉明距离最小的码字作为译码估值 $\hat{\boldsymbol{c}}_i$。由于 BSC 信道是对称的,只要发送的码字独立、等概率,汉明距离译码也就是最佳译码。

6.2 线性分组码

所谓线性分组码是指分组码中信息元和监督元之间是一种线性关系,可以用线性方程组联系起来的差错控制编码。线性分组码是最重要的一类纠错码,是研究纠错码的基础,本节将详细讨论线性分组码的基本概论和性质,重点研究线性分组码的生成矩阵、一致校验矩阵以及纠错能力。

6.2.1 基本概念

如前所述,我们将信源发出的二元信息序列首先分成等长的若干个信息组,每组信息位长度为 k,记为

$$\boldsymbol{m} = (m_{k-1}, \cdots, m_1, m_0)$$

信息组每一位上的信息元取 0 或 1,因此共有 2^k 种可能的取值。编码器根据某些规则,将输入的信息组编码码长为 n 的二元序列,编码后的码字为

$$\boldsymbol{C} = (c_{n-1}, \cdots, c_1, c_0)$$

码字中每一位码元的取值为 0 或 1。如果码字的各监督元与信息元的关系是线性的,这样的码称为线性分组码,记为 (n,k) 码。

【例 6.2.1】 (7,3)码,按以下的规则(校验方程)可得到 4 个校验元 $c_3c_2c_1c_0$:

$$\begin{cases} c_6 = m_2 \\ c_5 = m_1 \\ c_4 = m_0 \\ c_3 = m_2 + m_0 \\ c_2 = m_2 + m_1 + m_0 \\ c_1 = m_2 + m_1 \\ c_0 = m_1 + m_0 \end{cases} \tag{6.2.1}$$

式中，$m_2m_1m_0$ 是 3 个信息元，方程中的加运算均为模 2 加。由此可得到(7,3)码的 8 个码字。8 个信息组与 8 个码字的对应关系如表 6-2 所示。由此方程可知，信息码元与校验码元之间满足线性关系。因此该(7,3)码是线性分组码。

表 6-2 式(6.2.1)编出的(7,3)码的码字与信息码元的对应关系

信息码元 $m_2m_1m_0$	码字 $c_6c_5c_4c_3c_2c_1c_0$
000	0000000
001	0011101
010	0100111
011	0111010
100	1001110
101	1010011
110	1101001
111	1110100

为了深入理解线性分组码的概念，我们将其与线性空间联系起来。由于每个码字都是一个长为 n 的二进制数组，因此可将每个码字看成是一个二进制 n 重数组，进而看成二进制 n 维线性空间 $V_n(F_2)$ 中的一个矢量。n 长的二进制数组共有 2^n 个，每个数组都称为一个二进制 n 重矢量。显然，所有 2^n 个 n 维数组将组成一个 n 维线性空间 $V_n(F_2)$。

而(n,k)分组码的 2^k 个 n 重就是这个 n 维线性空间的一个子集，如果它能构成一个 k 维线性子空间，则它就是一个(n,k)线性分组码。

长为 7 的二进制 7 重共有 $2^7=128$ 个，显然这 128 个 7 重是 $GF(2)$上的一个 7 维线性空间，而(7,3)码的 8 个码字是从 128 个 7 重中按式(6.2.1)的规则挑出来的。可以验证，这 8 个码字对模 2 加运算构成 Abel 群，即该码集是 7 维线性空间中的一个 3 维子空间，所以，(n,k)线性分组码又可定义为：

二进制(n,k)线性分组码，是 $GF(2)$域上的 n 维线性空间 V_n 中的一个 k 维子空间 $V_{n,k}$。由于线性空间在模 2 加运算下构成 Abel 加群，所以又称线性分组码为群码。

线性分组码的编码问题，实质上是如何从 n 维线性空间 V_n 中，挑选出一个 k 维子空间 $V_{n,k}$，而选择的规则完全由 $n-k$ 个校验方程决定。由于线性分组码对模 2 加满足封闭性，下述定理为其最小码距的计算带来方便。

定理 6-1 一个(n,k)线性分组码中非零码字的最小重量 $W_{\min}(C)$等于该码集 $\boldsymbol{C}$ 的最小码距 $d_{\min}$。

证明：设有任意两个码字 $C_1,C_2\in\boldsymbol{C}$。根据线性分组码的性质，有 $C_1+C_2=C_3\in\boldsymbol{C}$。$C_3$ 的码重等于 C_1,C_2 的码距，即

$$W(C_3)=W(C_1+C_2)=d(C_1,C_2)$$

C_1,C_2 是 $\boldsymbol{C}$ 中任意两个非全零码字，所以

$$W_{\min}(C_1+C_2)=W_{\min}(C_3)=d_{\min}$$

由例 6.2.1 中(7,3)线性分组码的 8 个码字可见，除全零码字外，其余 7 个码字最小重量为 $W_{\min}=4$，所以该码的最小码距为 $d_{\min}=4$。

6.2.2 生成矩阵和一致校验矩阵

1. 生成矩阵

(n,k)线性分组码的 2^k 个码字组成 n 维线性空间 V_n 中的一个 k 维子空间 $V_{n,k}$，而线性空间可由其基底张成。因此，线性分组码码空间 $\boldsymbol{C}$ 是由 k 个线性无关的基底张成的 k 维 n 重子空间。设 $\boldsymbol{g}_i$ 表示第 i 个基底

$$\boldsymbol{g}_i = [g_{i(n-1)}, g_{i(n-2)}, \cdots, g_{i1}, g_{i0}] \tag{6.2.2}$$

将 k 个基底写成矩阵形式

$$\boldsymbol{G} = [\boldsymbol{g}_{k-1}, \cdots, \boldsymbol{g}_1, \boldsymbol{g}_0]^{\mathrm{T}} = \begin{bmatrix} g_{(k-1)(n-1)} & \cdots & g_{(k-1)1} & g_{(k-1)0} \\ \cdots & \ddots & \vdots & \vdots \\ g_{1(n-1)} & \cdots & g_{11} & g_{10} \\ g_{0(n-1)} & \cdots & g_{01} & g_{00} \end{bmatrix} \tag{6.2.3}$$

(n,k)码中的任何码字均可由这组基底的线性组合张成，即

$$\boldsymbol{C} = [c_{n-1}, \cdots, c_1, c_0] = m_{k-1}\boldsymbol{g}_{k-1} + \cdots + m_i\boldsymbol{g}_i + \cdots + m_1\boldsymbol{g}_1 + m_0\boldsymbol{g}_0 = \boldsymbol{mG} \tag{6.2.4}$$

式中 $\boldsymbol{m}=[m_{k-1}, \cdots, m_1, m_0]$是 $1\times k$ 的信息元矢量，$\boldsymbol{g}_i=[g_{i(n-1)}, g_{i(n-2)}, \cdots, g_{i1}, g_{i0}]$是 $\boldsymbol{G}$ 中第 i 行的行矢量，也是张成码空间的第 i 个基底。由于 k 个基底即 $\boldsymbol{G}$ 的 k 个行矢量线性无关，矩阵 $\boldsymbol{G}$ 的秩一定等于 k。当信息元确定后，码字仅由 $\boldsymbol{G}$ 矩阵决定，因此称这 $k\times n$ 矩阵 $\boldsymbol{G}$ 为该(n,k)线性分组码的生成矩阵。

值得注意的是，基底不是唯一的，生成矩阵也就不是唯一的。事实上，将 k 个基底线性组合后产生另一组 k 个矢量，只要满足线性无关的条件，依然可以作为基底张成一个码空间。不同的基底有可能生成同一码集，但因编码涉及码集和映射两个因素，码集一样而映射方法不同，产生的码字不能说是相同的码。

基底的线性组合等效于生成矩阵 $\boldsymbol{G}$ 的行运算，可以产生一组新的基底，利用这点可使生成矩阵具有“系统形式”：

$$\boldsymbol{G} = [\boldsymbol{I}_k \vdots \boldsymbol{P}] = \begin{bmatrix} 1 & 0 & \cdots & 0 & p_{(k-1)(n-1)} & \cdots & p_{(k-1)1} & p_{(k-1)0} \\ 0 & 1 & \cdots & 0 & \cdots & \ddots & \vdots & \vdots \\ \vdots & \vdots & \ddots & \vdots & p_{1(n-k-1)} & \cdots & p_{11} & p_{10} \\ 0 & 0 & \cdots & 1 & p_{0(n-k-1)} & \cdots & p_{01} & p_{00} \end{bmatrix} \tag{6.2.5}$$

这里 $\boldsymbol{P}$ 是 $k\times(n-k)$矩阵；$\boldsymbol{I}_k$ 是 $k\times k$ 单位矩阵，从而保证了矩阵的秩是 k。

信息组 $\boldsymbol{m}$ 乘以系统形式的生成矩阵 $\boldsymbol{G}$ 后所得的码字，其前 k 位由单位矩阵 I_k 决定，一定与信息组各信息元相同，而其余的 $n-k$ 位是 k 个信息位的线性组合，叫做冗余位或一致校验位。这种把信息组原封不动地搬到码字前 k 位的码叫系统码，其码字有如下形式：

$$\boldsymbol{C} = (c_{n-1}, \cdots, c_{n-k}, c_{n-k-1}, \cdots, c_1, c_0) = (m_{k-1}, \cdots, m_1, m_0, c_{n-k-1}, \cdots, c_1, c_0) \tag{6.2.6}$$

反之，不具备“系统”特性的码叫非系统码。非系统码与系统码并无本质的区别，它的生成矩阵可以通过行运算转变为系统形式，这个过程叫系统化。系统化不改变码集，只变性映射规则。

2. 一致校验矩阵

从前面的讨论我们知道，编码问题就是在给定的 $d_{\min}$ 下如何从已知的 k 个信息码元求得 $r=n-k$ 个校验元。例 6.2.1 中(7,3)码的 4 个校验元可由式(6.2.1)中的后 4 个线性方

程决定。为了更好地说明信息元与校验元的关系，现将式(6.2.1)中的后4个线性方程式变换为

$$\begin{cases} c_3 = c_6 + c_4 \\ c_2 = c_6 + c_5 + c_4 \\ c_1 = c_6 + c_5 \\ c_0 = c_5 + c_4 \end{cases} \tag{6.2.7}$$

根据模2加运算的性质，将式(6.2.7)进一步改写为

$$\begin{cases} c_6 + c_4 + c_3 = 0 \\ c_6 + c_5 + c_4 + c_2 = 0 \\ c_6 + c_5 + c_1 = 0 \\ c_5 + c_4 + c_0 = 0 \end{cases} \tag{6.2.8}$$

再用矩阵表示上述线性方程

$$\begin{pmatrix} 1 & 0 & 1 & 1 & 0 & 0 & 0 \\ 1 & 1 & 1 & 0 & 1 & 0 & 0 \\ 1 & 1 & 0 & 0 & 0 & 1 & 0 \\ 0 & 1 & 1 & 0 & 0 & 0 & 1 \end{pmatrix} \begin{pmatrix} c_6 \\ c_5 \\ c_4 \\ c_3 \\ c_2 \\ c_1 \\ c_0 \end{pmatrix} = \begin{pmatrix} 0 \\ 0 \\ 0 \\ 0 \end{pmatrix} = \mathbf{0}^{\mathrm{T}} \tag{6.2.9}$$

或

$$(c_6 \quad c_5 \quad c_4 \quad c_3 \quad c_2 \quad c_1 \quad c_0) \begin{pmatrix} 1 & 1 & 1 & 0 \\ 0 & 1 & 1 & 1 \\ 1 & 1 & 0 & 1 \\ 1 & 0 & 0 & 0 \\ 0 & 1 & 0 & 0 \\ 0 & 0 & 1 & 0 \\ 0 & 0 & 0 & 1 \end{pmatrix} = (0 \quad 0 \quad 0 \quad 0) = \mathbf{0} \tag{6.2.10}$$

一般可写成

$$\boldsymbol{H}\boldsymbol{C}^{\mathrm{T}} = \mathbf{0}^{\mathrm{T}} \quad 或 \quad \boldsymbol{C}\boldsymbol{H}^{\mathrm{T}} = \mathbf{0} \tag{6.2.11}$$

式中，$\boldsymbol{C}=(c_{n-1},\cdots,c_1,c_0)$，$\mathbf{0}$ 代表零阵，是一个 $n-k$ 重的全零矢量，$\boldsymbol{H}$ 为 $(n-k)\times n$ 矩阵，记为

$$\boldsymbol{H} = \begin{bmatrix} h_{(n-k-1)(n-1)} & \cdots & h_{(n-k-1)1} & h_{(n-k-1)0} \\ \cdots & \ddots & \vdots & \vdots \\ h_{1(n-1)} & \cdots & h_{11} & h_{10} \\ h_{0(n-1)} & \cdots & h_{01} & h_{00} \end{bmatrix} \tag{6.2.12}$$

式(6.2.9)和式(6.2.10)表明，$\boldsymbol{C}$ 中的各码元是满足由 $\boldsymbol{H}$ 所确定的 $n-k$ 个线性方程的解，故 $\boldsymbol{C}$ 是一个码字；反之，如果 $\boldsymbol{C}$ 中码元组成一个码字，则一定满足由 $\boldsymbol{H}$ 所确定的 $n-k$ 个线性方程。故 $\boldsymbol{C}$ 是方程式(6.2.9)和式(6.2.10)解的集合。

因此,$\boldsymbol{H}$ 一定,便可由信息元求出校验元,编码的问题就迎刃而解了;或者说,要解决编码问题,只要找到 $\boldsymbol{H}$ 即可。由于(n,k)码的所有码字均按 $\boldsymbol{H}$ 所确定的规则求出,故称 $\boldsymbol{H}$ 为(n,k)码的一致校验矩阵,简称为校验矩阵。一般而言,(n,k)码有 $n-k$ 个校验元,必须有 $n-k$ 个独立的线性方程,故校验矩阵 $\boldsymbol{H}$ 为$(n-k)\times n$ 矩阵,如式(6.2.12)所示。

综上所述,我们将 $\boldsymbol{H}$ 矩阵的特点归纳如下:

(1) $\boldsymbol{H}$ 矩阵的每一行代表一个线性方程的系数,它表示求一个校验元的线性方程。

(2) $\boldsymbol{H}$ 矩阵每一列代表此码元与哪几个校验方程有关。

(3) 由 $\boldsymbol{H}$ 矩阵得到的(n,k)分组码的每一个码字 C_i 都必须满足由 $\boldsymbol{H}$ 矩阵行所确定的线性方程,即式(6.2.11)。

(4) (n,k)分组码必须有 $n-k$ 个校验元,故须有 $n-k$ 个独立的线性方程。因此,$\boldsymbol{H}$ 矩阵必须有 $n-k$ 行,且各行之间线性无关,即 $\boldsymbol{H}$ 矩阵的秩为 $n-k$。若将 $\boldsymbol{H}$ 的每一行看成一个矢量,则此 $n-k$ 个矢量必然张成了 n 维矢量空间中的一个 $n-k$ 维子空间 $V_{n,n-k}$;

(5) 考虑到生成矩阵 $\boldsymbol{G}$ 中的每一行及其线性组合都是(n,k)码中的一个码字,故有

$$\boldsymbol{HG}^{\mathrm{T}}=0^{\mathrm{T}} \quad \text{或} \quad \boldsymbol{GH}^{\mathrm{T}}=\boldsymbol{0} \tag{6.2.13}$$

式中,$\boldsymbol{0}$ 代表 $k\times(n-k)$的全零矩阵。上式说明 $\boldsymbol{H}$ 矩阵的每一行与由 $\boldsymbol{G}$ 矩阵行生成的分组码中每一个码字内积均为零,即 $\boldsymbol{G}$ 和 $\boldsymbol{H}$ 彼此正交。

(6) 对于系统码而言,其校验矩阵也是规则的,必为

$$\boldsymbol{H}=[-P^{\mathrm{T}} \vdots \boldsymbol{I}_{n-k}] \tag{6.2.14}$$

上式中的负号在二进制码情况下可省略,因为模 2 减法和模 2 加法是等同的。

(7) 验证 $\boldsymbol{H}$ 的方法是看它的行矢量是否与 $\boldsymbol{G}$ 的行矢量正交,即 $\boldsymbol{GH}^{\mathrm{T}}=\boldsymbol{0}$ 是否成立。因为

$$\boldsymbol{GH}^{\mathrm{T}}=[I_k \vdots \boldsymbol{P}][-P^{\mathrm{T}} \vdots \boldsymbol{I}_{n-k}]^{\mathrm{T}}=[\boldsymbol{I}_k\boldsymbol{P}]+[\boldsymbol{PI}_{n-k}]=[\boldsymbol{P}]+[\boldsymbol{P}]=\boldsymbol{0} \tag{6.2.15}$$

式中,两个相同矩阵模 2 加后为全零矩阵。

【例 6.2.2】 考虑一个(6,3)线性分组码,其生成矩阵是 $\boldsymbol{G}=\begin{bmatrix}1&1&1&0&1&0\\1&1&0&0&0&1\\0&1&1&1&0&1\end{bmatrix}$,求:

(1) 计算码集,列出信息组与码字的映射关系。

(2) 将该码集系统化处理后,计算系统码码集,并列出映射关系。

(3) 计算系统码的校验矩阵 $\boldsymbol{H}$。若收码 $\boldsymbol{r}=[100110]$,检验它是否为码字。

(4) 根据系统码生成矩阵,画出编码器电路原理图。

解:(1)根据式(6.2.4),得 $\boldsymbol{C}=m_2[111010]+m_1[110001]+m_0[011101]$,令$[m_2m_1m_0]=000,\cdots,111$,分别代入得到码集,码字和信息元的映射关系如表 6-3 前 2 列所示。

(2) 对 $\boldsymbol{G}$ 作行运算,将 $\boldsymbol{G}$ 的第 1 行和第 3 行相加作为 $\boldsymbol{G}_s$ 的第 1 行,将 $\boldsymbol{G}$ 的三行元素相加作为 $\boldsymbol{G}_s$ 的第 2 行,将 $\boldsymbol{G}$ 的前两行相加作为 $\boldsymbol{G}_s$ 的第 3 行,得到的系统化后的生成矩阵为

$$\boldsymbol{G}_s=\begin{pmatrix}1&0&0&1&1&1\\0&1&0&1&1&0\\0&0&1&0&1&1\end{pmatrix}$$

于是系统码 $\boldsymbol{C}_s=m_2[100111]+m_1[010110]+m_0[001011]$。

令$[m_2m_1m_0]=000,\cdots,111$,分别代入得到系统码,系统码字和信息元的映射关系如

表 6-3 的第 3 列所示。对比表 6-3 的第 2 列和第 3 列可知，系统化前后的码集未变，但码字的映射关系变了。

表 6-3 例 6.2.2 码字与映射关系

信　　息	码　　字	系 统 码 字
000	000000	000000
001	011101	001011
010	110001	010110
011	101100	011101
100	111010	100111
101	100111	101100
110	001011	110001
111	010110	111010

(3) 生成矩阵 $\boldsymbol{G}=\begin{pmatrix}1&0&0&1&1&1\\0&1&0&1&1&0\\0&0&1&0&1&1\end{pmatrix}=[\boldsymbol{I}_3 \vdots \boldsymbol{P}]$，故校验矩阵 $H=[\boldsymbol{P}^{\mathrm{T}} \vdots \boldsymbol{I}_3]$

$$=\begin{pmatrix}1&1&0&1&0&0\\1&1&1&0&1&0\\1&0&1&0&0&1\end{pmatrix}$$

计算 $\boldsymbol{rH}^{\mathrm{T}}=[100110]\begin{pmatrix}1&1&0&1&0&0\\1&1&1&0&1&0\\1&0&1&0&0&1\end{pmatrix}^{\mathrm{T}}=[001]\neq\boldsymbol{0}$，可断言 $\boldsymbol{r}$ 不是码字。

(4) 根据 $\boldsymbol{C}=(c_5c_4c_3c_2c_1c_0)=(m_2m_1m_0c_2c_1c_0)=m_2[100111]+m_1[010110]+m_0[001011]$ 得到线性方程组：

$$\begin{cases}c_5=m_2\\c_4=m_1\\c_3=m_0\\c_2=m_2+m_1\\c_1=m_2+m_1+m_0\\c_0=m_2+m_0\end{cases}$$

据此可画出编码器电路原理图如图 6-2 所示。

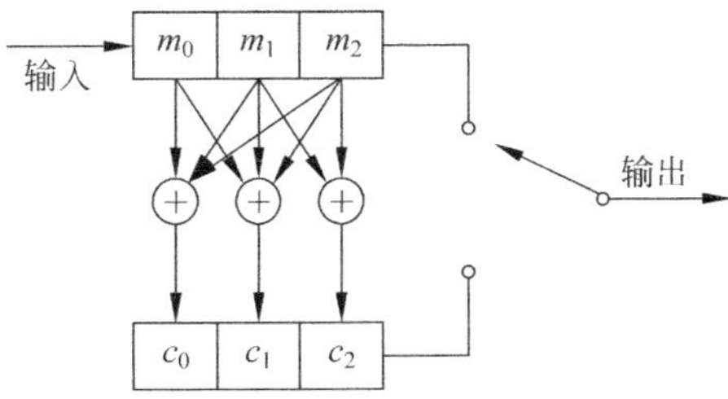

图 6-2　例 6.2.2(6,3)线性分组码编码器原理框图

6.2.3 伴随式与标准阵列译码

只要知道生成矩阵 $\boldsymbol{G}$ 或者校验矩阵 $\boldsymbol{H}$,就解决了编码问题。但是码字 $\boldsymbol{C}$ 在传输过程中,由于受到各种干扰可能出错,接收码的收码 $\boldsymbol{R}$ 已不一定等于发码,收方怎样发现或纠正错误呢?这就是译码要解决的问题。

设发送的码字为 $\boldsymbol{C}=(c_{n-1},\cdots,c_1,c_0)$,接收码字为 $\boldsymbol{R}=(r_{n-1},\cdots,r_1,r_0)$,我们定义信道产生的差错图案为 $\boldsymbol{E}$,即

$$\boldsymbol{E}=(e_{n-1},\cdots,e_1,e_0)=(r_{n-1}-c_{n-1},\cdots,r_1-c_1,r_0-c_0) \tag{6.2.16}$$

对于二进制码,模2减等同于模2加,因此有

$$\boldsymbol{E}=\boldsymbol{C}+\boldsymbol{R} \quad 或 \quad \boldsymbol{C}=\boldsymbol{R}+\boldsymbol{E} \quad \mathrm{mod}2 \tag{6.2.17}$$

利用码字与校验矩阵的正交性,可检验收码 $\boldsymbol{R}$ 是否有错,即

$$\boldsymbol{RH}^{\mathrm{T}}=(\boldsymbol{C}+\boldsymbol{E})\boldsymbol{H}^{\mathrm{T}}=\boldsymbol{CH}^{\mathrm{T}}+\boldsymbol{EH}^{\mathrm{T}}=0+\boldsymbol{EH}^{\mathrm{T}}=\boldsymbol{EH}^{\mathrm{T}}\begin{cases}=0 & 收码无误\\ \neq 0 & 收码有误\end{cases} \tag{6.2.18}$$

定义 $\boldsymbol{RH}^{\mathrm{T}}$ 的运算结果为伴随式 $\boldsymbol{S}$,即

$$\boldsymbol{S}=(s_{n-k-1},\cdots,s_1,s_0)=\boldsymbol{RH}^{\mathrm{T}}=\boldsymbol{EH}^{\mathrm{T}} \tag{6.2.19}$$

可见,虽然 $\boldsymbol{R}$ 本身与发码有关,但乘以 $\boldsymbol{H}^{\mathrm{T}}$ 后的伴随式仅与差错图案 $\boldsymbol{E}$ 有关,只反映信道对码字造成怎样的干扰,而与发什么码 $\boldsymbol{C}$ 无关了。可以先利用收码 $\boldsymbol{R}$ 和已知的 $\boldsymbol{H}$ 算出伴随式 $\boldsymbol{S}$,再利用 $\boldsymbol{S}$ 算出差错图案 $\boldsymbol{E}$,然后根据 $\boldsymbol{C}=\boldsymbol{R}+\boldsymbol{E}$ 即可估出发送码字。

由于伴随式 $\boldsymbol{S}$ 是一个 $n-k$ 重矢量,二进制时只有 2^{n-k} 种可能的组合,而差错图案 $\boldsymbol{E}$ 是 n 重矢量,有 2^n 种可能的组合,因此 $\boldsymbol{S}$ 与 $\boldsymbol{E}$ 不存在一一对应关系。可以通过求解线性方程来求解 $\boldsymbol{E}$。由式(6.2.19)得

$$\boldsymbol{S}=(s_{n-k-1},\cdots,s_1,s_0)=(e_{n-1},\cdots,e_1,e_0)\begin{bmatrix} h_{(n-k-1)(n-1)} & \cdots & h_{(n-k-1)1} & h_{(n-k-1)0}\\ \cdots & \ddots & \vdots & \vdots\\ h_{1(n-1)} & \cdots & h_{11} & h_{10}\\ h_{0(n-1)} & \cdots & h_{01} & h_{00}\end{bmatrix}^{\mathrm{T}} \tag{6.2.20}$$

展开成线性方程组形式

$$\begin{cases} s_{n-k-1}=e_{n-1}h_{(n-k-1)(n-1)}+\cdots+e_1h_{(n-k-1)1}+e_0h_{(n-k-1)0}\\ \quad\cdots\\ s_1=e_{n-1}h_{1(n-1)}+\cdots+e_1h_{11}+e_0h_{10}\\ s_0=e_{n-1}h_{0(n-1)}+\cdots+e_1h_{01}+e_0h_{00}\end{cases} \tag{6.2.21}$$

上式有 n 个未知数 $e_{n-1},\cdots,e_1,e_0$,即只有 $n-k$ 个方程。在有理数或实数域中,少一个方程就可能导致无限个解,而在二元域中,少一个方程导致两个解,少两个方程导致4个解,以此类推,少 k 个方程导致每个未知数有 2^k 个解。因此,对于每一个确定的 $\boldsymbol{S}$,差错图案 $\boldsymbol{E}$ 都有 2^k 个解,但最终只能取其中一个,究竟取哪一个好呢?最简单合理的处理方法叫做概率译码,它以 2^k 个解的重量($\boldsymbol{E}$ 中1的个数)为依据,选择其中最轻者作为 $\boldsymbol{E}$ 的估值。这种算法的理论根据是:若BSC信道的差错概率是 p,则长度 n 的码中错一位的概率是 $p(1-p)^{n-1}$,错两位的概率是 $p^2(1-p)^{n-2}$,……,以此类推。由于 $p\ll 1$,必有 $p(1-p)^{n-1}\gg p^2(1-p)^{n-2}\gg\cdots$

$\gg p^{n-1}(1-p)\gg p^n$。所以重量最小的 $\boldsymbol{E}$ 意味着正确译码的概率最大。根据 $\boldsymbol{E}=\boldsymbol{C}+\boldsymbol{R}$,$\boldsymbol{E}$ 重量最小就是 $\boldsymbol{R}$ 和 $\boldsymbol{C}$ 的汉明距离最小,因此二进制的概率译码实际上就是最小汉明距离译码,也就是最大似然译码。

上述的概率译码,每接收一个码字就要解一次线性方程,运算量大。为了减小计算量,预先把 $\boldsymbol{S}$ 不同取值时的方程组解出来,按最大概率译码,经 2^k 取 1 后把各种 $\boldsymbol{S}$ 取值下的输出列成一个码表。这样,实时译码时就不必再去解方程,而只要像查字典那样查一下码表就可以了,其实质就是用存储、查询量的增大换取实时计算量的减小。下面介绍构造标准阵列译码表的一般步骤。

第一步:用概率译码确定各伴随式对应的差错图案。

将 $\boldsymbol{S}$ 的可能取值逐一代入方程组(6.2.20),对应每一个 $\boldsymbol{S}$ 都有 $\boldsymbol{E}$ 的 2^k 个解,可以取其中重量最小者为 $\boldsymbol{E}$ 的估值。$\boldsymbol{S}$ 有 2^{n-k} 种取值,因此需要解 2^{n-k} 次方程组。这里很可能会出现一种情况:$\boldsymbol{E}$ 的 2^k 个解中有两个或两个以上并列重量最小,到底取哪个?出现这种情况后实际上就找不出最优解了,所以重要的问题在于根本不让此类问题发生,这种思路是完备码的设计思路。

第二步:确定标准阵列译码表的第一行和第一列。

由于接收码有 2^n 种可能的取值,伴随式有 2^{n-k} 种可能的取值,码字有 2^k 种可能的取值,因此将译码表设计成 2^{n-k} 行、2^k 列。将译码表的第一行的每个元素分别放置 2^k 个不同的码字 $C_i, i=0,1,\cdots,2^k-1$,对应的伴随式 $\boldsymbol{S}_0=(00\cdots00)$,差错图案 $\boldsymbol{E}_0=(00\cdots00)$,因此 $\boldsymbol{R}=\boldsymbol{C}+\boldsymbol{E}_0=\boldsymbol{C}$,即收码等于发码,该行表示无差错时的接收码。在第一列的每个分别放置可能取值所对应的线性方程组的最轻解,这些解按概率大小排列,重量轻者在前,重量后者在后。第一列的首位一定存放全零伴随式 $\boldsymbol{S}_0$ 所对应的全零差错图案 $\boldsymbol{E}_0$,译码正确概率为 $(1-p)^n$;接下来的第 2 位到第 $n+1$ 位填上所有重量为 1 的差错图案(10…00),(010…0),…(00…01),共 n 个,这些差错图案对应 n 个伴随式 $\boldsymbol{S}_1\sim\boldsymbol{S}_{n+1}$,译码正确概率 $p(1-p)^{n-1}$;如果此时第一列还有空余的元素,接着再填入两个差错的图案(11…00),(011…0),…(00…011),(101…00)…,最多填入 $n(n-1)/2$。如所占行数 $1+n+n(n-1)/2$ 仍小于 2^{n-k},再列出 3 个差错的图案,以此类推,直至第一列所有元素填满为止。

第三步:在码表的第 j 行、第 i 列填入 C_i+E_j。

显然,标准阵列译码表同一行的每列中包含同一个差错图案,同一列的每行中包含同一个码字,表中的元素的总数是 2^n(2^{n-k}行×2^k 列)。构造出的标准阵列译码表如表 6-4 所示。

表 6-4 标准阵列译码表

$\boldsymbol{S}_0\Rightarrow\boldsymbol{E}_0$	$\boldsymbol{E}_0+\boldsymbol{C}_0$	$\boldsymbol{E}_0+\boldsymbol{C}_1$	…	$\boldsymbol{E}_0+\boldsymbol{C}_i$	…	$\boldsymbol{E}_0+\boldsymbol{C}_{2^k-1}$
$\boldsymbol{S}_1\Rightarrow\boldsymbol{E}_1$	$\boldsymbol{E}_1+\boldsymbol{C}_0$	$\boldsymbol{E}_1+\boldsymbol{C}_1$	…	$\boldsymbol{E}_1+\boldsymbol{C}_i$	…	$\boldsymbol{E}_1+\boldsymbol{C}_{2^k-1}$
⋮	⋮	⋮	…	⋮	…	⋮
$\boldsymbol{S}_j\Rightarrow\boldsymbol{E}_j$	$\boldsymbol{E}_j+\boldsymbol{C}_0$	$\boldsymbol{E}_j+\boldsymbol{C}_1$	…	$\boldsymbol{E}_j+\boldsymbol{C}_i$	…	$\boldsymbol{E}_j+\boldsymbol{C}_{2^k-1}$
⋮	⋮	⋮	…	⋮	…	⋮
$\boldsymbol{S}_{2^{n-k}-1}\Rightarrow\boldsymbol{E}_{2^{n-k}-1}$	$\boldsymbol{E}_{2^{n-k}-1}+\boldsymbol{C}_0$	$\boldsymbol{E}_{2^{n-k}-1}+\boldsymbol{C}_1$	…	$\boldsymbol{E}_{2^{n-k}-1}+\boldsymbol{C}_i$	…	$\boldsymbol{E}_{2^{n-k}-1}+\boldsymbol{C}_{2^k-1}$

观察表 6-4 可知,标准阵列译码表有如下规律:

(1) 每一行称为一个陪集,每行的首位元素称为陪集首,每陪集对应同一个伴随式。只要各个陪集首不同,则陪集互不相交。

(2) 每一列称为一个子集,每列的首位元素称为子集首,每子集对应同一个码字。各个子集之间互不相交。

(3) 第一行所有元素即为(n,k)分组码的所有码字,因此称第一行为子群。

【例 6.2.3】 某(5,2)系统码的生成矩阵为 $\boldsymbol{G}=\begin{bmatrix}1&0&1&1&1\\0&1&1&0&1\end{bmatrix}$,设收码是 $\boldsymbol{R}=(10101)$,请先构造该码的标准阵列译码表,然后译出发码的估值$\hat{\boldsymbol{C}}$。

解:分别以信息组 $\boldsymbol{m}=(00),(01),(10),(11)$及已知 $\boldsymbol{G}$ 的代入式(6.2.4),求得 4 个许用码字为 $\boldsymbol{C}_0=(00000)$,$\boldsymbol{C}_1=(01101)$,$\boldsymbol{C}_2=(10111)$,$\boldsymbol{C}_3=(11010)$。根据式(6.2.14)求得校验矩阵为

$$\boldsymbol{H}=[P^{\mathrm{T}}\vdots\boldsymbol{I}_3]=\begin{bmatrix}1&1&1&0&0\\1&0&0&1&0\\1&1&0&0&1\end{bmatrix}=\begin{bmatrix}h_{24}&h_{23}&h_{22}&h_{21}&h_{20}\\h_{14}&h_{13}&h_{12}&h_{11}&h_{10}\\h_{04}&h_{03}&h_{02}&h_{01}&h_{00}\end{bmatrix}$$

按式列出方程组

$$\begin{cases}s_2=e_4h_{24}+e_3h_{23}+e_2h_{22}+e_1h_{21}+e_0h_{20}=e_4+e_3+e_2\\s_1=e_4h_{14}+e_3h_{13}+e_2h_{12}+e_1h_{11}+e_0h_{10}=e_4+e_1\\s_0=e_4h_{04}+e_3h_{03}+e_2h_{02}+e_1h_{01}+e_0h_{00}=e_4+e_3+e_0\end{cases}\tag{6.2.22}$$

伴随式的个数为 $2^{n-k}=2^3=8$ 个,因此标准阵列译码表有 8 行。根据差错图案的重量分别为 0,1,2,…的顺序排列,代表无差错的全零图案有 1 个,代表一个差错的图案有 $C_5^1=5$ 个,代表两个差错的图案有 $C_5^2=10$ 个,…。要把 8 个伴随式对应到 8 个最轻的差错图案,显然先选择正确译码概率最大的全零差错图案和 5 种一个差错的图案,剩下的两个伴随式在 10 种两个差错的图案中选取。

先将已经确定的 6 个差错图案 $\boldsymbol{E}_j=(00000),(10000),(01000),(00100),(00010),(00001)$分别代入到方程组(6.2.21)中,求得对应的 6 个伴随式分别为 $S_j=(000),(111),(101),(100),(010),(001)$。剩下的两个伴随式是(011),(110),分别代入式(6.2.21),得到 3 个方程 5 个未知数,导致有 $2^k=4$ 种解,因此每个伴随式对应 4 个差错图案。伴随式(011)的 4 个解对应的差错图案分别为(00011),(10100),(01110),(11001),其中具有最小重量的为(00011)和(10100),选择其中之一作为解即可,这里选用(00011)。同理,选择伴随式(110)对应的差错图案为(00110)。

根据 4 个码字和 8 个差错图案,可列出相应的标准阵列译码表如表 6-5 所示。

表 6-5 例 6.2.3(5,2)系统码的标准阵列译码表

$\boldsymbol{S}_0=000$	$\boldsymbol{E}_0+\boldsymbol{C}_0=00000$	$\boldsymbol{E}_0+\boldsymbol{C}_1=10111$	$\boldsymbol{E}_0+\boldsymbol{C}_2=01101$	$\boldsymbol{E}_0+\boldsymbol{C}_3=11010$
$\boldsymbol{S}_1=111$	$\boldsymbol{E}_1+\boldsymbol{C}_0=10000$	$\boldsymbol{E}_1+\boldsymbol{C}_1=00111$	$\boldsymbol{E}_1+\boldsymbol{C}_2=11101$	$\boldsymbol{E}_1+\boldsymbol{C}_3=01010$
$\boldsymbol{S}_2=101$	$\boldsymbol{E}_2+\boldsymbol{C}_0=01000$	$\boldsymbol{E}_2+\boldsymbol{C}_1=11111$	$\boldsymbol{E}_2+\boldsymbol{C}_2=00101$	$\boldsymbol{E}_2+\boldsymbol{C}_3=10010$
$\boldsymbol{S}_3=100$	$\boldsymbol{E}_3+\boldsymbol{C}_0=00100$	$\boldsymbol{E}_3+\boldsymbol{C}_1=10011$	$\boldsymbol{E}_3+\boldsymbol{C}_2=01001$	$\boldsymbol{E}_3+\boldsymbol{C}_3=11110$
$\boldsymbol{S}_4=010$	$\boldsymbol{E}_4+\boldsymbol{C}_0=00010$	$\boldsymbol{E}_4+\boldsymbol{C}_1=10101$	$\boldsymbol{E}_4+\boldsymbol{C}_2=01111$	$\boldsymbol{E}_4+\boldsymbol{C}_3=11000$
$\boldsymbol{S}_5=001$	$\boldsymbol{E}_5+\boldsymbol{C}_0=00001$	$\boldsymbol{E}_5+\boldsymbol{C}_1=10110$	$\boldsymbol{E}_5+\boldsymbol{C}_2=01100$	$\boldsymbol{E}_5+\boldsymbol{C}_3=11011$
$\boldsymbol{S}_6=011$	$\boldsymbol{E}_6+\boldsymbol{C}_0=00011$	$\boldsymbol{E}_6+\boldsymbol{C}_1=10100$	$\boldsymbol{E}_6+\boldsymbol{C}_2=01110$	$\boldsymbol{E}_6+\boldsymbol{C}_3=11001$
$\boldsymbol{S}_7=110$	$\boldsymbol{E}_7+\boldsymbol{C}_0=00110$	$\boldsymbol{E}_7+\boldsymbol{C}_1=10001$	$\boldsymbol{E}_7+\boldsymbol{C}_2=01011$	$\boldsymbol{E}_7+\boldsymbol{C}_3=11100$

若收码 $\boldsymbol{R}=(10101)$，可以在下述 3 种方法中任选其一进行译码：

(1) 直接对码表作行、列搜索找到(10101)，它所在列的子集首是(10111)，因此译出发码的估值为$\hat{\boldsymbol{C}}=(10111)$。

(2) 先计算伴随式 $\boldsymbol{RH}^{\mathrm{T}}=(10101)\cdot\boldsymbol{H}^{\mathrm{T}}=(010)=\boldsymbol{S}_4$，确定 $\boldsymbol{S}_4$ 所在行，再沿着行对码表作一维搜索找到，最后顺着所在列向上找出发送码字 $\boldsymbol{C}=(10111)$。

(3) 先计算伴随式 $\boldsymbol{RH}^{\mathrm{T}}=(010)=\boldsymbol{S}_4$，并确定所对应的陪集首(即差错图案)$\boldsymbol{E}_4=00010$，再将陪集首与收码相加得到码字 $\boldsymbol{C}=\boldsymbol{R}+\boldsymbol{E}_4=(10101)+(00010)=(10111)$。

从方法(1)到方法(3)，结果是查表的时间下降而运算量增大，可针对不同情况选用。

由上例中可知，在制定标准阵列译码表过程中，由 $\boldsymbol{S}$ 决定差错图案 $\boldsymbol{E}$ 时只有前 6 行真正体现了最大似然译码准则，而第 7,8 行差错图案的选择不具有唯一性。比如第 7 行可有两个选择(00011)和(10100)，如果制作码表选择 $\boldsymbol{E}_6=(10100)$，则码表的第 7 行的 4 个元素应分别为 10100,00011,11001,01110。设想接收码 $\boldsymbol{R}=(10100)$，若制表时选 $\boldsymbol{E}_6=(00011)$，则译码输出 $\boldsymbol{C}=(10111)$，若制表时选 $\boldsymbol{E}_6=(10100)$，则译码输出为 $\boldsymbol{C}=(00000)$。两种情况下收码 R 和发码 C 的汉明距离都是 2，因此正确译码的概率也是一样的，区分不出来哪个更好些。产生这种结果的原因之一，是前 6 行差错图案的重量不大于 1，在纠错能力 $t=1$ 范围之内，而第 7,8 行差错图案的重量已大于 1，超出了纠错能力范围。由此想到，伴随式的个数 2^{n-k} 应该与 n，k 及纠错能力 t 形成一定的数量关系，这就导致了线性分组码纠检错能力的分析和完备码概念的提出。

二元(n,k)线性分组码的 n 个码元中，无差错的图案有 C_n^1 个，一个差错的图案有 C_n^2 个，…，t 个差错的图案有 C_n^t 个。(n,k)线性分组码有 2^{n-k} 个伴随式，假如该码的纠错能力是 t，则对于任何一个重量小于等于 t 的差错图案，都应有一个伴随式与之对应，即伴随式的数目应满足条件

$$2^{n-k}\geqslant\binom{n}{0}+\binom{n}{1}+\binom{n}{2}+\cdots+\binom{n}{t}=\sum_{i=0}^{t}\binom{n}{i}\tag{6.2.23}$$

式(6.2.23)称作汉明限，任何一个纠 t 码都应满足上述条件。

如果某码能使上式的等号成立，即该码的伴随式数目和不大于 t 个差错的图案数目相等，则相当于在标准阵列译码表中能将所有重量不大于 t 的差错图案选作陪集首，且没有一个陪集首的重量大于 t，这时的校验位得到最充分的利用，即

$$2^{n-k}=\sum_{i=0}^{t}\binom{n}{i}\tag{6.2.24}$$

把满足上式的二元称为完备码。

6.2.4 线性分组码的纠错能力

根据 6.1.2 节的介绍可知，线性分组码的纠错能力 t 和码字的最小码距 $d_{\min}$ 有关。图 6-3 给出码距、最小码距与纠检错能力关系的示意图，图中黑点代表码集点，灰色点代表 N 维空间中非码集点。码集各码字间的距离是不同的，比如码字 C_1，C_2，C_3 间的码距分别是 3,5,7。正如木桶最短边决定木桶容量一样，最小码距决定码的特性，这里 $d_{\min}=3$。如果 C_1 的接收码位朝 C_2 的方向错 1，尽管变得离 C_1 远 1 而离 C_2 近 1，由于最近码仍是 C_1，按最

大似然译码仍然译为 C_1，此时差错可纠；如果 C_1 的接收码位朝 C_2 的方向错 2，接收端可以察觉到已有差错发生，但从概率角度出发认为发码是 C_2 的可能性最大，此时若作检错尚能有效发现差错，若作纠错就会译码输出 C_2 而产生一个译码差错；再进一步，如果 C_1 的接收码位朝 C_2 的方向错 3，则收码就是 C_2，译码系统会认为接收端准确无误地收到了发送端发来的，绝不会认为收到的 C_2 是发送 C_1 而错 3 位导致的，此时根本检不出任何差错。因此，对于如图 6-3 所示码集，其纠错能力是 1，而检错能力是 2，这个观察结果可推广到一般情况。

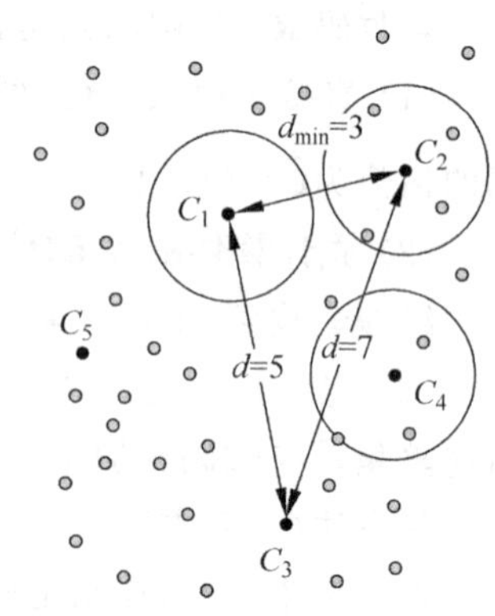

图 6-3　码距与纠检错能力关系

定理 6-2　任何最小码距为 $d_{\min}$ 的线性分组码，其检错能力为 $d_{\min}-1$，纠错能力为

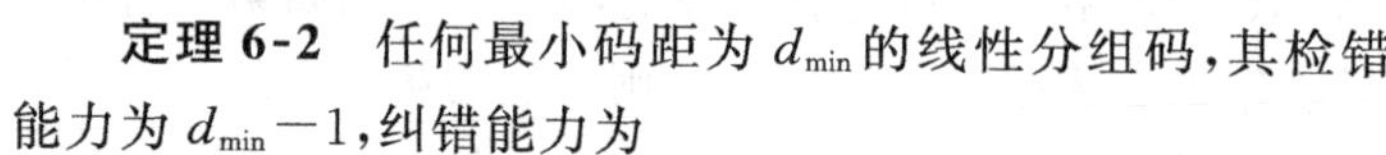

$$t = \text{int}\left[\frac{d_{\min}-1}{2}\right] \tag{6.2.25}$$

最小码距 $d_{\min}$ 表明码集中各码字差异的程度，差异越大越容易区分，抗干扰能力自然越强，因此成了衡量分组码性能最重要的指标之一。估算最小码距是纠错码设计的必要步骤，最原始的方法是逐一计算两两码字间的距离，找出其中最小者。含 2^k 个码字的码集需要计算 $2^k(2^k-1)/2$ 个距离后才能找出 $d_{\min}$。根据定理 6-1，可将最小码距问题转化为寻找最轻码字问题，此时含 2^k 个码字的码集仅需计算 2^k 次。

线性分组码码字的结构是由其生知矩阵 $\boldsymbol{G}$ 决定的，当然也可由一致校验矩阵 $\boldsymbol{H}$ 决定。反过来，若已知校验矩阵 $\boldsymbol{H}$，该码的结构也就知道了。那么，从码的纠错能力来看，最小码距 $d_{\min}$ 与 $\boldsymbol{H}$ 有什么关系呢？

定理 6-3　(n,k) 线性分组码最小码距等于 $d_{\min}$ 的充要条件是：校验矩阵 H 中有 $d_{\min}-1$ 列线性无关。

证明：先用反正法说明其必要性。若 $\boldsymbol{H}$ 中 $d_{\min}-1$ 列线性相关，则必有

$$\boldsymbol{CH}^{\mathrm{T}} = (c_{n-1},\cdots,c_1,c_0)(\boldsymbol{h}_{n-1},\cdots,\boldsymbol{h}_1,\boldsymbol{h}_0)^{\mathrm{T}} = c_{n-1}\boldsymbol{h}_{n-1}^{\mathrm{T}} + \cdots + c_1\boldsymbol{h}_1^{\mathrm{T}} + c_0\boldsymbol{h}_0^{\mathrm{T}} = 0 \tag{6.2.26}$$

如果码的最小码距，即码中“1”的个数为 $d_{\min}$，则上式作为系数的码元 $(c_{n-1},\cdots,c_1,c_0)$ 中至少有 $d_{\min}$ 个为非零元素，式(6.2.25)最少有 $d_{\min}$ 个非零项。换言之，至少 $d_{\min}$ 个列矢量之和才能线性组合出零，少一列即 $d_{\min}-1$ 列就不能线性组合出零，所以 $d_{\min}-1$ 列必定是线性无关的。

再证其充分性：若 $\boldsymbol{H}$ 中 $d_{\min}-1$ 列线性无关，则中至少要 $d_{\min}$ 列才可能线性相关。使 $\boldsymbol{H}$ 中某些列线性相关的列的系数作为码字中相应的非 0 分量，而使其余分量为 0，则该码字至少有 $d_{\min}$ 个非 0 分量，因此该码的最小码距为 $d_{\min}$。

定理 6-4　指出了计算 $d_{\min}$ 上限的又一种方法：计算校验矩阵 $\boldsymbol{H}$ 的秩(等于线性无关的列数)，则 $\boldsymbol{H}$ 的秩加 1 就是最小码距 $d_{\min}$ 的上限。计算矩阵秩的运算量一般要比逐个计算码重少，使 $d_{\min}$ 上限的计算更容易，同时，从这里还可以推出另一个有用的结论。

定理 6-5　(n,k) 线性分组码的最小距离必定小于等于 $n-k+1$，即

$$d_{\min} \leqslant n-k+1 \tag{6.2.27}$$

该定理可由定理 6-3 证明，这里不再赘述。

若某码的最小距离达到了可能取得 $d_{\min}$ 的最大值，即 $d_{\min}=n-k+1$，则称该线性分组码为极大最小距离码(Maximized Distance Code，MDC)。显然，当 n,k 确定之后，MDC 码达到了纠错能力的极限，是给定条件下纠错能力最强的码，设计这种码，是编码理论中人们感兴趣的一个课题。然而在二进制码中，除了将一位信息重复 n 次的$(n,1)$码外，不存在其他二进制的 MDC 码。但如果是非二进制码，MDC 码是存在的，RS(Reed-Solomon)码就是 MDC 码的一种。

至此已从概念上说明，码的纠错能力取决于码的最小距离，但还需说明的是，码的总体纠错能力不仅仅与 $d_{\min}$ 有关。纠错能力 t 只是说明距离 t 的差错一定能纠，并非说距离大于 t 的差错一定不能纠。事实上，如果有 2^k 个码字，就存在 $2^k(2^k-1)/2$ 个距离，这些距离并不都是相等的。比如图 6-3 中的最小距离 $d_{\min}=3$，纠错能力 $t=1$，是由码 C_1 和 C_2 的距离决定的，只要 C_2 朝 C_1 方向偏差大于 1，就会出现译码差错；然而若 C_2 朝 C_3 方向偏差 3，译码时仍可正确地判断为 C_2 而非 C_3。可见，码的总体的、平均的纠错能力不仅与最小码距有关，而且与其余码距或者说与码字的重量分布特性有关。

把码距的分布特性称为重量谱(或称距离谱)，其中的最小重量就是 $d_{\min}$。当所有码距相等(重量谱为线谱)时，码的性能应该最好；当各码距相差不大(重量谱为窄谱)时，码的性能较好。在同样的 $d_{\min}$ 条件下，窄谱的码一般比宽谱的码更优。纠错码重量谱的研究具有理论与现实意义，不仅是计算各种译码差错概率的主要依据，也是研究码结构、改善码集内部关系从而发现新的好码的重要工具。目前除了少数几类码如汉明码、极长码等的重量分布已知外，还有很多码的重量分布并不知道，距离分布与性能之间确切的定量关系对于大部分码而言尚在进一步研究之中。

6.2.5 汉明码

前面曾多次提到的汉明距离、汉明重量等术语，是为了纪念汉明(Hamming R. W)对纠错编码做出的杰出贡献而命名的。汉明码是由汉明于 1950 年提出的一类纠错能力 $t=1$ 的码的统称，对于二进制汉明码，其码长 n 和信息位数 k 服从以下规律

$$(n,k)=(2^m-1,2^m-1-m) \tag{6.2.28}$$

式中 $m=n-k$，且 $m\geqslant 2$。汉明码是完备码，它满足式(6.2.23)，即

$$\sum_{i=0}^{t}\binom{n}{i}=1+n=2^m \tag{6.2.29}$$

当 m 给定后，可以构造出具体的(n,k)汉明码。这里可以从汉明码的一致校验矩阵入手。汉明码的校验矩阵 $\boldsymbol{H}$ 是一个 $m\times(2^m-1)$ 阶矩阵，它具有特殊的性质，其长为 m 的列矢量共有 2^m-1 个，除零矢量外，长为 m 的二元序列共有 2^m-1 个。因此，可将长为 m 的全部非零二元序列排列按列排为矩阵 $\boldsymbol{H}$，再通过列置换将 $\boldsymbol{H}$ 转换成系统形式，就可以进一步得到相应的生成矩阵 $\boldsymbol{G}$，从而构造出相应的汉明码。

【例 6.2.4】 构造一个 $m=3$ 的二元(7,4)汉明码。

解：长为 $m=3$ 的非零二元序列共有 $2^3-1=7$ 个，分别是(001)，(010)，(011)，(100)，(101)，(110)，(111)。将这 7 个二元序列排列为列矢量得到一个校验矩阵 $\boldsymbol{H}$，再通过列转换将它变为系统形式，即

$$H=\begin{pmatrix}0&0&0&1&1&1&1\\0&1&1&0&0&1&1\\1&0&1&0&1&0&1\end{pmatrix}\overset{\text{列置换}}{\Rightarrow}\begin{pmatrix}1&1&1&0&\vdots&1&0&0\\0&1&1&1&\vdots&0&1&0\\1&1&0&1&\vdots&0&0&1\end{pmatrix}=[\boldsymbol{P}^{\mathrm{T}}\vdots\boldsymbol{I}_3]$$

根据式(6.2.14)得到生成矩阵

$$G=[\boldsymbol{I}_4\vdots\boldsymbol{P}]=\begin{pmatrix}1&0&0&0&\vdots&1&0&1\\0&1&0&0&\vdots&1&1&1\\0&0&1&0&\vdots&1&1&0\\0&0&0&1&\vdots&0&1&1\end{pmatrix}$$

再利用式(6.2.4)计算码字,得到信息码元与汉明码的映射关系如表6-6所示。

表6-6　例6.2.4(7,4)汉明码

信息码元	码字	信息码元	码字	信息码元	码字	信息码元	码字
0000	0000000	0100	0100111	1000	1000101	1100	1100010
0001	0001001	0101	0101100	1001	1001110	1101	1101001
0010	0010110	0110	0110001	1010	1010011	1110	1110100
0011	0011101	0111	0111010	1011	1011000	1111	1111111

必须指出,完备码是标准阵列最规则译码最简单的码,但并不一定是纠错能力最强的码。完备码强调了n,k,t的关系,保证至少$d_{\min}$等于3(即$t=1$),但并未强调$d_{\min}$最大化即达到MDC码$d_{\min}=n-k+1$的程度,比如$m=6$时的(63,57)汉明码,$d_{\min}$最大可达7,纠错能力t可达3,然而所有汉明码的设计纠错能力仅为$t=1$。

6.3 循环码

循环码是一种特殊的线性分组码,属于线性分组码的一个子类。它不仅具有一般线性码的基本性质,还满足循环移位特性:即任意一个码字循环移位以后得到的新码字仍然为原码组中的码字。这种具有循环移位特性的线性分组码称为循环码。例如,码集{000,110,101,011}是循环码,而码集{000,010,101,111}不是循环码,因为101的循环移位不在其中。

循环码的主要特点是:

- 理论成熟,可利用成熟的代数结构深入探讨其性质。
- 实现简单,可利用循环移位特性进行编、译码。
- 具有较强的检错和纠错能力。

此外,循环码可以用多项式来描述,从而可以借助代数工具对循环码进行分析。这也是循环码被广泛应用的原因之一。

6.3.1 循环码的多项式描述及构造方法

为了用代数理论研究循环码,可将码组用多项式来表示,称为码多项式。任一码字$\boldsymbol{C}=(c_{n-1},\cdots,c_1,c_0)$对应的码多项式可表示为

$$C(x)=c_{n-1}x^{n-1}+c_{n-2}x^{n-2}+\cdots+c_1x+c_0 \tag{6.3.1}$$

其中多项式的系数c_i为码字各分量的值,且$c_i\in GF(2)$;x为一个任意实变量,其幂次代表

该分量在码元中的位置。

由循环码的特性可知，码字的循环移位可表示为

$$\boldsymbol{C}_0 = (c_{n-1}, \cdots, c_1, c_0) \xrightarrow{\text{循环移一位}} \boldsymbol{C}_1 = (c_{n-2}, \cdots, c_1, c_0, c_{n-1})$$

移位后的码多项式变化为

$$C_1(x) = c_{n-2}x^{n-1} + c_{n-3}x^{n-2} + \cdots + c_0 x + c_{n-1} \tag{6.3.2}$$

比较式(6.3.1)和式(6.3.2)可知

$$C_1(x) = xC(x) \quad \mathrm{mod}(x^n + 1)$$

同理，移两位后的码多项式为

$$C_2(x) = xC_1(x) = x^2 C(x) \quad \mathrm{mod}(x^n + 1)$$

以此类推，循环 i 位后的码多项式为

$$C_i(x) = xC_{i-1}(x) = x^i C(x) \quad \mathrm{mod}(x^n + 1) \tag{6.3.3}$$

其中 $i=0,1,2,\cdots,n-1$。码字 $\boldsymbol{C}_0$ 在循环移位 n 次后又回到原码字 $\boldsymbol{C}_0$。

一般情况下，码集中包含 2^k 个码字，而一个码字的移位最多能得到 n 个码字，因此"循环码码字的循环仍是码字"并不意味着循环码集可以从一个码字循环得到。由于循环码是线性分组码的一种，满足码空间的封闭性，即码字的线性组合仍是码字。对式(6.3.3)各种码字作线性组合，结果仍是码字，即

$$\begin{aligned} C(x) &= a_0 C_0(x) + a_1 C_1(x) + a_2 C_2(x) + \cdots + a_{n-1} C_{n-1}(x) \\ &= a_0 C_0(x) + a_1 x C_0(x) + a_2 x^2 C_0(x) \cdots + a_{n-1} x^{n-1} C_0(x) \\ &= (a_0 + a_1 x + a_2 x^2 \cdots + a_{n-1} x^{n-1}) C_0(x) \\ &= A(x) C_0(x) \quad \mathrm{mod}(x^n + 1) \end{aligned} \tag{6.3.4}$$

式中，$C_0(x)$是一个码多项式；$A(x)$是一个次数不大于 $n-1$ 的任意多项式，$a_i \in \{0,1\}$，$i=0,1,2,\cdots,n-1$。特别地，若选择 $C_0(x)$是 $n-k$ 次码多项式，$A(x)$是 $k-1$ 次任意信息多项式(k 个系数对应 k 个信息元)，则在 $C_0(x)$不变的情况下，$A(x)$系数的 2^k 种组合恰好能产生个码字，即由 $C_0(x)$生成了(n,k)循环码，此时称 $C_0(x)$为生成多项式，记为 $g(x)$

$$g(x) = g_{n-k}x^{n-k} + \cdots + g_1 x + g_0 \tag{6.3.5}$$

生成多项式 $g(x)$具有如下性质：

(1) (n,k)循环码中，存在着唯一的一个次数最低，即 $n-k$ 次的首一码多项式 $g(x)$，即

$$g(x) = x^{n-k} + g_{n-k-1}x^{n-k-1} + \cdots + g_1 x + 1 \tag{6.3.6}$$

使得所有码多项式都是 $g(x)$的倍式，即 $C(x)=m(x)g(x)$，且所有小于 n 次的 $g(x)$的倍式都是码多项式。这里所说的首一，指多项式最高次项的系数为"1"。

(2) (n,k)循环码的生成多项式 $g(x)$一定是(x^n+1)的因子，即 $g(x)\mid(x^n+1)$，这里的"|"表示"整除"，或写成

$$(x^n + 1) = g(x)h(x) \tag{6.3.7}$$

由式(6.3.7)可知，生成多项式不是唯一的，但总有一个是次数最低的。相反，如果 $g(x)$是(x^n+1)的$(n-k)$次因子，则 $g(x)$一定是(n,k)循环码的生成多项式。

根据生成多项式的定义及性质，可以构造出(n,k)循环码，步骤如下：

(1) 对(x^n+1)作因式分解，找出其 $n-k$ 次因式。

(2) 以 $n-k$ 次因式为生成多项式 $g(x)$，与信息多项式 $m(x)$相乘，即得码多项式 $C(x)$

$$C(x)=m(x)g(x) \tag{6.3.8}$$

因 $m(x)$的次数不高于 $k-1$,所以 $C(x)$的次数不会高于$(k-1)+(n-k)=n-1$ 次。

可以对码的循环性进行验证,令

$$C_1(x)=xC(x)=xm(x)g(x) \quad \mathrm{mod}(x^n+1)$$

由于 $g(x)$本身也是码多项式,而 $xm(x)$是不高于 k 次的多项式,由式(6.3.4),得 $C_1(x)$一定是码字,即码字的循环也是码字。

【例 6.3.1】 $GF(2)$上多项式 $x^7+1=(x+1)(x^3+x+1)(x^3+x^2+1)$,试构造一个(7,3)循环码。

解:要构造一个(7,3)循环码,就是在 x^7+1 中找一个 $n-k=4$ 次的因式,作为码的生成多项式 $g(x)$,由它的一切倍式就组成了(7,3)循环码。$n-k=4$ 次的因式有$(x+1)(x^3+x+1)$或$(x+1)(x^3+x^2+1)$,任选其中一个作为生成多项式都可以产生一个(7,3)循环码集。

若选 $g(x)=(x+1)(x^3+x+1)=x^4+x^3+x^2+1$ 作为生成多项式,则码多项式为

$$C(x)=m(x)g(x)=(m_2x^2+m_1x+m_0)(x^4+x^3+x^2+1)$$

当输入信息 $m=(011)$时,$m(x)=x+1$,码多项式 $C(x)$为

$$C(x)=m(x)g(x)=(x+1)(x^4+x^3+x^2+1)=x^5+x^2+x+1$$

对应码字为 $\boldsymbol{C}=(0100111)$。依次将输入信息 $m=(000),(001),\cdots,(111)$代入,可得全部码字如表 6-7 第 2 列所示。观察全部码字,可知最低次的首一码多项式是唯一的,对应的码字为(0011101),次数为 $n-k=4$,正是该码集的生成多项式 $g(x)$,码集符合循环码规则,是由 7 个码字构成的一个循环码加上全零码字组成的。

表 6-7 $g(x)=x^4+x^3+x^2+1$ 生成的(7,3)循环码

信息位($m_2m_1m_0$)	循环码($c_6c_5c_4c_3c_2c_1c_0$)	系统循环码($c_6c_5c_4c_3c_2c_1c_0$)
000	0000000	0000000
001	0011101	0011101
010	0111010	0100111
011	0100111	0111010
100	1110100	1001110
101	1101001	1010011
110	1001110	1101001
111	1010011	1110100

若选 $g(x)=(x+1)(x^3+x^2+1)=x^4+x^2+x+1$,则生成另一个(7,3)循环码。同理,由 x^7+1 的因式中,若选 $g(x)=x^3+x^2+1$ 或 $g(x)=x^3+x+1$,则可构造出两个不同的(7,4)循环码,若选 $g(x)=(x^3+x+1)(x^3+x^2+1)$,则可构造出一个(7,1)循环码,若选 $g(x)=x+1$,则可构造出一个(7,6)循环码。由此可知,只要知道了 x^n+1 的因式分解式,用它的各个因式的乘积,便能得到多个不同的循环码。

多项式 x^n+1 因式分解取出 $g(x)$后,剩下的因式可组合为 $h(x)$,即

$$x^n+1=\prod_i f_i(x)=g(x)h(x) \tag{6.3.9}$$

若 $g(x)$是循环码的生成多项式,那么 $h(x)$就是循环码的校验多项式,因为任何码多项

式 $C(x)$与 $h(x)$作模 x^n+1 运算后都为零,而非码字与 $h(x)$的乘积必不为 0,即

$$C(x)h(x) = m(x)g(x)h(x) = m(x)(x^n+1) = 0 \quad \mathrm{mod}(x^n+1) \tag{6.3.10}$$

例如,上例中的 $x^7+1=(x+1)(x^3+x+1)(x^3+x^2+1)$,若取 $g(x)=x^3+x+1$,则有 $h(x)=(x+1)(x^3+x^2+1)$,若取 $g(x)=x^3+x^2+1$,则有 $h(x)=(x+1)(x^3+x+1)$。循环码生成多项式未必是不能再继续分解的最小多项式,$g(x)$和 $h(x)$是对等的:若 $g(x)$是(n,k)循环码的生成多项式,$h(x)$就是该循环码的校验多项式;若 $h(x)$是循环码$(n,n-k)$的生成多项式,则 $g(x)$就是该码的校验多项式,$g(x)$和 $h(x)$的最高次项幂次之和一定是码长 n。称 $g(x)$生成的(n,k)循环码和 $h(x)$生成的$(n,n-k)$循环码互为对偶码,码空间互为对偶空间。

观察表 6-7 的第 2 列可知,得到的循环码并非是系统码,如果将循环码的前 k 位原封不动照搬信息位而后面 $n-k$ 位为校验位,得到的码字称为系统循环码,其码多项式满足:

$$C(x) = x^{n-k}m(x) + r(x) \tag{6.3.11}$$

式中,$r(x)$是与码字中 $h(x)$校验元相对应的$(n-k-1)$次多项式。对等式两边取模 $g(x)$:

左边:$C(x) \quad \mathrm{mod}g(x)=m(x)g(x) \quad \mathrm{mod}g(x)=0$

欲使左右两边相等,必有右边也等于 0,即:

右边:$[x^{n-k}m(x)+r(x)] \quad \mathrm{mod}g(x)=x^{n-k}m(x) \quad \mathrm{mod}g(x)+r(x) \quad \mathrm{mod}g(x)=0$

式中,$r(x)$幂次低于 $g(x)$,欲使右边为 0 即出现二元域 $r(x)+r(x)=0$,必须使

$$x^{n-k}m(x)\mathrm{mod}g(x) = r(x) \tag{6.3.12}$$

综上所述,可以构造出(n,k)系统循环码,步骤如下:

(1) 将信息多项式 $m(x)$预乘 x^{n-k},即右移 $n-k$ 位。

(2) 将 $x^{n-k}m(x)$除以 $g(x)$,得余式 $r(x)$。

(3) 系统循环码的码多项式为 $C(x)=x^{n-k}m(x)+r(x)$,写出相应码字。

【例 6.3.2】 (7,3)循环码的生成多项式为 $g(x)=x^4+x^3+x^2+1$,试求出相应的系统循环码。

解:以输入信息 $m=(011)$为例,当 $m=(011)$时,$m(x)=x+1$,$x^{n-k}m(x)=x^4(x+1)=x^5+x^4$,再除以 $g(x)$,即(x^5+x^4)除以$(x^4+x^3+x^2+1)$得到余式 x^3+x,根据式(6.3.11),得到系统循环码的码多项式 $C(x)=x^{n-k}m(x)+r(x)=x^5+x^4+x^3+x$,相应的码字为(0111010)。

依次将 $m=(000),(001),\cdots,(111)$代入,得到系统码的全部码字如表 6-7 第 3 列所示。与第 2 列对比可知,系统循环码与循环码的码集未变,只是映射规则变了。

6.3.2 循环码的生成矩阵和校验矩阵

(n,k)循环码的生成矩阵可以很容易地由生成多项式 $g(x)$得到。由于 $g(x)$为 $n-k$ 次多项式,将其经过 $k-1$ 次循环移位,得到 k 个码多项式 $g(x),xg(x),\cdots x^{k-1}g(x)$,这些多项式必定是线性无关的。把这 k 个多项式相对应的码字作为各行构成的矩阵即为循环码的生成矩阵,由各行的线性组合可以得到 2^k 个循环码字。设

$$g(x) = g_{n-k}x^{n-k} + g_{n-k-1}x^{n-k-1} + \cdots + g_1x + g_0$$

则(n,k)循环码的生成矩阵以多项式的形式表示为

$$G(x)=\begin{bmatrix}x^{k-1}g(x)\\x^{k-2}g(x)\\\vdots\\g(x)\end{bmatrix} \tag{6.3.13}$$

取其系数即得到相应的生成矩阵，即

$$\boldsymbol{G}=\begin{bmatrix}g_{n-k} & g_{n-k-1} & \cdots & g_1 & g_0 & 0 & \cdots & 0\\0 & g_{n-k} & g_{n-k-1} & \cdots & g_1 & g_0 & \cdots & 0\\\vdots & & & \cdots & & & & \vdots\\0 & \cdots & 0 & g_{n-k} & g_{n-k-1} & \cdots & g_1 & g_0\end{bmatrix} \tag{6.3.14}$$

由式(6.3.13)对应的生成矩阵得到的(n,k)循环码并非系统码，根据式(6.3.12)，(n,k)系统循环码的校验多项式为

$$r_i(x)=x^{k-i}x^{n-k}\bmod g(x) \tag{6.3.15}$$

$i=1,2,\cdots,k$。由此得到生成矩阵中每行的码多项式为

$$C_i(x)=x^{n-i}+r_i(x) \tag{6.3.16}$$

因此，(n,k)系统循环码生成矩阵的多项式表示为

$$G(x)=\begin{bmatrix}C_1(x)\\C_2(x)\\\vdots\\C_k(x)\end{bmatrix}=\begin{bmatrix}x^{n-1}+r_1(x)\\x^{n-2}+r_2(x)\\\vdots\\x^{n-k}+r_k(x)\end{bmatrix} \tag{6.3.17}$$

【例 6.3.3】 已知(7,4)循环码的生成多项式为$g(x)=x^3+x^2+1$，求生成矩阵，若该循环码为系统循环码，求相应的生成矩阵。

解，由式(6.3.13)得到生成矩阵的多项式表示为

$$G(x)=\begin{bmatrix}x^3g(x)\\x^2g(x)\\xg(x)\\g(x)\end{bmatrix}=\begin{bmatrix}x^6+x^5+x^3\\x^5+x^4+x^2\\x^4+x^3+x\\x^3+x^2+1\end{bmatrix}$$

根据多项式系数得到相应的生成矩阵为

$$\boldsymbol{G}=\begin{bmatrix}1&1&0&1&0&0&0\\0&1&1&0&1&0&0\\0&0&1&1&0&1&0\\0&0&0&1&1&0&1\end{bmatrix}$$

若该循环码为系统循环码，根据式(6.3.17)，得到生成矩阵的多项式表示为

$$G(x)=\begin{bmatrix}x^6+r_1(x)\\x^5+r_2(x)\\x^4+r_3(x)\\x^3+r_4(x)\end{bmatrix}=\begin{bmatrix}x^6+x^2+x\\x^5+x+1\\x^4+x^2+x+1\\x^3+x^2+1\end{bmatrix}$$

根据多项式系数得到系统形式的生成矩阵为

$$G=\begin{bmatrix}1&0&0&0&1&1&0\\0&1&0&0&0&1&1\\0&0&1&0&1&1&1\\0&0&0&1&1&0&1\end{bmatrix}=[I_4 \vdots P]$$

由于 $g(x)$ 能被 x^n+1 整除，因此有

$$x^n+1=g(x)h(x)=(g_{n-k}x^{n-k}+\cdots+g_1x+g_0)(h_kx^k+\cdots+h_1x+h_0) \tag{6.3.18}$$

式中，$h(x)$ 为循环码的校验多项式。显然，(n,k) 循环码也可由其校验多项式完全确定，(n,k) 循环码的一致校验矩阵 $\boldsymbol{H}$ 的多项式表示为

$$H(x)=\begin{bmatrix}x^{n-k-1}h^*(x)\\x^{n-k-2}h^*(x)\\\vdots\\xh^*(x)\\h^*(x)\end{bmatrix} \tag{6.3.19}$$

式中

$$h^*(x)=h_0x^k+h_1x^{k-1}+\cdots+h_k \tag{6.3.20}$$

其系数决定了循环码的一致校验矩阵 $\boldsymbol{H}$，即

$$\boldsymbol{H}=\begin{bmatrix}h_0&h_1&\cdots&h_{k-1}&h_k&0&\cdots&0\\0&h_0&h_1&\cdots&h_{k-1}&h_k&\cdots&0\\\vdots&&&\cdots&&&&\vdots\\0&\cdots&0&h_0&h_1&\cdots&h_{k-1}&h_k\end{bmatrix} \tag{6.3.21}$$

6.3.3 循环码的编码电路

循环码在编码时，首先要根据给定的 (n,k) 值选定生成多项式 $g(x)$，即从 x^n+1 的因子中选一个 $n-k$ 次多项式作为 $g(x)$。一旦 $g(x)$ 确定的，循环码就完全确定了。循环码的每个码多项式 $C(x)=g(x)m(x)$ 都是 $g(x)$ 的倍式。对于系统循环码来说，就是已知信息多项式 $m(x)$，求 $m(x)x^{n-k}$ 被 $g(x)$ 除以后的余式 $r(x)$。因此，循环码的编码器就是 $m(x)$ 乘以 $g(x)$ 的乘法器，或者是 $g(x)$ 除法电路。另外，循环码的译码实际上也是用去除接收多项式，检测余式结果。所以，多项式乘法及除法是编译码的基本运算。本节先介绍作为编译码电路多项式乘法和除法电路，然后以二进制为例，讨论编码电路，对于多进制循环码的编码电路可以此类推。

1. 多项式乘法电路

多项式乘以 x 等价为时间序列 a 延迟一位，多项式 $a(x)$ 与多项式 $g(x)$ 的乘等价为 $a(x)$ 作不同位的延迟移位后相加，即：

$$a(x)g(x)=a(x)(g_1(x)+g_2(x))=a(x)g_1(x)+a(x)g_2(x) \tag{6.3.22}$$

例如，$g_1(x)=x^3$，$g_2(x)=x$，即将 a 分别延迟 3 位、1 位后相加。

多项式乘法电路如图 6-4 所示。

设

$$a(x)=a_kx^k+a_{k-1}x^{k-1}+\cdots+a_1x+a_0$$
$$g(x)=g_rx^r+g_{r-1}x^{r-1}+\cdots+g_1x+g_0$$

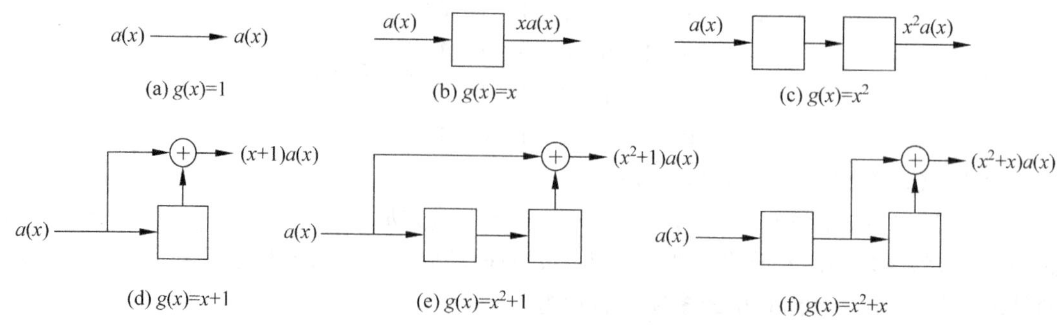

图 6-4 多项式乘法电路

$a(x)$与$g(x)$的乘法电路如图 6-5 所示。在乘法电路中，一般假设多项式的低位在前，电路中所有寄存器初始状态为 0。在图 6-5 中，符号"○"表示乘，对于模 2 加运算，它等效于逻辑"与"，在实现上，当 g_i 为 1 时此线路通，当 g_i 为 0 时此线路断。

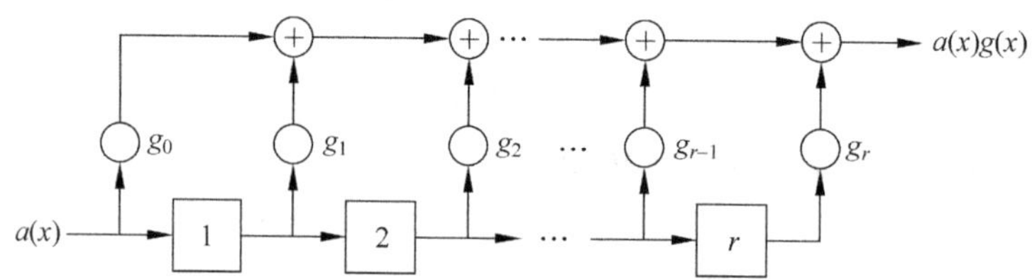

图 6-5 多项式乘法的一般电路

2. 多项式除法电路

用$g(x)$去除任意多项式$a(x)$的电路即为$g(x)$除法电路，如图 6-6 所示。移位寄存器的初始状态全为 0，当$a(x)$输入完毕，移位寄存器中的内容 $a_0,a_1,\cdots a_{r-1}$即为余式。

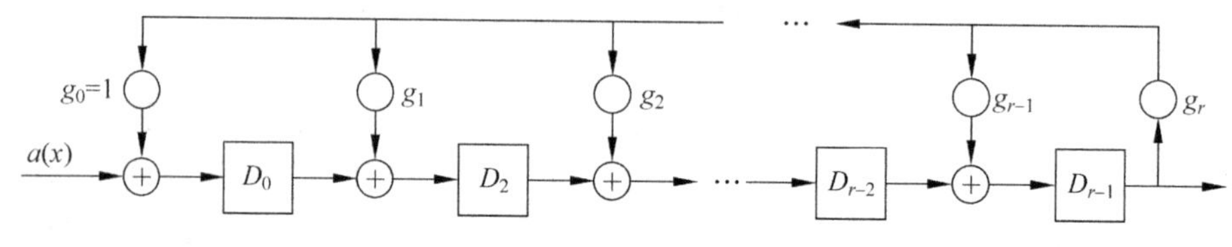

图 6-6 $g(x)$除法电路

由图 6-6 可知，多项式除法电路是一个由除式所确定的反馈移位寄存器。除法电路的构造方法如下：

(1) 移位寄存器的级数等于除式的次数 $n-k$。

(2) 移位寄存器的反馈抽头由除式的各项系数 $g_i(i=1,2,\cdots,n-k)$决定。当某个抽头为 0 时，对应的反馈断开；当某个抽头为 1 时，对应的反馈接通。

【例 6.3.4】 设被除式$a(x)$与除式$g(x)$都是 GF(2)上的多项式，且

$$a(x)=x^4+x^3+1,\quad g(x)=x^3+x+1$$

完成除以$g(x)=x^3+x+1$ 的电路如图 6-7 所示。完成上述两个多项式相除的长除法算式如下：

$$x^4+x^3+1=(x+1)(x^3+x+1)+x^2$$

式中，商为$(x+1)$，余式为 x^2。表 6-8 给出了图 6-7 电路除的运算过程，$r+1=4$ 次移位后

得到商 x 项的系数，$r+1=5$ 次移位后，完成了整个除法运算，在移位寄存器中保存的数(001)，代表余式($x^0x^1x^2$)的系数。

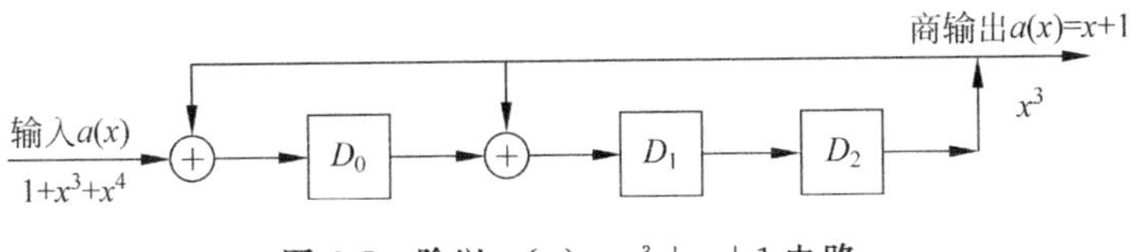

图 6-7 除以 $g(x)=x^3+x+1$ 电路

为了使被除式全部移入寄存器，除法求余所需要的移位次数等于被除式的次数加 1。

表 6-8 x^3+x+1 除 x^4+x^3+1 的运算过程表

节拍	输入	移位寄存器内容			输出
		$D_0(x^0)$	$D_1(x^1)$	$D_2(x^2)$	
0	0	0	0	0	0
1	$1(x^4)$	1	0	0	0
2	$1(x^3)$	1	1	0	0
3	$0(x^2)$	0	1	1	0
4	$0(x)$	1	1	1	$1(x)$
5	$1(x^0)$	0	0	1	$1(x^0)$
		余式			商式

3. 循环码编码器

利用生成多项式 $g(x)$ 实现编码是循环码编码电路的常用方法。若已知信息位为 k，纠错能力为 t，可以按循环码的性质来设计循环码编码电路。

先根据式(6.3.22)

$$2^{n-k} \geqslant \sum_{i=0}^{t}\binom{n}{i}$$

求出所需要的 n 和 $r=n-k$，求出 n 以后，再从 x^n+1 的因式中找出生成多项式 $g(x)$。由 $g(x)$ 生成的码 $\boldsymbol{C}$ 就是满足要求的循环码。

给定 $g(x)$ 以后，实现循环码编码电路的方法有两种：一种是采用的乘法电路；另一种是除以 $g(x)$ 的除法电路。前者主要是利用方程式 $C(x)=g(x)m(x)$ 进行编码，这样编出的码为非系统码；而后者是系统码编码器中常用的电路，所编出的码为系统码。这里我们只介绍系统码的编码电路。

设从信源输入编码器的 k 位信息组多项式

$$m(x)=m_{k-1}x^{k-1}+\cdots+m_1x+m_0 \tag{6.3.23}$$

如果要编出系统码的码字，则

$$C(x)=x^{n-k}m(x)+r(x)$$
$$r(x)=x^{n-k}m(x)\mathrm{mod}g(x)$$

因此，系统码的编码器就是信息组 $m(x)$ 乘 x^{n-k}，然后用生成多项式 $g(x)$ 除，求余式 $r(x)$ 的电路，由此得到系统循环码的编码步骤：

(1) 以 x^{n-k} 乘以 $m(x)$；

(2) 以 $x^{n-k}m(x)$除以 $g(x)$,得到余式 $r(x)$;

(3) 组合 $m(x)$和 $r(x)$得到码字 $C(x)=x^{n-k}m(x)+r(x)$。

【例 6.3.5】 以二进制(7,4)汉明码为例说明。设码的生成多项式 $g(x)=x^3+x+1$,其系统码编码器如图 6-8 所示。

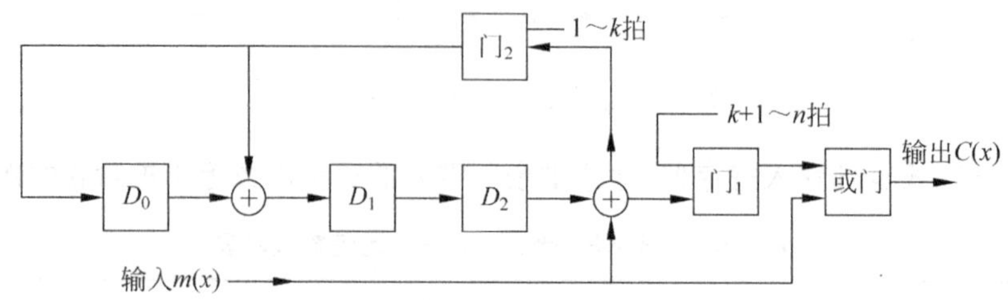

图 6-8 (7,4)汉明码编码器

编码过程如下:

(1) 三级移位寄存器初始状态为 0,门 1 开,门 2 关。信息组以高位先入的次序送入电路,一方面经过或门输出编码的前 k 个信息码元,另一方面送入 $g(x)$除法电路的右端,这相当于完成用 $x^{n-k}m(x)$除 $g(x)$的除法运算;

(2) 4 次移位后,信息组全部通过或门输出,它就是系统码码字的前 4 个信息元,与此同时它也是全部进入 $g(x)$电路,完成除法运算。此时在移位寄存器中的存数就是余式 $r(x)$的系数,也就是码字的校验元(c_2,c_1,c_0);

(3) 门 1 关,门 2 开,再经 3 次移位后,移位寄存器中的校验元(c_2,c_1,c_0)跟在信息组后面,形成一个码字($c_6=m_4,c_5=m_2,c_4=m_1,c_3=m_0,c_2,c_1,c_0$)从编码器输出。

(4) 门 1 开,门 2 关,送入第 2 组信息组,重复上述过程。

表 6-9 列出该编码器的工作过程。输入信息组是(1001),7 次移位后输出端得到了已编好的码字(1001110)。

表 6-9 (7,4)汉明码编码的工作过程

节 拍	输 入	移位寄存器内容			输 出	
		$D_0(x^0)$	$D_1(x^1)$	$D_2(x^2)$		
0	0	0	0	0		
1	1(x^3)	1	1	0	1	
2	0(x^2)	0	1	1	0	
3	0(x)	1	1	1	0	
4	1(x^0)	0	1	1	1	
5		0	0	1	1	校验元
6		0	0	0	1	
7		0	0	0	0	

6.3.4 循环码的译码电路

当循环码经过信道进行传输,因为信道中存在噪声和干扰,会导致传输出错而产生误码,因此接收端在译码的过程中要求能进行检错和纠错。根据式(6.1.2)可知,接收码字 R

与发送码字 C 之间满足 $R=C+E$，根据循环码的多项式描述方法，可以将其改写为：

$$R(x)=C(x)+E(x) \tag{6.3.24}$$

式中

$$R(x)=r_{n-1}x^{n-1}+r_{n-2}x^{n-2}+\cdots+r_1x+r_0$$
$$C(x)=c_{n-1}x^{n-1}+c_{n-2}x^{n-2}+\cdots+c_1x+c_0$$
$$E(x)=e_{n-1}x^{n-1}+e_{n-2}x^{n-2}+\cdots+e_1x+e_0$$

因此，接收码字 $\boldsymbol{R}$ 中含有发送码字 $\boldsymbol{C}$ 和差错图案 $\boldsymbol{E}$ 的信息，只要选择和设计适当的译码电路，就可以从接收码字 $\boldsymbol{R}$ 恢复发送码字 $\boldsymbol{C}$。循环码的译码也采用伴随式译码，即先计算接收码字的伴随式，然后根据它来判断是否有错，发现有错进而判断差错图案并纠正错误。由于循环码的循环结构，使得其译码的实现比线性分组码更容易一些。

若给定循环码的生成多项式 $g(x)$，为求伴随式多项式 $S(x)$，有如下定义：

循环码的伴随式多项式 $S(x)$ 是接收码字多项式 $R(x)$ 或差错图案多项式 $E(x)$ 除以生成多项式 $g(x)$ 所得的余式。

若给循环码的一致校验矩阵 $\boldsymbol{H}$，根据式(6.2.19)，伴随式 $\boldsymbol{S}=\boldsymbol{R}\boldsymbol{H}^{\mathrm{T}}=(\boldsymbol{C}+\boldsymbol{E})\boldsymbol{H}^{\mathrm{T}}=\boldsymbol{E}\boldsymbol{H}^{\mathrm{T}}$。循环码的伴随式译码一般包括 3 个步骤：

(1) 根据接收码字多项式 $R(x)$ 计算相应的伴随式多项式 $S(x)=R(x)\bmod g(x)$ 或 $S(x)=E(x)\bmod g(x)$，它等价于根据接收码字来计算相应的伴随式 $\boldsymbol{S}=\boldsymbol{R}\boldsymbol{H}^{\mathrm{T}}=\boldsymbol{E}\boldsymbol{H}^{\mathrm{T}}$。

(2) 根据伴随式 $\boldsymbol{S}$(或伴随式多项式 $S(x)$)求对应的差错图案。

(3) 利用差错图案进行纠错，得到对码字的估计(即译码输出)。

下面我们用例子来说明循环码伴随式译码的具体过程。

【例 6.3.6】 已知二进制(7,4)循环码的生成多项式 $g(x)=x^3+x+1$，一致校验矩阵为

$$H=\begin{bmatrix}1&1&1&0&1&0&0\\0&1&1&1&0&1&0\\1&1&0&1&0&0&1\end{bmatrix}$$

试设计能纠正一个信道差错的伴随式译码电路。

解：根据伴随式多项式的定义可知，$S(x)$ 的计算实际上是用 $g(x)$ 做除法并求余，所以伴随式译码器中必须要有除法电路。然后，根据所求得的伴随式结果进行正确的解码。

假设信道错误出现在最高位，即 $\boldsymbol{E}=1000000$，对应的差错图案多项式为 $E(x)=x^6$，可以求得相应的伴随式多项式

$$S(x)=E(x)\bmod g(x)=x^6\bmod(x^3+x+1)=x^2+1$$

对应的伴随式为 $\boldsymbol{S}=(101)$。

同样，也可以由一致校验矩阵求得伴随式为

$$\boldsymbol{S}=\boldsymbol{E}\boldsymbol{H}^{\mathrm{T}}=(101)$$

相应的译码电路如图 6-9 所示。

假设接收码字 $\boldsymbol{R}=(1000000)$，其译码过程如下：

(1) 假设初始状态所有寄存器的内容全为 0。开始译码时，经过 7 个时钟后，$R(x)$ 的系数按从高次项到低次项的顺序依次送入 7 位缓冲寄存器，同时 $R(x)$ 的系数送入 $g(x)$ 除法电路计算伴随式 $S(x)$，$S(x)$ 的系数存放于 $g(x)$ 除法电路的 3 个移位寄存器中，其结果为

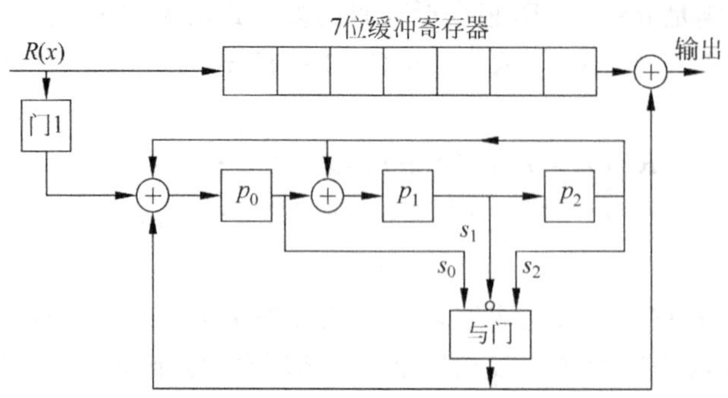

图 6-9 循环码的伴随式译码电路

$\boldsymbol{S}=(101)$，其中最低位对应于 S_0，最高位对应于 S_2。

(2) 接收码字输入完毕后，门 1 关闭，禁止输入。当第 8 个时钟到来时，开始纠错译码，此时 D_1 经过非门后变成了 1，与门的 3 个输入端全为 1，相应的输出为 1，并与 $\boldsymbol{R}$ 的最高位 r_6 相加，使 r_6 由原来的 1 变为 0 正好纠正了该位上的错误。因此，第 8 个时钟到来时，输出端输出的是 $1\oplus1=0$。此后，与门的输出都为 0，随着时钟的到来，缓冲器将后面的码字直接输出。

(3) 在纠正最高位上的错误的同时，与门输出的“1”被输入到 D_0 左端的加法器上，参与除法器的复位运算，此时除法器中 3 个移位寄存器被复位到 000，准备进行下一个码字的译码。

表 6-10 列出了该译码器的工作过程。假设接收码字 $\boldsymbol{R}=(1000011)$，在 7 个移位脉冲过后，在输出端输出纠错后的码字 $\boldsymbol{C}=(0000000)$。

表 6-10 图 6-9 译码器译码过程

节拍	输入	移位寄存器内容			与门输出	缓存输出	译码器输出
		$D_0(x^0)$	$D_1(x^1)$	$D_2(x^2)$			
0	0	0	0	0	0	0	
1	$1(x^6)$	1	0	0	0	1	
2	$0(x^5)$	0	1	0	0	01	
3	$0(x^4)$	0	0	1	0	001	
4	$0(x^3)$	1	1	0	0	0001	
5	$0(x^2)$	0	1	1	0	00001	
6	$0(x)$	1	1	1	0	000001	
7	$0(x^0)$	1	0	1	1	0000001	
8		0	0	0	0	$x000000$	0
9		0	0	0	0	$xx00000$	0
10		0	0	0	0	$xxx0000$	0
11		0	0	0	0	$xxxx000$	0
12		0	0	0	0	$xxxxx00$	0
13		0	0	0	0	$xxxxxx0$	0
14		0	0	0	0	$xxxxxxx$	0

注：x 表示此时已无输入信息，在一般情况下，$x=0$。

在本例中，如果不是最高位出错，而是次高位出错，即 $\boldsymbol{E}=0100000$，相应的差错图案多项式为 $E(x)=x^5$，则可以求得伴随式多项式为 $S(x)=x^5 \bmod (x^3+x+1)=x^2+x+1$，即 $S=(111)$。在这种情况下，经过 7 个时钟后，码字全部进入 7 位缓冲寄存器中，同时除法电路的结果是 $\boldsymbol{S}=(111)$。当第 8 个时钟到来时，进入与门的 3 个二进制数为 111，与门输出为 0 因此对最高位不进行纠错。但是 $\boldsymbol{S}=(111)$，在伴随式除法电路中经过第 8 个时钟后，立即变成了 $\boldsymbol{S}=(101)$，此时接收码字的次最高位已在 7 位缓冲寄存器中移到了最高位。因此，当第 9 个时钟到来时，伴随式 $\boldsymbol{S}=(101)$ 被用来对 7 位缓冲寄存器中此时的最高位，即接收码字的次高位 r_5 进行纠错。

从以上的讨论及对电路的分析发现，只要信道出现一位错误，而不管这一位错误出现在什么位置上，当出错的那一位移到缓冲寄存器的最高位时，除法电路中移位寄存器中的内容正好是伴随式 $\boldsymbol{S}=(101)$，因此，图 6-9 中的译码电路可以用来纠正任何位置上的一个错误。

显然，上述译码电路仅适用于系统码。若为非系统码，k 级缓存器必须变成 n 级，且还需要从已纠错过的 $C(x)$ 中取出 k 个信息码元。对非系统码而言，由 $C(x)=m(x)g(x)$ 可知 $m(x)=C(x)/g(x)$，说明译码器输出 $C(x)$ 后，把 $C(x)$ 再通过 $g(x)$ 除法电路，所得的商就是最终所需的估值信息组 $m(x)$。

由上述讨论可得出系统循环码的一般译码器，如图 6-10 所示。这种译码器也称梅吉特(Meggit)通用译码器，它的复杂性由组合逻辑电路决定。

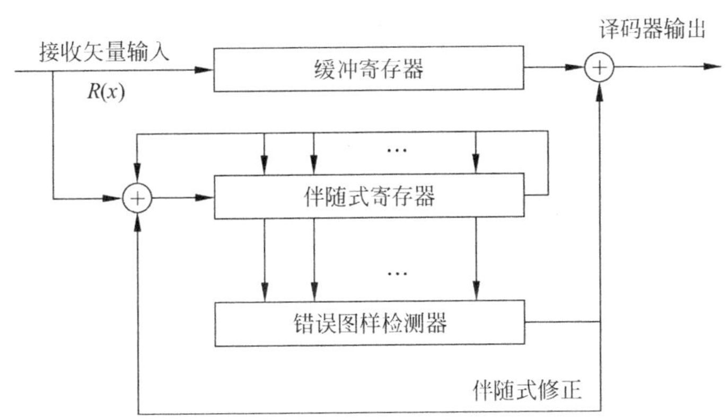

图 6-10 循环码的通用译码器

对于一组确定的循环码来说，从码字本身的代数结构来讲，它的性质是确定的，即它的检错纠错能力是确定的。但是在实际应用中由于采用不同的译码方法，实际达到的纠检错能力并不等于码字所具有的能力。因此衡量一种译码方法的优劣不单考虑纠检错能力，还要考虑它的复杂程度和计算速度。

6.3.5 常用的循环码

1. BCH 码

BCH 码是一类用途广泛的能纠正多个错误的循环码。该码以其发明者 Bose、Chaudhuri、Hocguenghem 的首字母命名，它可以是二进制码，也可以是非二进制码。BCH 码具有纠错能力强，构造方便，编、译码易于实现等优点。二进制本原 BCH 码具有下列参数：

$$n = 2^m - 1$$
$$n - k \leqslant mt$$
$$d_{\min} = 2t + 1 \tag{6.3.25}$$

式中，$m(m \geqslant 3)$和纠错能力$t(t < 2^{m-1})$是任意正整数。BCH码的码长为$n = 2^m - 1$或$n = 2^m - 1$的因子，通常称前者为本原BCH码，称后者为非本原BCH码。

BCH码的基本特点是其生成多项式$g(x)$包含$2t$个连续幂次的根。BCH码限定理表明：若生成多项式含有$2t$个连续幂次的根，则该码的最小距离$d_{\min} \geqslant 2t+1$，也就是说该码纠错能力是$\text{int}[(d_{\min}-1)/2] = t$。BCH码的出现为通信系统设计者们在纠错能力、码长和码率的选择和控制上提供了很大的灵活性，一旦要求的纠错能力t给定，只要算出$2t$个连续幂次的根所对应的多项式作为生成多项式，就可得到纠错能力符合要求的码。

已知码长n及纠错能力t，二元本原BCH码的设计步骤如下：

(1) 由关系$n = 2^m - 1$算出m，查表找m次本原多项式$P(x)$，用它产生一个扩域$GF(2^m)$，即产生一个以二元域m次本原多项式为基础构成的多项式域；

(2) 以本原多项式$P(x)$的根为本原元α，分别计算$2t$个连续幂次根$\alpha, \alpha^2, \cdots, \alpha^{2t}$所对应的二元域上的最小多项式$m_1(x), m_2(x), \cdots, m_{2t}(x)$；

(3) 计算这些最小多项式的最小公倍式，得到生成多项式为

$$g(x) = \text{LCM}[m_1(x), m_2(x), \cdots, m_{2t}(x)] \tag{6.3.26}$$

(4) 用关系式$C(x) = m(x)g(x)$编出BCH码字。

【例 6.3.7】 设计一个码长$n=7$的二元本原BCH码，并讨论在不同纠错能力下的生成多项式的形式。

解：根据$7 = 2^m - 1$求得$m = 3$。解题步骤如下：

第一步：查数学表找到一个$m=3$的本原多项式$P(x) = x^3 + x + 1$。令α为$P(x)$的根，产生$GF(2^3)$扩域全部非零域元素见表6-11。再根据$t < 2^{m-1} = 4$，该本原BCH码的纠错能力最多为3；

第二步：分别计算$2t = 6$个连续幂次的根$\alpha, \alpha^2, \cdots, \alpha^6$所对应的最小多项式，见表6-11；
根$\alpha^1 \to m_1(x) = x^3 + x + 1$，根$\alpha^2 \to m_2(x) = x^3 + x + 1$，根$\alpha^3 \to m_3(x) = x^3 + x^2 + 1$
根$\alpha^4 \to m_4(x) = x^3 + x + 1$，根$\alpha^5 \to m_5(x) = x^3 + x^2 + 1$，根$\alpha^6 \to m_6(x) = x^3 + x^2 + 1$

第三步：计算最小公倍式并得到生成多项式$g(x)$。

表 6-11 x^3+x+1 生成的 $GF(2^3)$ 扩域

幂 次	α的多项式	α的多项式系数	对应的最小多项式
α^0	1	(001)	$x+1$
α^1	α	(010)	x^3+x+1
α^2	α^2	(100)	x^3+x+1
α^3	$\alpha+1$	(011)	x^3+x^2+1
α^4	$\alpha^2+\alpha$	(110)	x^3+x+1
α^5	$\alpha^2+\alpha+1$	(111)	x^3+x^2+1
α^6	α^2+1	(101)	x^3+x^2+1

下面讨论不同纠错能力下的生成多项式：

(1) 若设计 $t=1$ 的码，需求 2 个连续幂次根 α,α^2 所对应最小多项式的最小公倍式，即

$$g_1(x)=\mathrm{LCM}[m_1(x),m_2(x)]=x^3+x+1$$

由于 $g_1(x)$ 是 3 次多项式即 $n-k=3$，所以 $k=7-3=4$，生成的是(7,4)BCH 码，也就是汉明码。

(2) 若设计 $t=2$ 的码，需求 4 个连续幂次根 $\alpha,\alpha^2,\alpha^3,\alpha^4$ 所对应最小多项式的最小公倍式，即

$$\begin{aligned}g_2(x)&=\mathrm{LCM}[m_1(x),m_2(x),m_3(x),m_4(x)]=m_1(x)m_3(x)\\&=x^6+x^5+x^4+x^3+x^2+x+1\end{aligned}$$

由于 $g_2(x)$ 是 6 次多项式即 $n-k=6$，所以 $k=7-6=1$，生成的是(7,1)BCH 码。

(3) 若设计 $t=3$ 的码，需求 6 个连续幂次根 $\alpha,\alpha^2,\alpha^3,\alpha^4,\alpha^5,\alpha^6$ 所对应最小多项式的最小公倍式，即

$$\begin{aligned}g_3(x)&=\mathrm{LCM}[m_1(x),m_2(x),m_3(x),m_4(x),m_5(x),m_6(x)]\\&=x^6+x^5+x^4+x^3+x^2+x+1\end{aligned}$$

由于 $g_3(x)$ 是 6 次多项式即 $n-k=6$，所以 $k=7-6=1$，生成的是(7,1)BCH 码。

BCH 码连续幂次根的性质不但为其构码带来独特的方法，也为其译码带来了与一般循环码不同的算法，其中最经典、最通用的译码算法是伯利坎普(Berlekamp)迭代译码，以致 BCH 码从 20 世纪 70 年代起已成为线性分组码的主流。

2. RS 码

RS 码是一类纠错能力很强的、特殊的非二进制 BCH 码。它是以其发明者里德(Reed)和索洛蒙(Solomon)的姓氏开头字母命名的。RS 码的每个码元取值于 q 元符号集$\{0,\alpha^0,\alpha^1,\cdots,\alpha^{q-2}\}$，通常选取 q 为 2 的幂次($q=2^m$)，使 q 元符号集的所有非零元素$\{\alpha^0,\alpha^1,\cdots,\alpha^{q-2}\}$是基于某个 m 次本原多项式的 $GF(2^m)$扩域的元素。编码时，每 m 个信息比特映射为一个 q 进制码元，$q=2^m$ 便于与具有 4,8,16,32,…点数星座的 PSK 或 QAM 调制信号集相匹配。

本原 RS 码具有如下参数：

码长：$n=q-1$

校验位：$n-k=2t$

最小距离：$d_{\min}=n-k+1$

生成多项式：

$$\begin{aligned}g(x)&=(x-\alpha)(x-\alpha^1)\cdots(x-\alpha^{2t})\\&=\alpha_{n-k}x^{n-k}+\alpha_{n-k-1}x^{n-k-1}+\cdots+\alpha_1x+\alpha_0\end{aligned}\tag{6.3.27}$$

式中，$g(x)$的各次系数 $\alpha_i\in\{0,\alpha^0,\alpha^1,\cdots,\alpha^{q-2}\}$，$i=0,1,2,\cdots,n-k$。

对照式(6.2.26)可知，RS 码是极大最小距离(MDC)码，从这种码的 n,k 值立即可断定其纠错能力

$$t=\mathrm{int}[(d_{\min}-1)/2]=\mathrm{int}[(n-k)/2]\tag{6.3.28}$$

RS 码由于性能优良而得到了广泛应用。优点之一是其纠错能力已发挥到极限，与 MDC 码相同；优点之二是 RS 码存在一种有效的硬判决译码算法，使得该码能应用于许多需要长码的场合；优点之三是 q 进制 RS 码的二进衍生码具有良好的抗突发差错能力，对此

仅举一例加以说明。

【例 6.3.8】 某八进制(7,3)RS 码的幂次、多项式及 3 比特组这三种形式的符号集如上例表 6-11 所示,试写出相应 RS 码的生成多项式。若输入的八进制信息元为 $\alpha^5\alpha^3\alpha$,问编出的八进制 RS 码的码字是什么? 纠错能力如何?

解:码长 $n=7$,信息位 $k=3$,根据式(6.3.28)求得纠错能力 $t=\text{int}[(n-k)/2]=2$,即用 $2t=4$ 个连续幂次的根产生 $g(x)$ 为

$$g(x)=(x-\alpha)(x-\alpha^2)(x-\alpha^3)(x-\alpha^4)$$

由表 6-11 中 $\alpha^3=\alpha+1$ 以及二元扩域的运算规则 $\alpha^i+\alpha^i=0,\alpha^7=1$,对 $g(x)$ 整理得

$$g(x)=x^4+\alpha^3x^3+x^2+\alpha x+\alpha^3$$

输入信息多项式为 $m(x)=\alpha^5x^2+\alpha^3x+\alpha$,对于系统 RS 码,余式可由式(6.3.12)产生,即

$$r(x)=x^{n-k}m(x)\text{mod}g(x)=\alpha^6x^3+\alpha^4x^2+\alpha^2x+1$$

式中,求模 $g(x)$ 的除法过程为:

$$\begin{array}{r}
\alpha^5x^2+x+\alpha^4 \\
x^4+\alpha^3x^3+x^2+\alpha x+\alpha^3\ \overline{)\ \alpha^5x^6+\alpha^3x^5+\alpha x^4} \\
\oplus\ \alpha^5x^6+\alpha x^5+\alpha^5x^4+\alpha^6x^3+\alpha x^2 \\
\hline
x^5+\alpha^6x^4+\alpha^6x^3+\alpha x^2 \\
\oplus\ x^5+\alpha^3x^4+x^3+\alpha x^2+\alpha^3x \\
\hline
\alpha^4x^4+\alpha^2x^3+\alpha^3x \\
\oplus\ \alpha^4x^4+x^3+\alpha^4x^2+\alpha^5x+1 \\
\hline
\alpha^6x^3+\alpha^4x^2+\alpha^2x+1
\end{array}$$

其中,系数加法同样利用表 6-11 及 $\alpha^7=1$ 等关系进行计算,如 $\alpha^6+\alpha^3$ 的计算,一种是通过多项式:

$$\alpha^6+\alpha^3=(\alpha^2+1)+(\alpha+1)=\alpha^2+\alpha=\alpha^4$$

另一种是通过 3 重系数的模 2 加求得:

$$\alpha^6+\alpha^3\Rightarrow(101)+(011)=(110)\Rightarrow\alpha^4$$

已知 $r(x)$后,可得码多项式 $C(x)=x^{n-k}m(x)+r(x)=\alpha^5x^6+\alpha^3x^5+\alpha x^4+\alpha^6x^3+\alpha^4x^2+\alpha^2x+1$,对应码字 $\boldsymbol{C}=(\alpha^5,\alpha^3,\alpha,\alpha^6,\alpha^4,\alpha^2,1)$。

由于 RS 码是 MDC 码,必有 $d_{\min}=n-k+1=7-3+1=5$。

3. 循环冗余校验码

(n,k)循环码的生成多项式 $g(x)$必须是 x^n+1 的因式,因此 n,k 的取值不能是任意的。然而工程中常要求 n,k 的取值能够多样、可变,通常在传送码字的尾部固定预留若干位用做差错校验,前面信息位则是可变长度的。若把一帧视为一个码字,则其校验位长度 $n-k$ 就是帧尾预留的长度而信息位 k 和码长 n 是可变的,其结构符合缩短循环码$(n-i,k-i)$的特点。只要以一个选定的(n,k)循环码为基础,改变 i 值,就能得出任何信息长度的帧结构,而纠检错能力不变。这种应用下的缩短循环码就是大家所熟悉的循环冗余校验(Cyclic Redundancy Check,CRC)码。

CRC 码是系统的缩短循环码,其码结构如图 6-11 所示。

图中,$m(x)$是 $k-1$ 信息多项式,C(x)是 $n-1$ 码多项式,表示码字;$r(x)$是 $x^{n-k}m(x)$

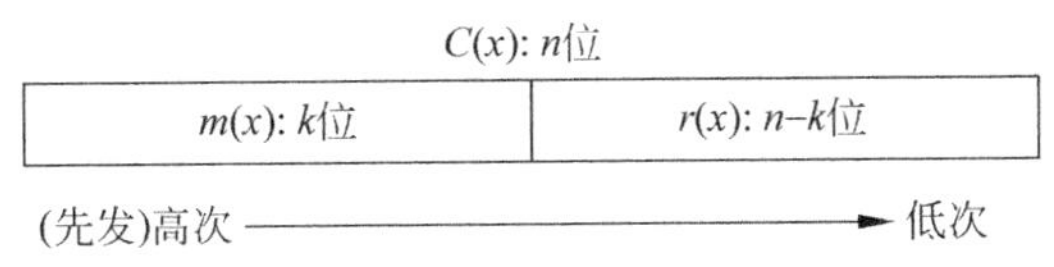

图 6-11 循环冗余校验码的结构

除以 $g(x)$后的余式，$g(x)$为 $n-k$ 次多项式，满足 $C(x)=x^{n-k}m(x)+r(x)$；$r(x)$的 $n-k$ 个系数对应 $n-k$ 校验位，虽然循环冗余校验码应指整个码字 $C(x)$，但不少人习惯上仅把校验部分称为 CRC 码。

接收端如无误码，应有收码 $R(x)$等于发码 $C(x)$，这时收码 $R(x)$应能被生成多项式 $g(x)$整除。反之，如果不能整除，必有 $R(x)\neq C(x)$，说明传输中出了误码。

【例 6.3.9】 某 CRC 码的生成多项式 $g(x)=x^4+x+1$。如果想发送一串信息 110001…的前 6 位并加上 CRC 校验，发码应如何安排？收码又如何检验？

解：本题中信息多项式 $m(x)=x^5+x^4+1$，即 $k=6$，而生成多项式的最高幂次为 $n-k=4$，因此 $n=10$。

将 $x^{n-k}m(x)$除以 $g(x)$得余式 $r(x)$

$$r(x)=x^{n-k}m(x)\bmod g(x)=x^4(x^5+x^4+1)\bmod g(x)=x^3+x^2$$

因此，发送码字多项式为 $C(x)=x^{n-k}m(x)+r(x)=x^9+x^8+x^4+x^3+x^2$，对应的发送码字为(1100011100)。

接收端的 CRC 校验实际上就是做除法。如果收码无误，$R(x)$除以 $g(x)$应得余式为 0；反之，如果余式不等于 0 就说明一定有差错。

国际上常用的 CRC 码有 CRC-ITU-T，其生成多项式 $g(x)=x^{16}+x^{12}+x^5+1$，已用于 HDLC，SDLC，X25，7 号信令和 ISDN 等处，32 位校验的 CRC-32 码，生成多项式 $g(x)=x^{32}+x^{26}+x^{23}+x^{22}+x^{16}+x^{12}+x^{11}+x^{10}+x^8+x^7+x^5+x^4+x^2+x+1$，已用于以太网及 ATM AAL5 适配层的 CRC。标准化的 CRC 码还有 CRC-12，CRC-16，CRC IS-95 CDMA 等。

循环冗余校验码的编、译码过程通常采用硬件来实现，因为除法运算易于用移位寄存器和模 2 加法器来实现，可达到比较高的处理速度。随着集成电路工艺的发展，循环冗余码的产生和校验均有集成电路产品，发送端能够自动生成 CRC 码，接收端可自动校验，速度大大提高。

6.4 卷积码

前面讨论的分组码，无论是编码还是译码，都是以孤立块码为单位，前后各组都是无关的，编码时一个码组的校验位只取决于本组的信息位，译码时也可从长为 n 的一个接收矢量来还原出本组的信息位。从信息论的角度，信息流割裂成孤立块后丧失了分组间的相关信息，信息流切割得越碎(码字越短)，丧失的信息必然越多。从另一角度，编码定理已指出分组码长 n 越大越好。但译码运算量随 n 指数上升的事实又限制了 n 的进一步增大。于是，在码长 n 有限时，能否将有限个分组间前后相关信息添加到码字里从而等效地增加码长？译码时能否利用前面已译码及前后相关性作为更正确译码的参考？这些想法导致了由埃利斯(Elias)最早提出的卷积码的产生。

6.4.1 卷积码的基本概念和描述方法

1. 卷积码的基本概念

卷积码是非分组码，它是一种有记忆的编码。它与分组码类似，先将信息序列分隔成长度为 k 的一个个分组，不同的是卷积码在某一时刻的编码输出不仅取决于本时刻的分组，而且取决于本时刻以前的 L 个分组，因此，卷积码记为 (n,k,L) 码，以突出卷积码最重要的 3 个参数，其中称 $L+1$ 为约束长度。卷积码的示意图如图 6-12(a)所示，其编码器的一般结构如图 6-12(b)所示。

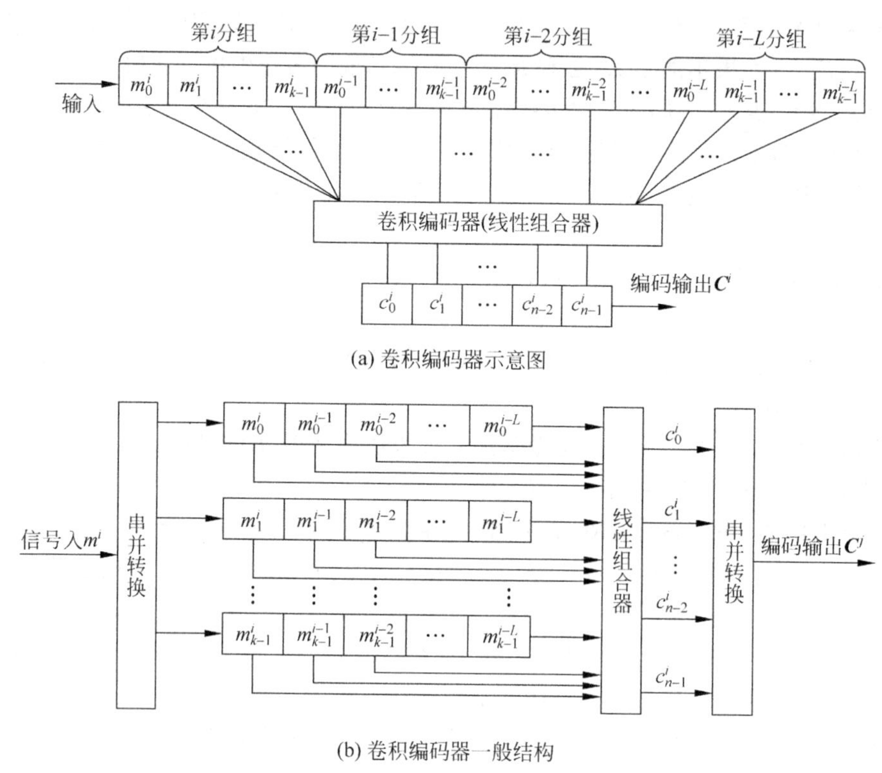

(a) 卷积编码器示意图

(b) 卷积编码器一般结构

图 6-12 卷积编码器示意图和一般结构

由图 6-12(b)可知，卷积码的编码器是由一个具有 k 个输入端，n 个输出端，且具有 $L+1$ 级移位寄存器构成的有限状态的记忆系统。卷积码将信息序列串并变换后存入由 k 个 $L+1$ 级移位寄存器构成的 $k(L+1)$ 个阵列中，其中最左列存放当前输入的信息组，后面各列分别是前 1、前 2、…、前 L 时刻的输入。按一定规则对阵列中的数据进行线性组合，编出当前时刻的各码元 $C_j^i, j=0,1,\cdots,n-1$，最后并串变换合成当前码字后输出。

图 6-12(b)记忆阵列中的每一存储单元都有一条连线将数据送到线性组合器，但实际上是否需要连线取决于线性组合的系数。二进码线性组合的系数只能是“0”或“1”：系数为“1”表示该位参与线性组合，系数为“0”表示该项在线性组合中不起作用，对应存储单元就不需要连接到线性组合器。每一个码元都需要 $R\times(L+1)$ 个系数来描述组合规则，而一个码字有 n 个码元，所以需要 $n\times k\times(L+1)$ 个系数来描述卷积码。显然，通过将这些系数归纳为矩阵，更容易理顺它们的关系并便于使用。如果采用一维排列，将面对长度 $k\times n\times(L+1)$

的数据串；如果采用二维 $k\times n$ 矩阵，这样的矩阵应有 $L+1$ 个，分别代表 $L+1$ 个时刻，而时刻实际是第三维；如果想仅用一个矩阵表示全部线性组合关系，显然必须将第三维时间参数揉进二维 $k\times n$ 矩阵之中。

2. 卷积码的描述方法

卷积码的描述方法很多，大致可分为两大类：

- 解析法：主要有离散卷积法、生成矩阵法、码多项式法，它们多用于对编码的描述。
- 图形法：主要有状态图法和网格图法，它们多用于对译码的描述。

下面通过具体例子来说明卷积码的描述方法。

(1) 解析法。

【例 6.4.1】 某二进制(3,2,1)卷积编码器如图 6-13 所示。若本时刻($i=0$)的输入信息比特组是 $\boldsymbol{m}^0=(m_0^0,m_1^0)=(01)$，上一时刻(用正整数 1 表示时延)的输入是 $\boldsymbol{m}^1=(m_0^1,m_1^1)=(10)$，试用矩阵表示该编码器，并计算输出码字 $\boldsymbol{C}^i$。

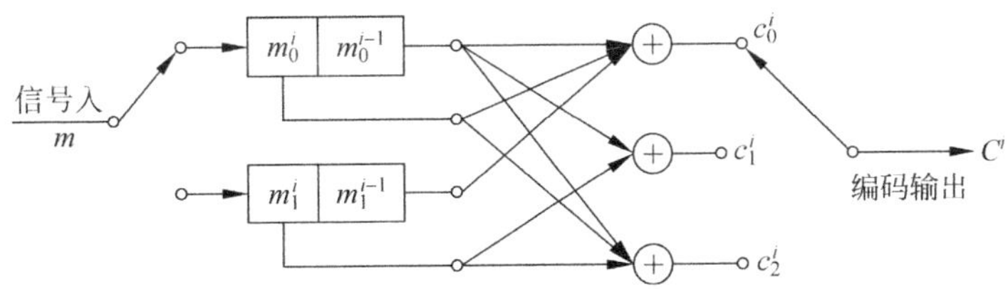

图 6-13 二进制(3,2,1)卷积编码器

解：根据题意可知，记忆阵列为 $K=2$ 行、$L+1=2$ 列、编码器输出 $N=3$ 个码元。用 $g_{k,n}^l$ 表示记忆阵列第 k 行($k=0,1$)、第 l 列($l=0,1$)对第 n 个($n=0,1,2$)码元的影响。令参与组合(有连线接到模 2 加法器)者的系数 $g_{k,n}^l=1$，否则 $g_{k,n}^l=0$。由图中的接线可以得到 $N\times K\times(L+1)=3\times2\times2$ 个系数，即

$$g_{00}^0=1,g_{00}^1=1,\quad g_{01}^0=0,g_{01}^1=1,\quad g_{02}^0=1,g_{02}^1=1$$

$$g_{10}^0=0,g_{10}^1=1,\quad g_{11}^0=1,g_{11}^1=0,\quad g_{12}^0=1,g_{12}^1=0$$

由题意，存储矩阵内容按列计是本时刻输入 $\boldsymbol{m}^0=(m_0^0,m_1^0)=(01)$ 与上一时刻输入 $\boldsymbol{m}^1=(m_0^1,m_1^1)=(01)$，用 K 行 N 列(2×3)系数矩阵 $\boldsymbol{G}^0=\begin{bmatrix}g_{00}^0 & g_{01}^0 & g_{02}^0\\ g_{10}^0 & g_{11}^0 & g_{12}^0\end{bmatrix}=\begin{bmatrix}1&0&1\\0&1&1\end{bmatrix}$ 及 $\boldsymbol{G}^1=\begin{bmatrix}g_{00}^1 & g_{01}^1 & g_{02}^1\\ g_{10}^1 & g_{11}^1 & g_{12}^1\end{bmatrix}=\begin{bmatrix}1&1&1\\1&0&0\end{bmatrix}$ 分别描述本时刻和上一时刻的输入对编码输出的影响，从而得出本时刻编码的输出是

$$\boldsymbol{C}^0=(c_0^0,c_1^0,c_2^0)=\boldsymbol{m}^0\boldsymbol{G}^0+\boldsymbol{m}^1\boldsymbol{G}^1=(01)\begin{bmatrix}1&0&1\\0&1&1\end{bmatrix}+(10)\begin{bmatrix}1&1&1\\1&0&0\end{bmatrix}$$

$$=(011)+(111)=(100)$$

上例中，系数矩阵 $\boldsymbol{G}^0$，$\boldsymbol{G}^1$ 的设定具有一般性。对于一个(N,K,L)卷积码，以时刻 i 为基准，把 i 之前的第 l 个信息组 $\boldsymbol{m}^l=(m_0^{i-1},m_1^{i-1},\cdots,m_{k-1}^{i-1})$ 对时刻 i 的输出码字 $\boldsymbol{C}^i$ 的影响用一个 $K\times N$ 生成子矩阵来表示，如式(6.4.1)所示，式中矩阵元素 $g_{k,n}^l\in(0,1)$表示图 6-12(b)记忆阵列第 k 输入行($k=0,1,\cdots,K-1$)第 l 时延列($l=0,1,\cdots,L$)对第 n 个输出码元($n=0,1,\cdots,N-1$)的影响。

$$\boldsymbol{G}^l=\begin{bmatrix} g_{00}^l & g_{01}^l & \cdots & g_{0(N-1)}^l \\ g_{10}^l & g_{11}^l & \cdots & g_{1(N-1)}^l \\ \vdots & \vdots & \ddots & \vdots \\ g_{(K-1)0}^l & g_{(K-1)1}^l & \cdots & g_{(K-1)(N-1)}^l \end{bmatrix} \tag{6.4.1}$$

设编码器的初始状态为零(记忆阵列全体清 0),随着时刻 i 的递推和 $k$bit 信息组($\boldsymbol{m}^0$, $\boldsymbol{m}^1,\cdots,\boldsymbol{m}^L,\cdots$)源源不断地输入,码字($\boldsymbol{C}^0,\boldsymbol{C}^1,\cdots,\boldsymbol{C}^L,\cdots$)源源不断地输出:

在时刻 $i=0$ 时:$\boldsymbol{C}^0=\boldsymbol{m}^0\boldsymbol{G}^0$

在时刻 $i=1$ 时:$\boldsymbol{C}^1=\boldsymbol{m}^0\boldsymbol{G}^0+\boldsymbol{m}^1\boldsymbol{G}^1$

…

在时刻 $i=L$ 时:$\boldsymbol{C}^L=\boldsymbol{m}^L\boldsymbol{G}^0+\boldsymbol{m}^{L-1}\boldsymbol{G}^1+\cdots+\boldsymbol{m}^0\boldsymbol{G}^L$

在时刻 $i=L+1$ 时:$\boldsymbol{C}^{L+1}=\boldsymbol{m}^{L+1}\boldsymbol{G}^0+\boldsymbol{m}^L\boldsymbol{G}^1+\cdots+\boldsymbol{m}^1\boldsymbol{G}^L$

…

不同时刻的码字可等效地写成半(单边)无限矩阵的形式,即

$$\begin{aligned}\boldsymbol{C}&=(\boldsymbol{C}^0,\boldsymbol{C}^1,\boldsymbol{C}^2,\cdots)=\boldsymbol{m}\boldsymbol{G}_\infty\\ &=(\boldsymbol{m}^0,\boldsymbol{m}^1,\boldsymbol{m}^2,\cdots)\begin{bmatrix} \boldsymbol{G}^0 & \boldsymbol{G}^1 & \cdots & \boldsymbol{G}^L & 0 & 0 & 0 \\ 0 & \boldsymbol{G}^0 & \boldsymbol{G}^1 & \cdots & \boldsymbol{G}^L & 0 & 0 \\ 0 & 0 & \boldsymbol{G}^0 & \boldsymbol{G}^1 & \cdots & \boldsymbol{G}^L & 0 \\ 0 & 0 & 0 & & & \cdots & \end{bmatrix}\end{aligned} \tag{6.4.2}$$

式中,G_∞ 为卷积码的生成矩阵,它是半无限的,因为输入的信息序列本身也是半无限的。于是任何时刻 i 的输出码字可用数学式表示为

$$\boldsymbol{C}^i=\sum_{l=0}^{L}\boldsymbol{m}^{i-l}\boldsymbol{G}^l \tag{6.4.3}$$

上式可视为无限长矩阵序列 $\boldsymbol{m}^i$ 与有限长矩阵序列 $\boldsymbol{G}^l$ 的卷积运算 $\boldsymbol{m}^i*\boldsymbol{G}^l$,这就是卷积码名称的来历。

$L+1$ 子矩阵 $\boldsymbol{G}^l$ 实质上是 $\boldsymbol{G}$ 在时间轴上的展开,前后两个子矩阵 $\boldsymbol{G}^l$ 和 $\boldsymbol{G}^{l+1}$ 在同一位置上的两个系数 $g_{k,n}^l$ 和 $g_{k,n}^{l+1}$ 分别表示了在前后两个时刻 l 和 $l+1$ 时第 k 输入行对第 n 输出码元的影响,两时刻的时间差为一个时延 D,完全可以用多项式 $g_{k,n}^lD^l+g_{k,n}^{l+1}D^{l+1}$ 的形式来表达,因此,可以用 D 的多项式代替时间轴,而把 $L+1$ 个子矩阵 $\boldsymbol{G}^l$ 合并成一个矩阵,即令

$$\boldsymbol{G}(D)=\boldsymbol{G}^0+\boldsymbol{G}^1D+\cdots+\boldsymbol{G}^LD^L=\begin{bmatrix} g_{00}(D) & g_{01}(D) & \cdots & g_{0(N-1)}(D) \\ g_{10}(D) & g_{11}(D) & \cdots & g_{1(N-1)}(D) \\ \vdots & \vdots & \ddots & \vdots \\ g_{(K-1)0}(D) & g_{(K-1)1}(D) & \cdots & g_{(K-1)(N-1)}(D) \end{bmatrix} \tag{6.4.4}$$

$\boldsymbol{G}(D)$的每一个元素都是多项式,可用通式表示为:

$$g_{k,n}(D)=g_{k,n}^0+g_{k,n}^1D+g_{k,n}^2D^2+\cdots+g_{k,n}^LD^L=\sum_{l=0}^{L}g_{k,n}^lD^l \tag{6.4.5}$$

(N,K)卷积编码器可以类比于一个有 K 个输入、N 个输出的多端口网络,$K\times N$ 多项式矩阵 $\boldsymbol{G}(D)$的第 k 行、第 n 列元素 $g_{k,n}(D)$描述了第 k 行输入对第 n 个输出码元的影响,被称为转移函数。它类似于多端口网络第 k 输入端对第 n 输出端的影响,借助网络分析或信

号流图中的转移函数的概念，通常把 $\boldsymbol{G}(D)$ 定义为转移函数矩阵。

一旦卷积编码器电路图给定，转移函数矩阵也就确定了，比如例 6.4.1 中的 $\boldsymbol{G}(D)=\begin{bmatrix}1+D & D & 1+D\\ D & 1 & 1\end{bmatrix}$；反之，转移函数矩阵给定，卷积编码器的结构也就给定了。

【例 6.4.2】 某二元(3,1,2)卷积码的转移函数矩阵 $\boldsymbol{G}(D)=(1,1+D,1+D+D^2)$，试画出编码器结构图。

解：根据式(6.4.4)可知：

$$\boldsymbol{G}(D)=(1,1+D,1+D+D^2)=[g_{00}(D),g_{01}(D),g_{02}(D)]$$

将式(6.4.5)代入得：

$$g_{00}(D)=g_{00}^0+g_{00}^1D+g_{00}^2D^2=1$$
$$g_{01}(D)=g_{01}^0+g_{01}^1D+g_{01}^2D^2=1+D$$
$$g_{02}(D)=g_{02}^0+g_{02}^1D+g_{02}^2D^2=1+D+D^2$$

因此

$$g_{00}^0=1,g_{00}^1=0,g_{00}^2=0$$
$$g_{01}^0=1,g_{01}^1=1,g_{01}^2=0$$
$$g_{02}^0=1,g_{02}^1=1,g_{02}^2=1$$

该编码器应有 1 行($k=1$)、3 列($L+1=3$)的记忆阵列，记忆阵列在线性组合中的作用由系数规定，而系数来自转移函数矩阵中各转移函数的各次幂系数，根据系数可画出卷积码编码器的结构如图 6-14 所示。

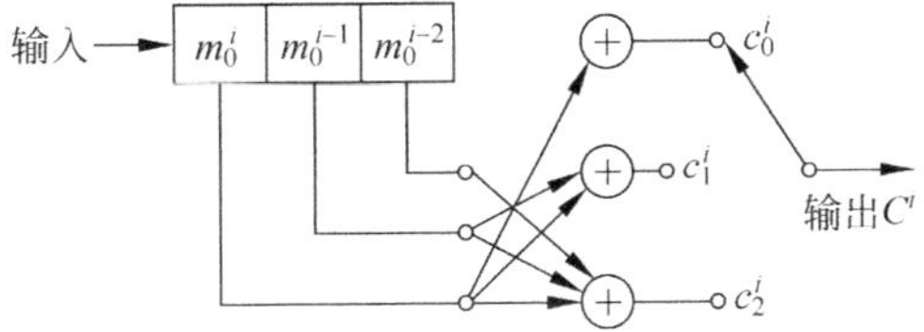

图 6-14 (3,1,2)二元卷积码编码器

以上转移函数矩阵 $\boldsymbol{G}(D)$ 的描述方法将矩阵、多项式与编码器结构的关系揭示得清清楚楚，但并没能揭示卷积码的内在特性。但状态图和网格图在这方面提供了很好的描述。

(2) 图形法。

由图 6-12(b)可知，卷积编码器在 i 时刻编出的码字不仅取决于本时刻的输入信息组 $\boldsymbol{m}^i$，还取决于 i 之前存入记忆阵列的 L 个信息组，换言之取决于记忆阵列的内容(即编码器的状态)，用函数形式表示是

$$\boldsymbol{C}^i=f(\boldsymbol{m}^i,\boldsymbol{m}^{i-1},\cdots,\boldsymbol{m}^{i-L})=f(\boldsymbol{m}^i,\boldsymbol{S}^i) \tag{6.4.6}$$

式中

$$\boldsymbol{S}^i=h(\boldsymbol{m}^i,\boldsymbol{m}^{i-1},\cdots,\boldsymbol{m}^{i-L+1})=h(\boldsymbol{m}^i,\boldsymbol{S}^i) \tag{6.4.7}$$

式(6.4.6)和(6.4.7)说明：本时刻输入信息组 $\boldsymbol{m}^i$ 和编码器状态 $\boldsymbol{S}^i$ 共同决定了编码器输出 $\boldsymbol{C}^i$ 和下一状态 $\boldsymbol{S}^{i+1}$。由于编码器状态和信息组组合都是有限数量的，所以可以用一个信息组 $\boldsymbol{m}$ 触发的状态转移图来描述一个卷积码。

【例 6.4.3】 (3,1,2)卷积码的转移函数矩阵 $\boldsymbol{G}(D)=(1,1+D,1+D+D^2)$，编码器结

构如图 6-14 所示。试用状态流图来描述该码。假如输入信息序列是 10110…,,输出码字是什么?

解:本题 $n=3,k=1,L=2$,记忆阵列为 1 行 3 列,其中第 1 列是本时刻 i 输入信息 $\boldsymbol{m}_0^i$,第 2、3 列是记忆信息即编码器状态,$\boldsymbol{m}_0^{i-1}$、$\boldsymbol{m}_0^{i-2}$ 的 4 种组合决定了编码器的 4 个状态。输入和状态又共同决定了编码输出和编码器的下一状态,各种状态及状态间的关系如表 6-12 所示。

表 6-12 (a)编码器状态定义

状 态	$\boldsymbol{m}_0^{i-1}\boldsymbol{m}_0^{i-2}$
S_0	00
S_1	01
S_2	10
S_3	11

表 6-12 (b)不同状态与输入时编出的码字

输入 状态	$\boldsymbol{m}_0^i=0$	$\boldsymbol{m}_0^i=1$
S_0	000	111
S_1	001	110
S_2	011	100
S_3	010	101

表 6-12 (c)不同状态与输入时的下一状态

输入 状态	$\boldsymbol{m}_0^i=0$	$\boldsymbol{m}_0^i=1$
S_0	S_0	S_2
S_1	S_0	S_2
S_2	S_1	S_3
S_3	S_1	S_3

比表更为简练和直观的方法是采用编码矩阵和状态流图,编码矩阵为

$$\boldsymbol{C}=\begin{matrix} & S_0 & S_1 & S_2 & S_3 \\ S_0 & 000 & . & 111 & . \\ S_1 & 001 & . & 110 & . \\ S_2 & . & 011 & . & 100 \\ S_3 & . & 010 & . & 101 \end{matrix}$$

编码矩阵第 i 行、第 j 列的元素表示由状态 S_{i-1} 转移到下一状态 S_{j-1} 时发送的码字,若矩阵元素是“.”,说明这种状态转移是不可能事件。比如从状态 S_0 转移到下一状态 S_1 就不可能,因为输入位只有 0 或 1 两种可能,只能对应两种转移,从表 6-12(c)看出状态 S_0 只能转移到状态 S_0 或 S_2。

图 6-15 是状态流图，圆圈代表状态，箭头代表转移，与箭头对应的标注，如 0/010，表示输入信息 0 时编出码字 010。每个状态都有两个箭头发出，分别对应着输入是 0，1 两种情况的转移路径。假如输入信息序列是 10110…，，从状态流图可以容易地找到输入输出和状态的转移。可从状态 S_0 出发，根据输入找到相应箭头，随箭头在状态流图上移动，得结果如图 6-16 所示。

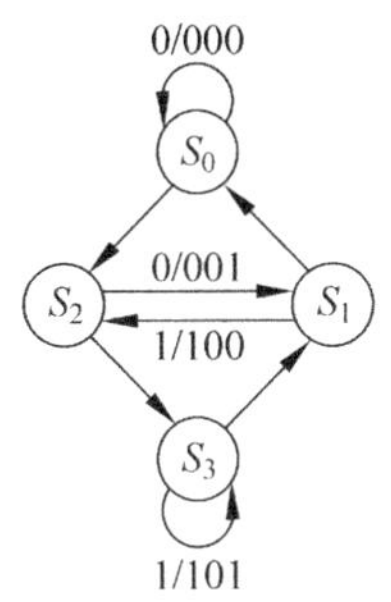

图 6-15　卷积码状态流图

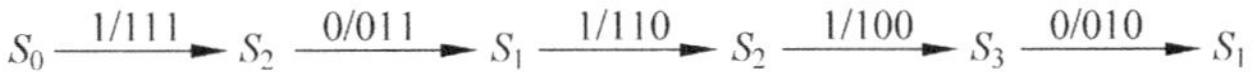

$S_0 \xrightarrow{1/111} S_2 \xrightarrow{0/011} S_1 \xrightarrow{1/110} S_2 \xrightarrow{1/100} S_3 \xrightarrow{0/010} S_1$

图 6-16　状态走向

从上例看出，编码矩阵清晰地揭示了状态转移规律，而状态流图则为利用信号流图的数学工具奠定了基础。但是状态流图缺少一根时间轴，不能记录下状态转移的轨迹。网格图（又称为格栅图、格子图、篱笆图）弥补了这个缺点。它以状态为纵轴，以时间（单位为码字周期 T）为横轴，将状态转移沿时间轴展开，从而使编码历史过程跃然纸上。网格图有助于发现卷积码的性能特征，有助于译码算法的推导，是借助计算机分析研究卷积码的最得力工具。

网格图分成两部分，一部分是对编码器的描述，告诉人们从本时刻的各状态可以转移到下一时刻的哪些状态，伴随转移的输入信息/输出码字是什么。另一部分是对编码过程的记录，一根半无限的水平线（纵轴上的常数）标志某一个状态，一个箭头代表一次转移，每隔时间 T（相当于图 6-12(b)移存器的一位时延 D）转移一次，转移的轨迹称为路径。两部分可以合在一起画，也可以单独画。例如，在描述卷积编码器本身而并不涉及具体编码时，只需第一部分网格图就够了；当状态很多、转移线很密时，网格图上难以标全伴随所有转移的输入输出码字信息时，可对照编码矩阵使问题看得更清楚些。

【例 6.4.4】　(3,1,2)卷积码，编码器结构如图 6-14 所示，试用网格图来描述该码。假如输入信息序列是 10110…，输出码字是什么？

解：根据例 6.4.3 中的编码矩阵和状态流图，可得网格图和编码轨迹如图 6-17 所示。

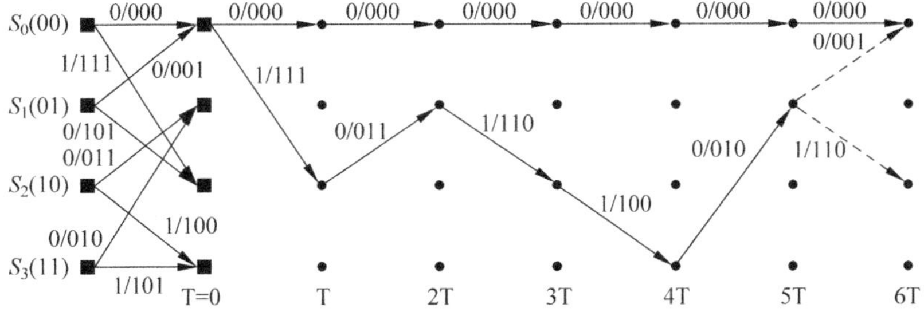

图 6-17　(3,1,2)卷积码网格图

由图 6-17 可以看出,当输入 5 位信息 10110 时。输出码字和状态转移为

$$S_0 \xrightarrow{1/111} S_2 \xrightarrow{0/011} S_1 \xrightarrow{1/110} S_2 \xrightarrow{1/100} S_3 \xrightarrow{0/010} S_1$$

如果继续输入第 6 位信息,信息为 0 或 1 时,状态将分别转移到 S_0 或 S_2,而不可能转移到 S_1 或 S_3。网格图顶上的一条路径代表全 0 信息/输出全 0 码字时的路径,这条路径在卷积码分析时常被用作参考路径。

从上例中可以看出,从某一状态出发只能转移到 4 个状态中的 2 个状态,可能进入到每一个状态的分支也只有两条,由此可见在网格图里的编码路径并不是随意的。推广为一般结论,从(n,k)卷积码网格图每个状态发出的转移路径可有 2^k 条。

对于无限长的信息序列,每一个 k 位信息组产生一个 n 位的码字,与分组码一样。但是对于有限长的信息如单个数据帧的信息,情况就不同了。设信息序列长度为 M 个 k 位分组,由于记忆效应,编码器在输出 M 个码字后将继续输出 L 个码字才能将记忆阵列中的内容完全移出,这就导致卷积码码率下降为

$$R_c = \frac{kM}{n(M+L)} \tag{6.4.8}$$

可见,卷积码约束长度 $L+1$ 越长,信息组数 M 越短,则编码效率越低。而当 $M\to\infty$时,码率 $R_c=k/n$。从这点来看,对于短的突发信息,卷积码约束长度也应设计得短些。

6.4.2 卷积码的最大似然译码——维特比算法

卷积码的性能取决于卷积码距离特性和译码算法,其中距离特性是卷积码自身本质的属性,它决定了该码潜在的纠错能力,而译码算法是研究如何将潜在能力转化为实际纠错能力。为此,了解卷积码距离特性是必要的。

1. 卷积码的距离特性

描述距离特性的最好方法是利用网格图。设序列 $\boldsymbol{C}^{(1)}$,$\boldsymbol{C}^{(2)}$是同一时刻从同一状态出发的任意两个不同的二进码字序列,设 0 时刻从 0 状态出发。序列距离定义为 $\boldsymbol{C}^{(1)}$和 $\boldsymbol{C}^{(2)}$两序列在对应时刻的码字的汉明距离之和,即两序列模 2 加后的重量。由于线性卷积码的封闭性,若 $\boldsymbol{C}^{(1)}\oplus\boldsymbol{C}^{(2)}=\boldsymbol{C}$,则 $\boldsymbol{C}$ 也是一个码字序列,有以下关系式

$$d(\boldsymbol{C}^{(1)},\boldsymbol{C}^{(2)}) = W(\boldsymbol{C}^{(1)} \oplus \boldsymbol{C}^{(2)}) = W(\boldsymbol{C}) = W(\boldsymbol{C} \oplus 0) = d(\boldsymbol{C},0) \tag{6.4.9}$$

其含义是:任意两序列间的距离等于将它们模 2 加后所得序列的汉明重量,又一定等于某一序列与全零序列的距离,等效地等于该序列的重量。因此与研究分组距离特性一样,可以通过研究序列重量来研究卷积码距离特性,序列间的最小距离正是最轻序列的重量。

序列距离还与序列的长度有关,长度为一个码字的两序列,距离不可能超过码长 n;两个码字长度的两序列,距离不可能超过 $2n$;而当序列长度趋于无穷时,距离可能趋于无穷。为此,定义长度 l(码字)的任意两序列的最小距离为 l 阶距离,记作 $d_c(l)$,即

$$d_c(l) = \min\{d\,(\boldsymbol{C}^{(1)},\boldsymbol{C}^{(2)})_l : \boldsymbol{C}^{(1)} \neq \boldsymbol{C}^{(2)}\} = \min\{W\,(\boldsymbol{C})_l : \boldsymbol{C} \neq 0\} \tag{6.4.10}$$

式中,下标 l 表示序列长度。当 $l\to\infty$时,任意两序列的最小距离叫做自由距离 d_f,即

$$d_f = \lim_{l\to\infty} d_c(l) = \min\{d(\boldsymbol{C}^{(1)},\boldsymbol{C}^{(2)})_\infty : \boldsymbol{C}^{(1)} \neq \boldsymbol{C}^{(2)}\} = \min\{W\,(\boldsymbol{C})_\infty : \boldsymbol{C} \neq 0\} \tag{6.4.11}$$

也有人直接把自由距离叫做最小距离,写成 d_m。根据定义,自由距离在网格图上就是 0 时

刻从 0 状态与全零路径分叉($C\neq 0$),经若干分支后又回到全零路径(与全零序列距离不再继续增大)的所有路径中,重量最轻(与全零序列距离最近)的那条路径的重量。

【例 6.4.5】 (3,1,2)卷积码,编码器结构如图 6-14 所示。试计算该码的自由距离 d_f。

解:分析 0 时刻从 0 状态与全零路径分叉却又回到全零路径的所有可能的路径如图 6-18 所示。其中伴随每个转移所标的数字是对应码字与全零码的距离。

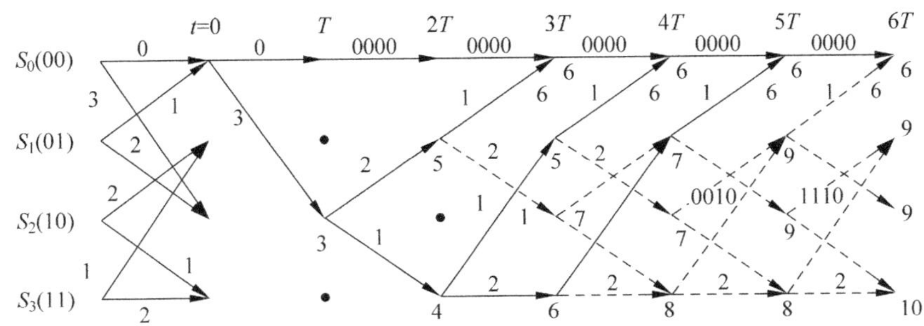

图 6-18 (3,1,2)卷积码的自由距离 d_f

图中,0 时刻分叉后的第一次转移只有一条非零分支,列距离 $d_c(1)=3$;

第二次转移后(时刻 $2T$)有 $S_0S_2S_1$ 和 $S_0S_2S_3$ 两条路径,重量分别是 $d[(111011),(000000)]=5$ 和 $d[(111100),(000000)]=4$,选其中小者为列距离,得 $d_c(2)=4$;

以此类推,可得各阶距离如图底部所示。

比较各值,发现 l 在$[4,\infty]$范围内列距离不变,即得自由距离 $d_f=\lim\limits_{l\to\infty}d_c(l)=6$,而具有该自由距离的路径有两条:

(1) $S_0S_2S_1S_0S_0\cdots$ $\lim\limits_{l\to\infty}d_c(l)=W(111,011,001,000,000,\cdots)=6$

(2) $S_0S_2S_3S_1S_0S_0\cdots$ $\lim\limits_{l\to\infty}d_c(l)=W(111,100,010,001,000,\cdots)=6$

列距离不再增加的原因是序列一旦重新与全零序列汇合,后面重合部分与全零序列的距离永远为零,整个序列的重量也就不再增加。

分组码的纠错能力取决于码的最小距离,分组码的最大似然译码实际上就是最小距离译码,这些准则同样也适用于卷积码。不同之处在于,分组码考虑的是孤立码字间的距离,而卷积码考虑的是码字序列间的距离。既然序列距离决定卷积码性能,衡量序列距离最主要的参数——自由距离 d_f 就成了卷积码的主要性能指标。卷积码自由距离 d_f 的计算方法有很多,简单的卷积码可以直接在网格图上推得;稍微复杂一些的卷积码可采用信号流图法,它也最具理论价值;而最实用的方法还是靠编程利用计算机来搜索。

2. 维特比算法

卷积码本质上是一个有限状态机,它的最佳译码器应该与有记忆信号的最佳解调器类似,是一个最大似然序列估计器。所以卷积码的译码就是要搜遍网格图找出最可能的序列。根据译码器之前的解调器执行的是软判决还是硬判决,硬判决搜寻网格图时所用的相似性量度是汉明距离,而软判决采用的是欧氏距离,这种最小距离译码称为卷积码的最大似然译码。当前最流行的卷积码译码算法是 1967 年维特比(Viterbi)提出的维特比算法。1969 年,小村(Omura)证明维特比算法等价于在一个加权图上求最短路径。1973 年,福尼(Forney)又证明了维特比算法实质上就是卷积码的最大似然译码。由于最优的特性和相对适中的复杂度,使维特比算法在卷积码译码中成为最普遍采用的算法。下面结合具体例子来说明硬判决维特比算法的执行过程。

【例 6.4.6】 (3,1,2)卷积码,其网格图如图 6-19 所示。设发送的码字序列是 $C=(000,111,011,001,000,000,\cdots)$,传输时发生两位差错,接收的码字序列是 $R=(110,111,011,001,000,000,\cdots)$,试用维特比算法译码。

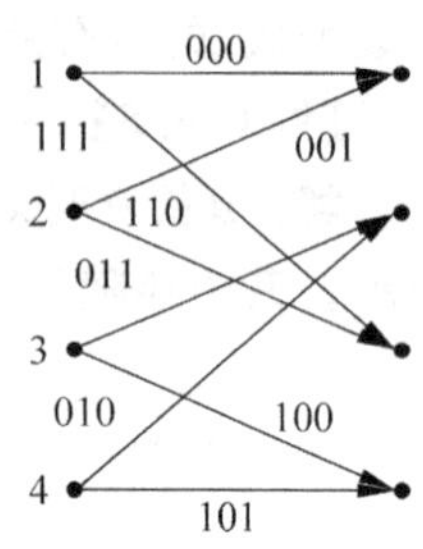

图 6-19 (3,1,2)卷积码网格图结构

解:(1)为了便于编程实现,用数组描述网格图结构,4 个状态分别是 1、2、3、4:

$$p(1,1)=1,c(1,1)=000,\quad p(1,2)=2,c(1,2)=001$$
$$p(2,1)=3,c(2,1)=011,\quad p(2,2)=4,c(2,2)=010$$
$$p(3,1)=1,c(3,1)=111,\quad p(3,2)=2,c(3,2)=110$$
$$p(4,1)=3,c(4,1)=100,\quad p(4,2)=4,c(4,2)=101$$

其中,$p(4,1)=3$,$p(4,2)=4$ 表示到达第 4 状态的第 1、第 2 个前状态(Predecessor)分别是状态 3 和 4,对应的码字分别是 $c(4,1)=100$ 和 $c(4,2)=101$,其他以此类推。

(2) 计算第 l 时刻接收码相对于各码字的相似度,称为分支量度(Branch Metric,BM)。在软判决情况下,BM 一般指欧氏距离。在二进制硬判决情况下,BM 即汉明距离

$$\mathrm{BM}^l(i,j)=W[c(i,j)\oplus R_l] \tag{6.4.12}$$

其中$\mathrm{BM}^l(i,j)$表示第 l 时刻接收码 R_l 与到达第 i 状态的第 j 个转移所对应的码字的距离。

根据题意可知 $R_1=110,R_2=111,R_3=011,R_4=001,R_5=000,\cdots$

以时刻 3 为例,分支量度(如图 6-20(a)所示)分别是$\mathrm{BM}^3(1,1)=W[c(1,1)\oplus R_3]=W[000\oplus 011]=2$,$BM^3(1,2)=1$,$BM^3(2,1)=0$,$BM^3(2,2)=1$,$BM^3(3,1)=1$,$BM^3(3,2)=2$,$BM^3(4,1)=3$,$BM^3(4,2)=2$。

(3) 计算第 l 时刻到达状态 i 的最大似然路径的相似度即路径量度(Path Metric,PM),它是将上一时刻的路径量度$PM^l(i)$与本时刻分支量度 BM 累加后选择其中相似度最大的一个,对于二进制硬判决就是选汉明距离最小的一个。

$$PM^l(i)=\min_j\{PM^{l-1}[p(i,j)]+BM^l(i,j)\} \tag{6.4.13}$$

初始时,除全零状态的$PM^0(1)=0$ 外,其余状态的$PM^0(i)=0,i\neq 0$ 均置为∞。

图 6-20(a)中,时刻 3 到达状态 1 的路径可以来自状态 1 和 2 两处,该两处前时刻的路径量度分别是$PM^2(1)=5$ 和$PM^2(2)=2$,本时刻的分支量度分别是$BM^3(1,1)=2$ 和$BM^3(1,2)=1$,因此时刻 3 状态 1 的路径量度

$$\begin{aligned}PM^3(1)&=\min_j\{PM^2[p(1,1)]+BM^3(1,1),PM^2[p(1,2)]+BM^3(1,2)]\}\\&=\min\{5+2,2+1\}=3\end{aligned}$$

以上计算路径量度的过程实际上就是挑选到达状态 1 的最大似然路径的过程。可以看到有两条路径:一条与接收码的距离为 5+2;另一条的汉明距离为 2+1,距离越小,似然度越大,所以取$PM^3(1)=3$ 隐含了选择路径 $S_1\to S_3\to S_2\to S_1$ 为到达状态 1 的最大似然路径。同理,到达其他各状态最大似然路径的 PM 分别是:

$$PM^3(2)=\min\{2+0,3+1\}=2$$
$$PM^3(3)=\min\{5+1,2+2\}=4$$
$$PM^3(4)=\min\{2+3,3+2\}=5$$

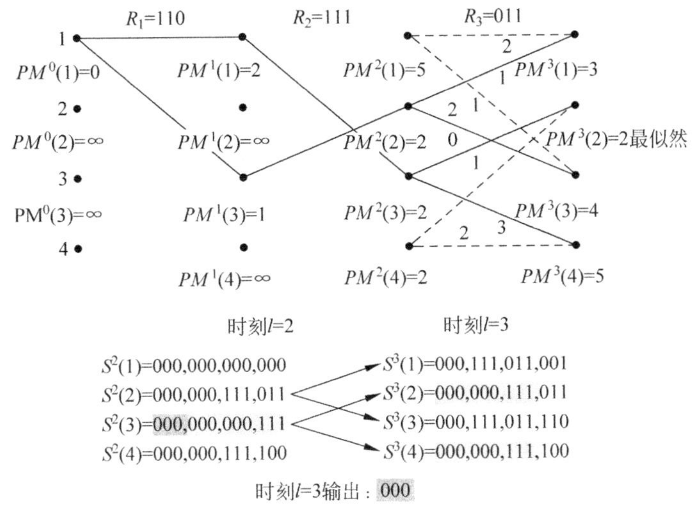

(a) l=3时的$BM^l(i,j)$, $PM^l(i)$, $S^l(i)$和网格图

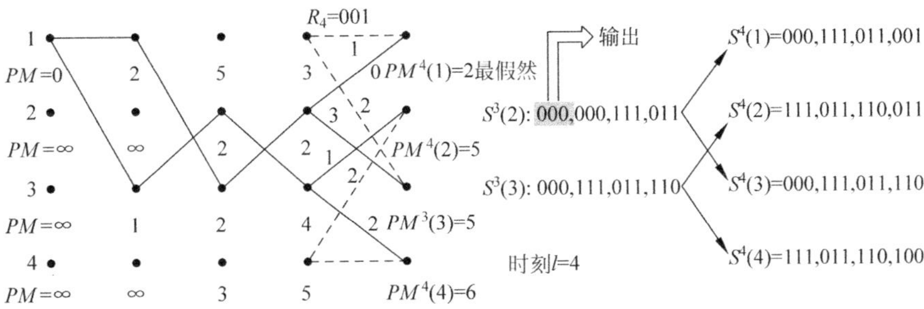

(b) l=4时的$BM^l(i,j)$, $PM^l(i)$, $S^l(i)$和网格图

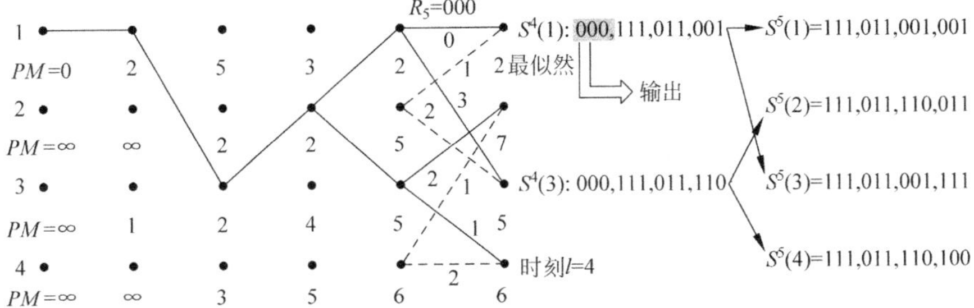

(c) l=5时的$BM^l(i,j)$, $PM^l(i)$, $S^l(i)$和网格图

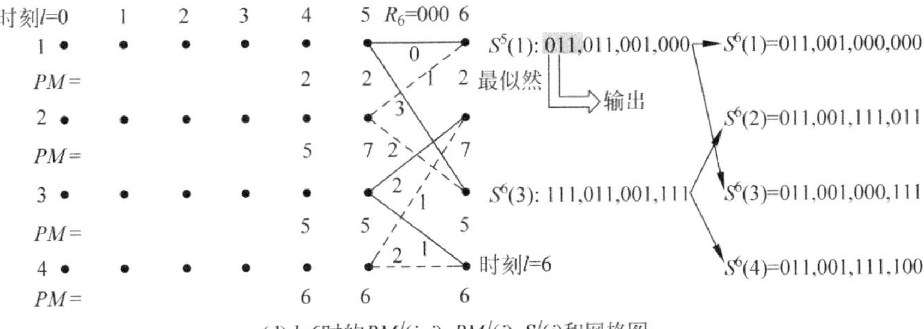

(d) l=6时的$BM^l(i,j)$, $PM^l(i)$, $S^l(i)$和网格图

图 6-20 不同时刻的$BM^l(i,j)$,$PM^l(i)$,$S^l(i)$和网格图

再将时刻3各状态的 PM 进行比较，显然，到达状态2的路径最似然。

(4) 译码输出以及更新第 l 时刻，状态 i 对应的留存路径 $S^l(i)$。留存路径是与最大似然路径对应的码字序列，每状态一个，长度为 L。留存路径每时刻按以下步骤更新一次：

① 设到达状态 i 的最大似然路径的前状态是 j，则令 j 状态前时刻的留存路径作为本时刻本状态 i 的留存路径，即 $S^l(i)=S^{l-1}(j)$；

② 选择具有最小(最似然)PM 那个状态的留存路径最左边的码字作为译码输出；

③ 将各状态留存路径最左边的码字从各移存器移出，再将到达各状态的最大似然路径在时刻 l 所对应的码字从右面移入留存路径 $S^l(i)$。

如图6-20(a)中，时刻 $l=3$ 到达状态2的最大似然路径来自状态3，而前时刻状态3的留存路径是 $S^2(3)=000,000,000,111$(长度 $L=4$)。比较各状态的 $PM^3(i)$，发现状态2是最大似然路径，其前时刻在状态3，于是取 $S^2(3)$ 最左边的码字000作为译码输出。接着，将 $S^2(2)$ 最左边(最旧)的码字000移出，将时刻3到达状态2的转移所对应的码字011从右边移入，得更新后状态2的留存路径 $S^3(2)=000,000,111,011$。同理可得到 $S^3(1)$，$S^3(3)$，$S^3(4)$。

重复步骤(2)～(4)，将维特比算法持续下去，如图6-20(b)～(d)所示。

最后结果是：

发码：000,111,011,001,000,000,…；

收码：110,111,011,001,000,000,…；

译码：000,000,000,000,000,111,011,001,000,000,…。

可见，经时延 $D=4$ 后，维特比译码克服了收码中一个码字的差错，正确译码输出。

从上例可以看出：

(1) 每个状态都有自己的留存路径和路径量度，但最后只有其中一个被采纳作为译码估值序列的输出。在硬判决时，支路量度 BM 表示一次转移的差错数，路径量度 PM 表示一条路径上差错数的累计，而留存路径是到达该状态差错累计数最少的那条路径所对应的码字序列片断(长度 L)。

(2) 引入适当时延能提高译码器的纠错能力。网格图上正确路径只有一条，它和其他的路径量度 PM 虽然都在持续增大，但造成增大的原因不同，统计特性也是不同。正确路径的 PM 是由于码字差错造成的，增大速率取决于差错概率；而其他路径是由于路径差异造成的，PM 持续增大且上升速度快。当信道中产生突发差错时，会导致正确路径的 PM 突然增大而暂时超过其他路径，但只要突发差错长度在一定限度之内，那么经过一段时间后正确路径的 PM 就会恢复成最小。因此，引入时延就是按统计特性而不是逐码字去判决，可提高译码正确率，时延 L 的长度一般取卷积码状态数的5倍。

(3) 各状态的留存路径有合并为一条的趋势。比较图6-20(b)和(d)，可以看出在时刻 $l=0$ 到 $l=4$ 的留存路径已合为一条。这不是偶然的，但需要一定条件，那就是时延足够长。

(4) PM 是单调增大的，如不处理总会趋于无穷，所以要定期处理，比如各状态 PM 同时减去同一个数。由于最大似然译码仅对各状态 PM 的相对大小进行比较，所以同减一个数对算法没影响。

一般来说，若用维特比算法对具有 2^M 个状态的(n,k)卷积码进行译码，就有 2^M 个路径量度和 2^M 条留存路径。在网格图每一时刻的每一节点，有 2^k 条路径汇合于该点，其中每一条路径都要计算其量度并最后比大小，因此每个节点要计算 2^k 个量度，这样，在执行每一级的译码中，计算量将随 k 和 M 成指数地增加，这就将维特比算法的应用局限于 k 和 M 值较小的场合。

对于软判决维特比算法，其执行过程和硬判决完全一样，不同点只是似然度的定义。硬判决中的似然度是汉明距离，而软判决的似然度是欧氏距离。

6.4.3 卷积码的性能限

卷积码的性能限由编码方法决定，而实际能否达到该性能限还与译码方法有关。在各序列等概的情况下，维特比最大似然译码等效于最佳译码。因此，当讨论卷积码性能时总是以维特比算法为基础的。

分组码的一个差错只影响一个码字，而卷积码的一个差错却要影响一个序列。假定发送的是一个全零序列，则正确译码序列的轨迹应该是网格图顶部水平的那条全零路径，称为正确路径。任何偏离这条正确路径的译码估值序列都是错误路径。确切地说，把某时刻 i 从正确路径分岔出去，经过若干步后在 j 时刻又合并回正确路径的这段过程定义为差错事件，相应的路径就是差错路径。下面来推导硬判决条件下 BSC 信道的差错概率。

维特比算法中，假如 j 时刻与全零路径汇合的某条差错路径与距离小于正确（全零）路径与接收序列的距离，那么译码器就会选择差错路径作为最大似然路径，译码就出错了。设差错路径的重量是 d（路径上有 d 个“1”而其余为“0”），此时接收序列的重量必定大于 $d/2$。显然，重量为 d 的差错事件概率就是重量不小于 $(d+1)/2$ 而不大于 d 的概率

$$P(E,d)=\sum_{l=(d+1)/2}^{d}\binom{d}{l}p^{l}(1-p)^{d-l} \tag{6.4.14}$$

式中，p 是 BSC 信道的转移概率；l 是差错个数。

利用组合公式 $\sum_{l=0}^{d}\binom{d}{l}=2^d$，设 d 为奇数，经不等式的放大，代入式(6.4.14)得

$$\begin{aligned}P(E,d)&<\sum_{l=(d+1)/2}^{d}\binom{d}{l}p^{d/2}(1-p)^{d/2}<p^{d/2}(1-p^{d/2})\sum_{l=0}^{d}\binom{d}{l}\\&=2^d p^{d/2}(1-p^{d/2})=\left(\sqrt{4p(1-p)}\right)^d\end{aligned} \tag{6.4.15}$$

同理可证当 d 为偶数时式(6.4.15)也成立。取 d 的不同值，总的差错事件概率为

$$P(E)=\sum_{d=d_f}^{\infty}A_d P(E,d)<\sum_{d=d_f}^{\infty}A_d\left(\sqrt{4p(1-p)}\right)^d \tag{6.4.16}$$

式中，A_d 是正整数，表示重量为 d 从零状态出发又回到零状态的非零路径（即差错路径）的条数。

将上式与 $T(D)$ 相比较得

$$P(E)<T(D)\big|_{D=\sqrt{4p(1-p)}} \tag{6.4.17}$$

式中，$T(D)=\sum_{d=d_f}^{\infty}A_d D^d$ 为生成函数。上式说明：差错事件概率 $P(E)$ 不大于 $T(D)|_{D=\sqrt{4p(1-p)}}$。由此可见，生成函数 $T(D)$ 可以用来计算卷积码的性能限。

当 BSC 转移概率很小时，式(6.4.16)的值主要由第一项 $(d=d_f)$ 决定，式(6.4.16)可简化为

$$P(E) \approx A_{d_f}\left(\sqrt{4p(1-p)}\right)^{d_f} \approx A_{d_f} 2^{d_f} p^{d_f/2} \tag{6.4.18}$$

从通信角度讲，最终的质量指标是误信息比特率 $P_b(E)$，为此还需寻找从差错事件概率 $P(E)$ 推导误比特率 $P_b(E)$ 的方法。已知，一个重量为 d 的差错路径包含 d 个差错比特，对于系统卷积码而言，这些差错比特有的是信息比特，有的并不是信息比特。定义所有 A_d 条重量为 d 的差错路径所对应的信息序列(有别于码字序列)的重量之和为 B_d，由于正确信息序列的重量为 0，显然越大 B_d 误信息比特率也就越大。某一时刻差错事件的概率实质上就是译码(以码字为单位)差错的概率，对于一个 (n,k) 卷积码而言，一个码字含 k 比特信息。用 B_d 取代式(6.4.16)中的 A_d 且除以 k(分摊到每个信息位)，就得到信息位的差错概率

$$P(E) < \sum_{d=d_f}^{\infty} \frac{B_d}{k}\left(\sqrt{4p(1-p)}\right)^{d} \tag{6.4.19}$$

上式称为契尔诺夫(Chernoff)上边界。当 $p \ll 1$ 时，取上式的首项，得

$$P(E) < \frac{B_{d_f}}{k} 2^{d_f} p^{d_f/2} \tag{6.4.20}$$

这就是**BSC 信道的误信息比特率**。

在 AWGN 信道，信噪比与硬判决误码率(可视为 BSC 中的 p)的关系是

$$p = \frac{1}{2} erfc\left(\sqrt{\frac{E}{N_0}}\right) \approx \frac{1}{2} e^{-\frac{E}{N_0}} \tag{6.4.21}$$

式中，$erfc()$ 是误差补函数；E 是每码元的能量；N_0 是单边噪声功率谱密度。

当 $p \ll 1$ 时，将式(6.4.21)代入式(6.4.20)，得

$$P_b(E) \approx \frac{B_{d_f}}{k} 2^{d_f/2} e^{-\frac{E}{N_0} \times \frac{d_f}{2}} \tag{6.4.22}$$

令码率 $R=k/n$，将每一码元的能量折合成一信息位的能量，则

$$E = E_b R \tag{6.4.23}$$

代入式(6.4.22)得

$$P_b(E) \approx \frac{B_{d_f}}{k} 2^{d_f/2} \exp\left(-\frac{E_b}{N_0} \cdot \frac{R d_f}{2}\right) \tag{6.4.24}$$

与编码的情况相比较，不编码时一个码元就是一个比特，即，由式(6.4.21)

$$P_b(E)_{\text{不编码}} = \frac{1}{2} e^{-\frac{E_b}{N_0}} \tag{6.4.25}$$

将编码式(6.4.24)与不编码式(6.4.25)时的误比特率 $P_b(E)$ 作比较，忽略 exp() 的系数而注意起主导作用的指数项，可以定义两者指数之比(分贝)为渐近编码增益

$$\gamma = 10\lg(R \cdot d_f/2)\,\text{dB} \tag{6.4.26}$$

渐近编码增益的物理意义是指 $E_b/N_0 \to \infty$ 时，在同样的信息速率和同样的误比特率条件下，采用硬判决维特比译码较之不编码的信息传输所要求的信噪比 E_b/N_0 可以降低的分贝数。正因为渐近，所以实际的编码增益总是小于 γ。

用类似的方法，可以求得 DMC 信道软判决时的各项结果。连同上面的结果一起，列于表 6-13 中。

表 6-13 硬、软判决下的误比特率和渐近编码增益

	硬 判 决	软 判 决
BSC 信道的误比特率	$P_b(E)\approx\frac{B_{d_f}}{k}2^{d_f}p^{d_f/2}$	$P_b(E)\approx\frac{B_d}{k}\left(\sum_{j=1}^{Q}\sqrt{p(j\mid 0)p(j\mid 1)}\right)^{d_f}$
AWGN 信道误比特率	$P_b(E)\approx\frac{B_{d_f}}{k}2^{d_f/2}\exp\left(-\frac{E_b}{N_0}\cdot\frac{Rd_f}{2}\right)$	$P_b(E)\approx\frac{B_{d_f}}{k}\exp\left(-\frac{E_b}{N_0}\cdot Rd_f\right)$
渐近编码增益	$\gamma=10\lg(R\cdot d_f/2)\mathrm{dB}$	$\gamma=10\lg(R\cdot d_f)\mathrm{dB}$

值得注意的是，软判决与硬判决的渐近编码增益相差一个因子 lg2 即 3dB。鉴于上式在推导过程中的多次取上限和取近似，3dB 增益只是上限估计，AWGM 信道上软判决优于硬判决的实际增益一般在 2dB 左右。

从以上编码增益的计算中可知自由距离是卷积码最重要的参数，它与码率一起决定了编码增益。卷积码设计的目标就是在一定约束条件下使设计的卷积码具有最大的 d_f。

本章小结

1. 信道编码的基本参数：码率、码重、码距、码的纠错、检错能力。

2. 有扰信道的信道编码定理：只要信息传输率 R 小于信道容量 C，总存在一种信道编码(及解码器)，以所要求的任意小的差错概率实现可靠通信。

有扰信道的信道编码逆定理：信道容量 C 是可靠通信系统信息传输率 R 的上界，如果 $R>C$，就不可能有任何一种信道编码使差错概率任意小。

3. 最佳译码：$\hat{\boldsymbol{c}}_i=\max P(\boldsymbol{c}_i\mid\boldsymbol{r})$

最大似然译码：$\hat{\boldsymbol{c}}_i=\max P(\boldsymbol{r}\mid\boldsymbol{c}_i)$

4. 线性分组码的基本概念

生成矩阵：$$\boldsymbol{G}=[\boldsymbol{g}_{k-1},\cdots,\boldsymbol{g}_1,\boldsymbol{g}_0]^{\mathrm{T}}=\begin{bmatrix} g_{(k-1)(n-1)} & \cdots & g_{(k-1)1} & g_{(k-1)0} \\ \cdots & \ddots & \vdots & \vdots \\ g_{1(n-1)} & \cdots & g_{11} & g_{10} \\ g_{0(n-1)} & \cdots & g_{01} & g_{00} \end{bmatrix}$$

码字：$\boldsymbol{C}=[c_{n-1},\cdots,c_1,c_0]=m_{k-1}\boldsymbol{g}_{k-1}+\cdots+m_i\boldsymbol{g}_i+\cdots+m_1\boldsymbol{g}_1+m_0\boldsymbol{g}_0=\boldsymbol{mG}$

一致校验矩阵：$$\boldsymbol{H}=\begin{bmatrix} h_{(n-k-1)(n-1)} & \cdots & h_{(n-k-1)1} & h_{(n-k-1)0} \\ \cdots & \ddots & \vdots & \vdots \\ h_{1(n-1)} & \cdots & h_{11} & h_{10} \\ h_{0(n-1)} & \cdots & h_{01} & h_{00} \end{bmatrix}$$

码字与一致校验矩阵满足 $\boldsymbol{HC}^{\mathrm{T}}=\boldsymbol{0}^{\mathrm{T}}$ 或 $\boldsymbol{CH}^{\mathrm{T}}=0$

伴随式：$\boldsymbol{S}=(s_{n-k-1},\cdots,s_1,s_0)=\boldsymbol{RH}^{\mathrm{T}}=\boldsymbol{EH}^{\mathrm{T}}$

构造标准阵列译码表的一般步骤：

(1) 用概率译码确定各伴随式对应的差错图案。

(2) 确定标准阵列译码表的第一行和第一列。

(3) 在码表的第 j 行、第 i 列填入 $\boldsymbol{C}_i+\boldsymbol{E}_j$。

线性分组码的纠错能力：任何最小码距为 $d_{\min}$ 的线性分组码，其检错能力为 $d_{\min}-1$，纠错能力为 $t=\text{int}\left[\frac{d_{\min}-1}{2}\right]$

汉明码：一类纠错能力 $t=1$ 的码的统称，对于二进制汉明码，其码长 n 和信息位数 k 服从以下规律 $(n,k)=(2^m-1,2^m-1-m)$

5. 循环码的基本概念

循环码的生成多项式：$g(x)=g_{n-k}x^{n-k}+\cdots+g_1x+g_0$

码多项式：$C(x)=m(x)g(x)$

(n,k) 循环码的构造方法：

(1) 对 (x^n+1) 作因式分解，找出其 $n-k$ 次因式。

(2) 以 $n-k$ 次因式为生成多项式 $g(x)$，与信息多项式 $m(x)$ 相乘，即得码多项式 $C(x)=m(x)g(x)$ (n,k) 系统循环码的构造方法：

将信息多项式 $m(x)$ 预乘 x^{n-k}，即右移 $n-k$ 位。

(3) 将 $x^{n-k}m(x)$ 除以 $g(x)$，得余式 $r(x)$；

(4) 系统循环码的码多项式为 $C(x)=x^{n-k}m(x)+r(x)$，写出相应码字。

常用的循环码：*BCH* 码、*RS* 码、循环冗余校验码

6. 卷积码的基本概念

卷积码的描述方法：

(1) 解析法：主要有离散卷积法、生成矩阵法、码多项式法。

(2) 图形法：主要有状态图法和网格图法。

卷积码的距离特性：$d(\boldsymbol{C}^{(1)},\boldsymbol{C}^{(2)})=\boldsymbol{W}(\boldsymbol{C}^{(1)}\oplus\boldsymbol{C}^{(2)})=\boldsymbol{W}(\boldsymbol{C})=\boldsymbol{W}(\boldsymbol{C}\oplus 0)=d(C,0)$

卷积码的译码算法——维特比算法。

习题

6-1 已知一码的 8 个组为(000000),(001110),(010101),(011011),(100011),(101101),(110110),(111000)，求该码的最小距离。若该码组用于检错，能检出几位错码？若用于纠错，能纠正几位错误？若用于纠检结合方式，其纠、检错能力如何？

6-2 证明一个线性码，若它的最小距离 $d_{\min}\geqslant e+t+1$，则可纠正 t 个以内的错误，且同时可检测 e 个以内 $e>t$ 的错误。

6-3 一个(8,4)系统码，其信息序列为 (m_3,m_2,m_1,m_0)，码字序列为 $(c_7,c_6,c_5,c_4,c_3,c_2,c_1,c_0)$，它的校验方程为

$$\begin{aligned}c_3&=m_3+m_1+m_0\\c_2&=m_3+m_2+m_0\\c_1&=m_2+m_1+m_0\\c_0&=m_3+m_2+m_1\end{aligned}$$

(1) 求该码的生成矩阵和一致校验矩阵。

(2) 该码的最小距离。

(3) 若某接收序列 $\boldsymbol{R}$ 的伴随式为 $\boldsymbol{S}=[1011]$,求其错误图样 $\boldsymbol{E}$ 及发送码字 $\boldsymbol{C}$。

6-4　某二进(7,3)线性码的生成矩阵为

$$\boldsymbol{G}=\begin{bmatrix}0&0&1&1&1&0&1\\0&1&0&0&1&1&1\\1&0&0&1&1&1&0\end{bmatrix}$$

(1) 求出该码的全部码字。

(2) 计算该码的校验矩阵 $\boldsymbol{H}$。

(3) 计算该码的最小距离。

(4) 列出标准阵列译码表。

(5) 证明:与信息序列 101 相对应的码字正交于 $\boldsymbol{H}$。

6-5　某帧所含信息是,循环冗余校验码的生成多项式 $g(x)=x^{16}+x^{12}+x^5+1$ 是 CRC-ITU-T 规定的,问附加在信息位后的 CRC 校验码是什么?

6-6　证明:由 CRC-ITU-T 生成多项式 $g(x)=x^{16}+x^{12}+x^5+1$ 生成的码字的重量一定是偶数。

6-7　(7,3)循环码生成多项式是 $g(x)=x^4+x^3+x^2+1$,设计一个系统循环码。

6-8　计算(7,4)系统循环汉明码最小重量的可纠差错图案和对应的伴随式。

6-9　设计一个(15,11)系统汉明码的生成多项式为 $g(x)=x^4+x+1$。

(1) 求此码的最小距离。

(2) 若接收多项式为 $x^8+x^6+x^5+x^2+1$,此接收序列是码多项式吗?求它的伴随式,并写出纠正后所译成的码多项式。

(3) 若信息多项式为 $m(x)=x^7+x^4+x+1$,求其所编的码多项式及对应的码字序列。

(4) 画出此码的编码原理图。

6-10　设一分组码具有一致校验矩阵

$$\boldsymbol{H}=\begin{bmatrix}1&0&0&1&0&1\\0&1&0&0&1&1\\0&0&1&1&1&1\end{bmatrix}$$

(1) 求这分组码 $n=?$ $k=?$,共有多少个码字。

(2) 此分组码的生成矩阵。

(3) 矢量 101010 是否是码字,并列出所有码字。

(4) 设发送码字 $\boldsymbol{C}=(001111)$,但接收到的序列为 $\boldsymbol{R}=(000010)$,其伴随式 $\boldsymbol{S}$ 是什么,这伴随式指出已发生的错误在什么地方,为什么与实际错误不同。

6-11　生成某卷积码的转移函数矩阵是 $\boldsymbol{G}(D)=[1+D^2,1+D+D^2+D^3]$。

(1) 画出编码器的结构图。

(2) 画出编码器的状态图。

(3) 求该码的自由距离 d_f。

6-12　某卷积码 $\boldsymbol{G}^0=[1\quad 0\quad 0]$,$\boldsymbol{G}^1=[1\quad 0\quad 1]$,$\boldsymbol{G}^2=[1\quad 1\quad 1]$。

(1) 画出该编码的编码器结构图。

(2) 画出该码的状态图和网格图。

(3) 求出该码的转移函数和自由距离。

6-13　某二元卷积码的生成子矩阵为 $\boldsymbol{G}^0=\begin{bmatrix}1 & 0 & 1\\0 & 1 & 1\end{bmatrix}$,$\boldsymbol{G}^1=\begin{bmatrix}1 & 1 & 1\\1 & 0 & 0\end{bmatrix}$

(1) 求此卷积码的生成矩阵。

(2) 画出此卷积码的编码器原理图。

(3) 若输入信息序列为(011001011110…),求输出码字序列。

(4) 画出此卷积码的状态流图和网格图。

6-14　某(3,1)卷积码的框图如图 6-21 所示。

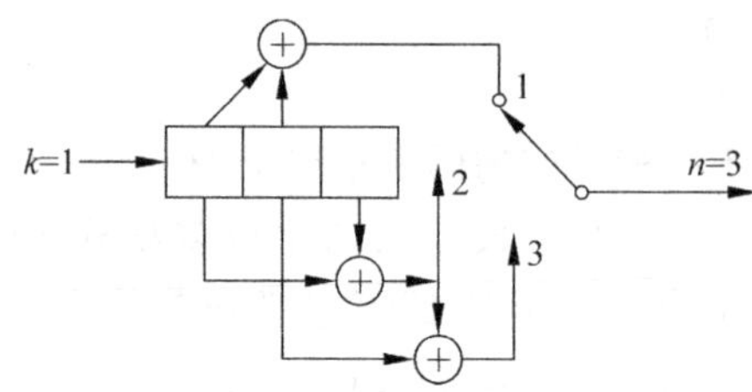

图 6-21　习题 6-14 图

(1) 画出该码的状态图。

(2) 求该码的自由距离,在网格图上画出相应路径(与全 0 码字相距的路径)。

(3) 对 4bit 信息和紧接的 2 位 0 比特位卷积编码后,以 $p=0.1$ 的差错概率通过 BSC 信道传送到接收端。已知接收序列是(111,111,111,111,111,111),试用维特比算法找出最大似然的发送数据序列。

第7章 加密编码

CHAPTER 7

随着信息社会的到来，人们需要不断地与外界和他人进行联系和沟通，以获取信息。信息需要利用通信网络（如电话、电报、传真、微波、卫星、光纤等）来传送和交换，需要利用计算机进行处理和存储。为了增加信息的保密性与安全性，防止信息在存储和传输过程中被非法盗用、暴露或篡改，有必要对信息进行加密编码。加密编码在不断发展和扩展的过程中形成了一门新的学问——密码学，它涉及两部分内容：密码编码和密码分析（破译）。利用密码对各类电子信息进行加密，以保证在其处理、存储、传送和交换过程中不会泄露，是迄今为止对电子信息实施保护，保证信息安全的唯一有效措施。

密码学在最初的时候，仅限于加解密。但是，随着公开密钥加密算法的提出，人们发现公开密钥算法反过来使用的时候，可以实现数字签名。因此，密码学将数字签名及认证、身份认证、信息完整性检验、保密选举、安全多方计算等多方面内容纳入其应用领域。如今，密码学是信息安全的核心，不仅数据的保密、认证、访问控制等均需要利用密码学，它还可以应用于反病毒、防火墙和入侵检测。

在密码学中加密编码的首要目的是隐藏信息的含义，即将消息变换为一种无法理解的形式。现代的密码学除了通过加密实现机密性以外，经过逐步的发展，还可以实现以下安全需求：

(1) 完整性。从信息资源生成到利用期间保证内容不被篡改。

(2) 可用性。对于信息资源有存取权限的人，什么时候都可以利用。

(3) 真实性。保证信息资源的真实性，具有认证功能。

(4) 责任追究性。能够追究信息资源什么时候使用、谁在使用及怎样操作使用。

(5) 公平性。保证各方的公平，防止作弊等。

本章主要讨论以下问题：

- 加密编码的基本概念和熵概念；
- 数据加密标准；
- 公开密钥加密算法；
- 信息安全和确认技术。

7.1 加密编码概述

7.1.1 加密编码的基本概念

人们希望把重要的信息通过某种变换转换成秘密形式的信息。转换方法可以分为两大类：

- 隐写术：隐蔽信息载体——信号的存在，古代常用；
- 编码术：将载荷信息的信号进行各种变换使它们不被非授权者所理解。

在利用现代通信工具的条件下，隐写术受到很大限制，但编码术却以计算机为工具取得了很大的发展。通常把待伪装或待加密的消息称为明文 M 或 $\boldsymbol{P}$(Plaintext)。一般可以简单地认为明文是有意义的字符或比特集，或通过某种公开的编码标准就能获得的消息。对明文施加某种伪装或变换后的输出称为密文 C(Ciphertext)。将普通消息(明文)转换成难以理解的符号串的过程称为加密 E(Encryption)；相反，从密文恢复出明文的过程称为解密 D(Decryption)。加密实际上是明文到密文的函数变换，变换过程中使用的参数叫密钥 K(Key)。用于加密算法的密钥称为加密密钥，用于解密算法的密钥称为解密密钥，两者可能相同(称为单密钥)，也可能不同(称为双密钥)。完成加密和解密的算法称为密码体制。因此，一个密码系统可以用数学符号来描述：

$$S=\{M,C,K,E,D\} \tag{7.1.1}$$

式中

- M 是明文空间，表示所有可能出现的明文集合；
- C 是密文空间，表示所有可能出现的密文集合；
- K 是密钥空间，表示所有可能出现的密钥(包括加密密钥和解密密钥)集合；
- E 是加密算法，表示由加密密钥控制的由 M 到 C 的加密变换；
- D 是解密算法，表示由解密密钥控制的由 C 到 M 的解密变换。

加密解密的示意图如图 7-1 所示。

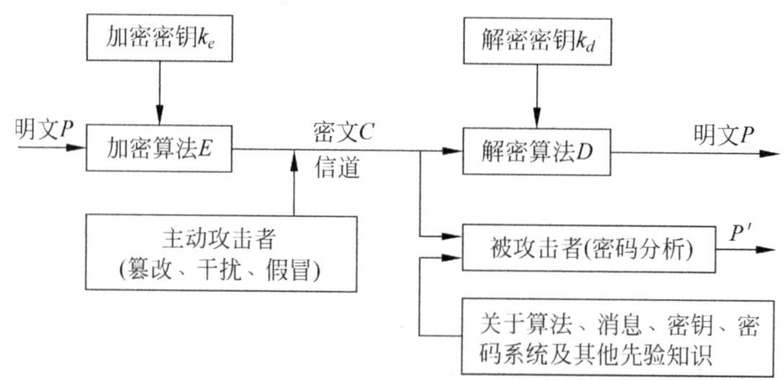

图 7-1 加解密模型示意图

一般地，密码体制必须满足 3 个基本要求：

(1) 对所有的密钥、加密和解密都必须迅速有效。

(2) 体制必须容易使用。

(3) 体制的安全性必须只依赖于密钥的保密性，而不依赖算法 E 或 D 的保密性。

第一个要求对于计算机系统是十分重要的，在进行数据传输时通常需要进行加密和解密。如果运算速度过于缓慢，就会成为整个计算机网络的薄弱环节。还有存储量(程序的长度、数据分组长度、高速缓存大小)、实现平台(硬件、软件、芯片)、运行模式等因素均需折中考虑。

第二个要求意味着编码员应能方便地找到具有逆变换的密钥加以解密。

第三个要求意味着加密算法和解密算法都应该很强，能使破译者仅知道加密算法还不足以破解密码。这项要求是完全必要的，因为算法要交给公众使用，破译者也会知道它。因而，无论什么人，只要根据待定的密钥 K，就可以用 E_k 进行加密变换，用 D_k 进行解密变换。但与此同时，却不容许相反的情况成立，也就是知道 E_k 和 D_k 后不应该导出密钥 K。只有这样，才能阻止密码分析员破译密码。

密码体制要实现的功能可分为保密性和真实性两种。保密性要求密码分析员无法从截获的密文中求出明文，包括两项要求：

(1) 使截获了一段密文 C，甚至知道了与它对应的明文 M，密码分析员要从中系统地求出解密变换，仍然是计算上不可能的(一般地，如果求解一个问题需要一定量的计算，但环境所能提供的实际资源却无法实现，则称这种问题是计算上不可能的)；

(2) 密码分析员要由截获的密文 C 系统地求出明文 M 是计算上不可能的。

保密性的第一个要求保证了不能系统地求出解密变换。第二个要求保证了在不知道解密变换的情况下无法从密文解出明文。无论被截获的密文消息的数量和长度是多少，为了实现保密性，这两个要求都必须成立。

保密性只要求对变换 D_k(解密密钥)加以保密，只要不影响 D_k 的保密，变换 E_k 可以公布于众。图 7-2(a)表示了这种情况。

真实性要求密码分析员无法用虚假的密文 C' 代替真实密文 C 而不被察觉，包括两个要求：

(1) 对于给定的 C，即使密码分析员知道对应于它的明文 M，要系统地求出加密变换仍然是计算上不可能的；

(2) 密码分析员要系统地找到密文 C'，使 $D_k(C')$ 是明文空间上有意义的明文，这在计算上是不可能的。

真实性的第一个要求保证了不可能系统地求出加密变换 E_k。第二个要求保证了在不知道加密变换 E_k 的情况下不能找到虚假密文 C'，使它在解密后变为有意义的明文。与保密性类似，为了实现真实性，无论被截获的密文数量多大，这两个要求都必须成立。真实性只要求变换 E_k(加密密钥)保密，变换 D_k 可公布于众。图 7-2(b)表示了这种情况。

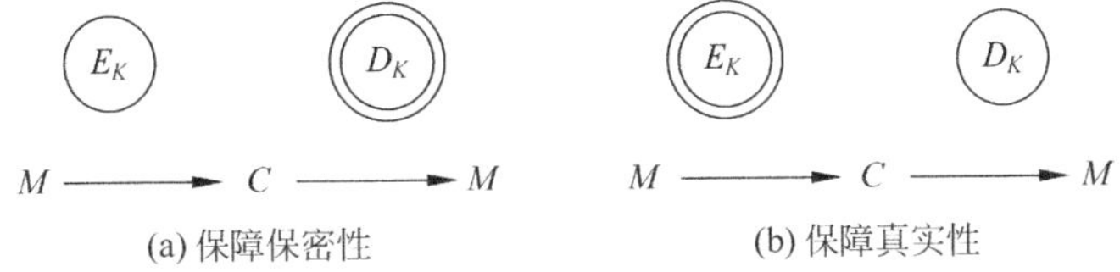

图 7-2 加解密变换

根据加密明文数据时的加密单位不同，可以把密码分为分组密码和序列密码两大类。

设 M 为密码消息，将 M 分成等长的连续区组 $M_1, M_2, \cdots$，并且用同一密钥 K 为各区组加密，即

$$C = E_k(M) = E_k(M_1)E_k(M_2)\cdots \tag{7.1.2}$$

则称这种密码为分组密码。分组的长度一般是几个字符。

若将 M 分成连续的字符或位 $m_1, m_2, \cdots,$，并用密钥序列 $K=K_1, K_2, \cdots,$ 的第 i 个元素 K_i 给 m_i 加密，即

$$C = E_K(M) = E_{K_1}(m_1)E_{K_2}(m_2)\cdots \tag{7.1.3}$$

则称该密码为序列密码。这种密码的安全性在于密钥序列的性质和产生方法。后面要介绍的数据加密标准(Data Encryption Standard,DES)和RSA密码体制都是采用分组密码。

7.1.2 加密编码算法分类

密码体制可分为对称(单密钥)体制和非对称(双密钥)体制。在对称体制中,加密密钥和解密密钥相同或者很容易相互推导出。由于我们假定加密方法是众所周知的,所以这就意味着变换 E_k 和 D_k 很容易互相推导。因此,如果对 E_k 和 D_k 都保密,则保密性和真实性就都有了保障。但这种体制中 E_k 和 D_k 只要暴露其中一个,另一个也就暴露了。所以,对称密码体制必须同时满足保密性和真实性的全部要求。

直到20世纪70年代中期,所有密码体制都是对称体制,因此,对称(单密钥)体制通常也叫传统(或经典)体制。采用对称体制的算法称为对称加密算法,又称为对称密码算法、传统密码(加密)算法、单钥密码(加密)算法、秘密密钥密码(加密)算法等,该算法中加密密钥和解密密钥能够互相推算出来。在大多数对称算法中,加/解密密钥是相同的。这些算法要求发送者和接收者在安全通信之前商定一个密钥。对称算法的安全性依赖于密钥,泄露密钥就意味着任何人都能对消息进行加/解密。只要通信需要保密,密钥就必须保密。

最有代表性的对称密码算法是美国政府颁布的数据加密标准(DES),将在7.2节中详细介绍。

非对称(双密钥)密码体制的加密密钥和解密密钥中至少有一个在计算上不可能被另一个导出。因此,在变换 E_k 或 D_k 中有一个可公开而不影响另一个的保密。

在非对称密码体制中,通过保护两个不同的变换分别获得保密性和真实性。保护 D_k 获得保密性,保护 E_k 获得真实性。采用非对称密码体制的算法称为公开密钥算法。该算法用作加密的密钥不同于用作解密的密钥,而且解密密钥不能根据加密密钥计算出来。之所以叫做公开密钥算法,是因为加密密钥能够开,即陌生者能用加密密钥加密信息,但只有用相应的解密密钥才能解密信息。在这些系统中,加密密钥称为公开密钥,简称公钥,解密密钥称为私人密钥,简称私钥。私人密钥有时也称为秘密密钥。为了避免与对称算法的别名相混淆,此处不用秘密密钥这个名字。最有代表性的公开密钥密码体制是RSA算法,将在7.3节介绍。

公开密钥真实性系统可用来识别企图进入绝密地区(如计算机房、核反应堆房等地)的人的身份。具体做法是,中央控制当局用其秘密变换为所有允许进入该地区的人建立密码标示卡(无法伪造)。卡上的密文含有姓名、声调、指纹、允许进入的地区和可以进入的时间等信息,中央控制当局的公开变换则分发到进行出入控制的所有关口。任何想出入受控地区的人都必须通过一个专用设施。在那里,他的识别信息如声调、指纹等被取样,而存储在个人标识卡上的加密信息则被解密,然后两者进行核实检查,辨明真伪。

还可以利用公开密钥的真实性来实现数字签名,这在电子邮政和电子资金传送领域内已经得到应用。

7.1.3 密码系统的安全性及其分类

一个密码系统的安全性主要与两个方面的因素有关:

(1) 系统所使用的密码算法本身的保密强度。密码算法的保密强度取决于密码设计水平和破译技术等。可以说一个密码系统所使用的密码算法的保密强度是该系统安全性的技术保证。

(2) 密码算法之外的不安全因素。

因此,密码算法的保密强度并不等价于密码系统整体的安全性。一个密码系统必须同时完善技术与管理要求,才能保证整个密码系统的安全,这里仅讨论影响一个密码系统安全性的技术因素,即密码算法本身。

评估密码系统的安全性主要有3种方法:

(1) 无条件安全性。这种评价方法考虑的是假定攻击者拥有无限的计算资源,但仍然无法破译该密码系统。

(2) 计算安全性。这种方法是指使用目前最好的方法攻破它所需要的计算远远超出攻击者的计算资源水平,则可以定义这个密码体制是安全的。

(3) 可证明安全性。这种方法是将密码系统的安全性归结为某个经过深入研究的数学难题(如大整数素因子分解和计算离散对数等),数学难题被证明求解困难。这种评估方法存在的问题是它只说明了这个密码方法的安全性与某个困难问题相关,没有完全证明问题本身的安全性,并给出它们的等价性证明。

对于实际应用系统中的绝大多数密码系统而言,由于至少存在一种破译方法,即强力攻击法,因此都不能满足无条件安全性,而只能提供计算安全性。密码系统要达到计算安全性(实际安全性),就要满足以下准则:

(1) 破译该密码系统的实际计算量(包括计算时间或费用)十分巨大,以至在实际上是无法实现的。

(2) 破译该密码系统所需要的计算时间超过被加密信息有用的生命周期。例如,战争中发起战斗攻击的作战命令只需要在战斗打响前保密,重要新闻消息在公开报道前需要保密的时间往往也只有几个小时。

(3) 破译该密码系统的费用超过被加密信息本身的价值。如果一个密码系统能够满足以上准则之一,就可以认为是满足实际安全性的。

另外,也可以从破译密码系统的资源的角度来讨论算法的安全性。

如果不论密码分析者有多少密文,都没有足够的信息恢复出明文,那么这个算法就是无条件保密的。事实上,只有一次一密乱码本才是不可破的(给出无限多的资源仍然不可破)。所有其他的密码系统在唯密文攻击中都是可破的,只要简单地一个接一个地去试每种可能的密钥,并且检查所得明文是否有意义,这种方法称蛮力攻击。

密码学更关心在计算上不可破译的密码系统。如果一个算法用(现在或将来)可得到的资源都不能破译,这个算法则被认为在计算上是安全的(有时称为强的)。准确地说,"可用资源"就是公开分析整理。

可以用不同方式衡量攻击方法的复杂性:

(1) 数据复杂性。即用作攻击输入所需要的数据量。

(2) 处理复杂性。即完成攻击所需要的时间,这经常称为工作因素。

(3) 存储需求。即进行攻击所需要的存储量。

作为一个法则,攻击的复杂性取这3个因素的最小化,有些攻击包括这3种复杂性的折中：存储需求越大，攻击可能越快。

复杂性用数量级来表示。如果算法的处理复杂性是 2^{138}，那么破译这个算法也需要 2^{138} 次运算(这些运算可能是非常复杂和耗时的)。当攻击的复杂性是常数时(除非一些密码分析者发现更好的密码分析攻击)，就只取决于计算能力了。在过去的半个世纪中，我们已看到计算能力的显著提高，许多密码分析攻击用并行处理机是非常理想的：这个任务可分成亿万个子任务，且处理之间无须相互作用。好的密码系统应设计成能抵御未来许多年后计算能力的发展。

7.1.4 加密编码中的熵概念

密码学和信息论一样，都是把信源看成是符号(文字、语言等)的集合，并且它按一定的概率产生离散符号序列。在第 2 章中介绍的冗余度的概念也可以用在密码学中，用来衡量破译某一种密码体制的难易程度。香农指出：冗余度越小，相关性越小，不确定度越大，破译的难度就越大。可见对明文先压缩其冗余度，然后再加密，可提高密文的保密度。

香农在理论上提出了衡量密码体制保密性的尺度，即在截获密文后，明文在多大程度上仍然无法确定。如果无论截获了多长的密文都得不到任何有关明文的信息，那么就说这种密码体制是绝对安全的。

所有实际密码体制的密文总是会暴露某些有关明文的信息。在一般情况下，被截获的密文越长，明文的不确定性就越小，最后会变为零。这时，就有足够的信息能唯一地决定明文，于是这种密码体制也就在理论上可破译了。但是理论上可破译，并不能说明这些密码体制不安全，因为把明文计算出来的时空需求也许会超过实际上可供使用的资源。因此，不仅要考虑密码体制的绝对安全性，也要考虑它在计算上的安全性。

可将密码系统的安全问题与噪声信道问题进行类比。噪声相当于加密交换，接收的是真消息相当于密文，密码分析员则可类比于噪声信道中的计算者，应用熵的概念来分析。熵代表了消息的不确定性，其值表示如果消息被噪声通道改变或隐藏在密文中，那么必须知道多少位才能算出正确消息。例如，如果密码分析员知道密文块“ZSJP7K”所对应的明文要么是“MALE”，要么是“FEMALE”，那么其不正确性仅为一位。为了确定明文，密码分析员只要在区分明文的两种可能值的一个位就行了。但是若上述密文块对应的一个工资值，则其不确定性就不止一位了。如果知道一共有 N 种不同的工资额，那么其不确定性不会超过 $\log_2 N$ 位。

随机变量的不确定性可以通过给予附加信息而减少。正如前面介绍过条件熵一定小于无条件熵。例如，令 X 是 32bit 二进制整数并且所有值的出现概率都相等，则 X 的熵 $H(X)=$ 32bit。假设已经知道 X 是偶数，那么熵就减少了一位，因为 X 的最低位肯定是零。

根据第 2 章介绍的条件熵可知，对于给定的 Y，X 的条件熵 $H(X|Y)$ 为

$$H(X \mid Y)=-\sum_{i,j} p(x_i, y_j) \log_2 p(x_i \mid y_j)$$

$H(X|Y)$ 被称为疑义度。在密码学中，将用到两种疑义度：

(1) 对于给定密文，密钥的疑义度 $H(K|C)$ 可表示为

$$H(K \mid C)=-\sum_{j} p(c_j) \sum_{i} p(k_i \mid c_j) \log_2 p(k_i \mid c_j) \tag{7.1.4}$$

(2) 对于给定密文，明文的疑义度 $H(M|C)$ 可表示为

$$H(M \mid C) = -\sum_j p(c_j) \sum_i p(m_i \mid c_j) \log_2 p(m_i \mid c_j) \tag{7.1.5}$$

设明文熵为 $H(M)$，密钥熵为 $H(K)$，从密文破译来看，密码分析员的任务是从截获的密文中提取有关明文的信息

$$I(M;C) = H(M) - H(M \mid C) \tag{7.1.6}$$

或从密文中提取有关密钥的信息

$$I(K;C) = H(K) - H(K \mid C) \tag{7.1.7}$$

$H(M|C)$ 和 $H(K|C)$ 越大，$I(M;C)$ 和 $I(K;C)$ 越小，破译者从密文能够提取出有关明文和密钥的信息就越小。

对于合法的接收者，在已知密钥和密文条件下提取明文信息，由加密变换的可逆性知

$$H(M \mid C,K) = 0 \tag{7.1.8}$$

因此有

$$I(M;C,K) = H(M) - H(M \mid C,K) = H(M) \tag{7.1.9}$$

因为

$$H(K \mid C) + H(M \mid K,C) = H(M \mid C) + H(K \mid M,C) \quad (M \text{ 和 } K \text{ 交换})$$
$$\geqslant H(M \mid C) \quad (\text{熵值 } H(K \mid M,C) \text{ 总是} \geqslant 0)$$

将式(7.1.8)代入得

$$H(K \mid C) \geqslant H(M \mid C) \tag{7.1.10}$$

即已知密文后，密钥的疑义度总是大于等于明文的疑义度。可以这样理解，由于可能存在多种密钥把一个明文消息 M 加密成相同的密文消息 C，即满足

$$C = E_K(M)$$

的 K 值不止一个。但用同一个密钥对不同明文加密而得到相同的密文则比较困难。

又因为 $H(K) \geqslant H(K|C)$，由式(7.1.10)得 $H(K) \geqslant H(M|C)$，则

$$I(M;C) = H(M) - H(M \mid C) \geqslant H(M) - H(K) \tag{7.1.11}$$

式(7.1.11)说明，保密系统的密钥量越少，密钥熵 $H(K)$ 就越小，其密文中含有的关于明文的信息量 $I(M;C)$ 就越大。至于密码分析者能否有效地提取出来，则是另外的问题了。作为系统设计者，自然要选择有足够多的密钥量才行。因此，一般密钥空间要足够大。另外，这些密钥应该是随机选择的。现实中，我们习惯于采用一些简单的密码，这减少了密码的熵，从而使得字典攻击和猜测密码成为可能。

7.2 数据加密标准

数据加密标准(Data Encryption Standard，DES)是1977年7月美国国家标准局公布的由IBM公司提出的一种加密算法，1979年美国银行协会批准使用DES，1980年它又成为美国国家标准协会ANSI的标准，逐步成为商用保密通信和计算机通信的最常用加密算法。DES算法的基本思想来自分组密码，即将明文划分成固定的 n 比特的数据组，然后以组为单位，在密钥的控制下进行一系列的线性或非线性的变换而得到密文，该算法采用对称密钥体制，密钥既可用于加密又可用于解密。

7.2.1 换位和替代密码

根据加密时对明文数据的处理方式的不同，可以把密码分为换位密码和替代密码两类。换位密码是对数据中的字符或更小的单位(如位)重新组织，但并不改变它们本身。替代密码与此相反，它改变数据中的字符，但不改变它们之间的相对位置。

现在编码术所使用的基本方法仍然是换位和替代，但是其侧重点却不同。传统方法中都使用简单的算法，依靠增加密钥长度提高安全性。现在则是把加密算法搞得尽可能复杂，使密码分析员即使获得大量密文，也无法破译出有意义的明文。

换位和替代密码可使用简单的硬件实现。如图 7-3 的硬件可实现换位(简称 P 盒)加密，其输出信息序列即为输入信息序列的一个重排列。n 位 P 盒的输入与输出有 $n!$ 种不同的连接方法，要判明 P 盒输入的第 i 位对应于输出的第几位是不困难的，只要将第 i 位置 1，其余各位都置 0 送入 P 盒的输入端，看输出端的哪一位为 1 就行了。

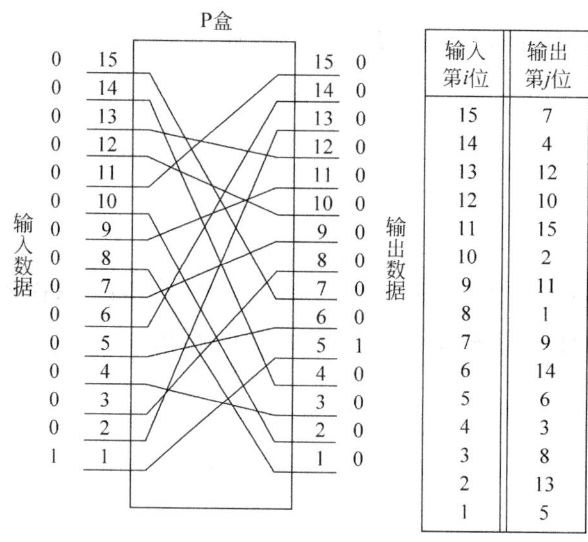

输入第i位	输出第j位
15	7
14	4
13	12
12	10
11	15
10	2
9	11
8	1
7	9
6	14
5	6
4	3
3	8
2	13
1	5

图 7-3 换位盒(P 盒)

图 7-4 表示替代(简称 S 盒)加密，其输出信息序列是输入信息序列的替代。S 盒由 3 级构成：第一级将输入的二进制数转换成十进制数(n 位的二进制数可以转换成 2^n 个十进制数)；第二级是一个换位盒(P 盒)，用来进行十进制数的换位，形成一个排列(有 $2^n!$ 种可

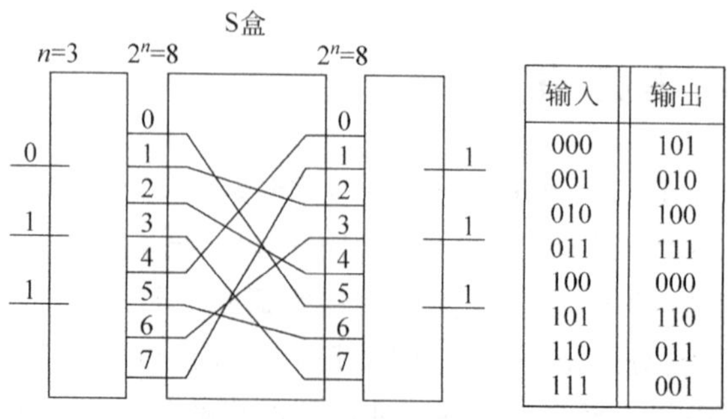

输入	输出
000	101
001	010
010	100
011	111
100	000
101	110
110	011
111	001

图 7-4 替代盒(S 盒)

能的排列)；第三级再将排列的结果转换成二进制数输出。

S盒比P盒复杂,因此位数较多的S盒很难实现。但位数相同时,S盒的输入输出对应关系比P盒多,因而有较高的安全性。例如在n=4时,P盒的输入输出对应关系只有4!=24种,S盒却有2^4!=16!=2×10^{13}种。

单独使用P盒或位数较少的S盒,都不能达到较高的安全性,因为人们可以比较容易地检测出它们的输入输出对应关系。但若交替结合使用这两者,则可以大大地提高安全性。图7-5表示由15位的P盒与5个并置的3位S盒所组成的7层硬件密码产生器。设P盒和S盒的输入输出对应关系分别如图7-3和图7-4所示,并令输入信息的最低位为1,其余各位为0,则在该密码输出端将出现图示的信息。

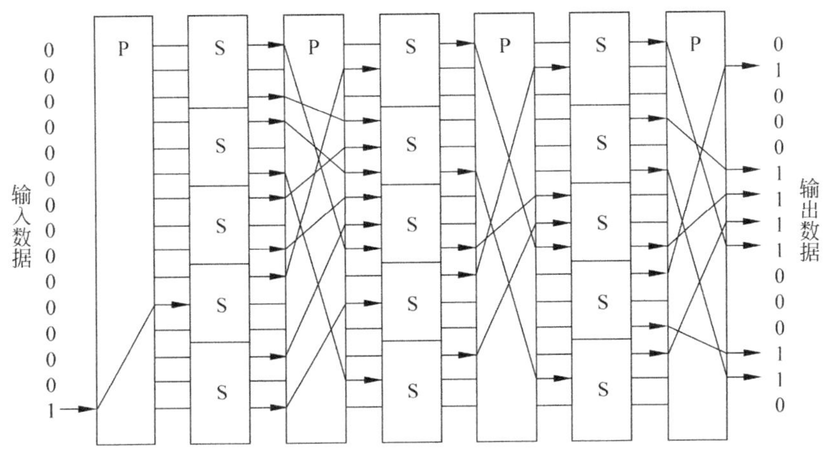

图7-5　P盒和S盒的结合使用

这里每层S盒由5个3位的S盒并联构成。在理论上它也可以由唯一一个15位的S盒形成,但是那会使设备的第二级需要2^{15}=32768根交叉线,这在工艺上是无法实现的。因此,在P盒与S盒结合使用时,S盒层总是分成若干个位数较少的S盒,然后把它们并置在一起。

7.2.2 DES密码算法

DES密码就是在换位密码和替代密码的基础上发展起来的。图7-6为DES算法框图,将输入明文序列分成区组,每组64bit。首先将64bit进行初始置换IP。置换规则如表7-1所示,即将输入的第58位转换到第1位输出,第50位换到第2位,以此类推,第7位换到最后一位等。

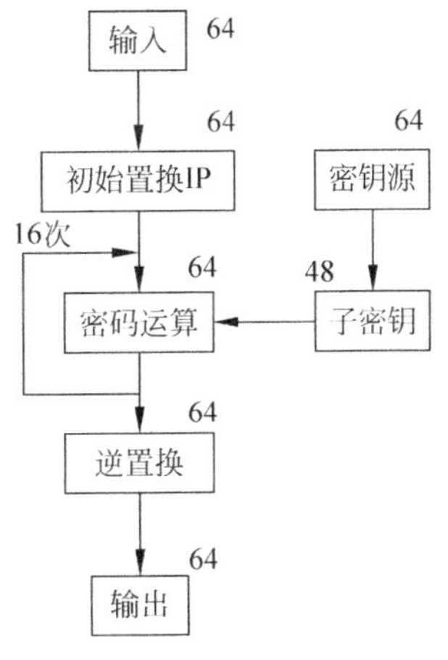

图7-6　DES算法

表7-1　初始转换IP

58	50	42	34	26	18	10	2	60	52	44	36	28	20	12	4
62	54	46	38	30	22	14	6	64	56	48	40	32	24	16	8
57	49	41	33	25	17	9	1	59	51	43	35	27	19	11	3
61	53	45	37	29	21	13	5	63	55	47	39	31	23	15	7

然后进行密码运算,它是在密钥控制下的16步非线性变换,如图7-7所示。先将64bit分成左右两组各32bit和,迭代运算如下

$$L_1=R_0, R_1=L_0 \oplus f(R_0, K_1)$$
$$L_2=R_1, R_2=L_1 \oplus f(R_1, K_2)$$
$$\cdots$$
$$L_{16}=R_{15}, R_{16}=L_{15} \oplus f(R_{15}, K_{16}) \tag{7.2.1}$$

式中,$f(R_{i-1}, K_i)$是密码计算函数,如图7-8所示。将32bitR_{i-1}经过表7-2的扩充函数E变成48bit,与48bit的子密钥K_i按位模2加,再经8个S盒。这些S盒的功能是把6bit数变成4bit数,替代函数如表7-3所示。具体做法是以6bit数中的第1和第6bit数组成的二进制数为行号,以第2,3,4,5bit组成的二进制数为列号,查找S_i,行列交叉处即是要输出的4bit数。例如输入S_1的数为110010,则以"10"即2为行,以"1001"即9为列,输出为12即"1100"。8个S盒的输出拼接为32bit数据区组,最后经P盒换位输出,换位函数如表7-4所示。

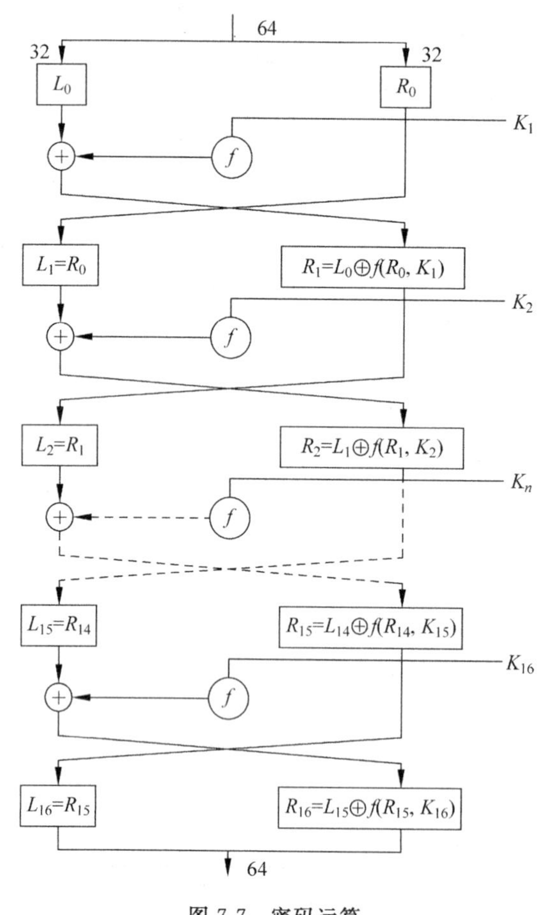

图7-7 密码运算

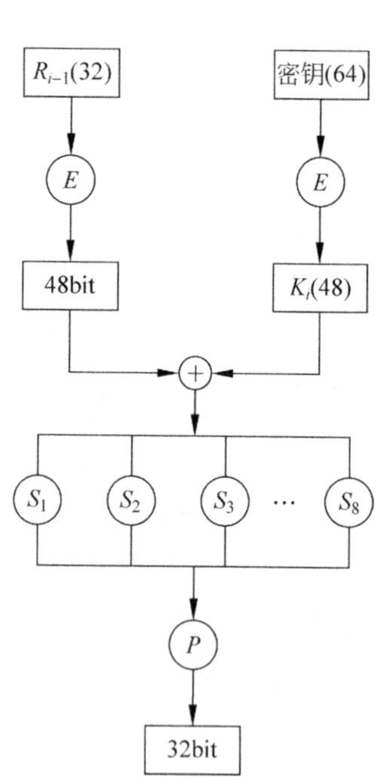

图7-8 密码计算函数 $f(R, K)$

表 7-2 扩充函数 *E*

32	1	2	3	4	5	4	5	6	7	8	9
8	9	10	11	12	13	12	13	14	15	16	17
16	17	18	19	20	21	20	21	22	23	24	25
24	25	26	27	28	29	28	29	30	31	32	1

表 7-3 替代函数 *S*

替代函数	列																行
(S_i)	0	1	2	3	4	5	6	7	8	9	10	11	12	13	14	15	
S_1	14	4	13	1	2	15	11	8	3	10	6	12	5	9	0	7	0
	0	15	7	4	14	2	13	1	10	6	12	11	9	5	3	8	1
	4	1	14	8	13	6	2	11	15	12	9	7	3	10	5	0	2
	15	12	8	2	4	9	1	7	5	11	3	14	10	0	6	13	3
S_2	15	1	8	14	6	11	3	4	9	7	5	13	12	0	5	10	0
	3	13	4	7	15	2	8	15	12	0	1	10	6	9	11	5	1
	0	14	8	11	10	4	13	1	5	8	12	6	9	3	2	15	2
	13	8	10	1	3	15	4	2	11	6	7	12	0	5	14	9	3
S_3	10	0	9	14	6	3	15	5	1	13	12	7	11	4	2	8	0
	13	7	0	9	3	4	6	10	2	8	5	14	12	11	15	1	1
	13	6	4	9	8	15	3	0	11	1	2	12	5	10	14	7	2
	1	10	13	0	6	9	8	7	4	15	14	3	11	5	2	12	3
S_4	7	13	14	3	0	6	9	10	1	2	8	5	11	12	4	15	0
	13	8	11	5	6	15	0	3	4	7	2	12	1	10	14	9	1
	10	6	9	0	12	11	7	13	15	1	3	14	5	2	8	4	2
	3	15	0	6	10	1	13	8	9	4	5	11	12	4	2	14	3
S_5	2	12	4	1	7	10	11	6	8	5	3	15	13	0	14	9	0
	14	11	2	12	4	7	13	1	5	0	15	10	3	9	8	6	1
	4	2	1	11	10	13	7	8	15	9	12	5	6	3	0	14	2
	11	8	12	7	1	14	2	13	6	15	0	9	10	4	5	3	3
S_6	12	1	10	15	9	2	6	8	0	13	3	4	14	7	5	11	0
	10	15	4	2	7	12	9	5	6	1	13	14	0	11	3	8	1
	9	14	15	5	2	8	12	3	7	0	4	10	1	13	11	6	2
	4	3	2	12	9	5	15	10	11	14	1	7	6	0	8	13	3
S_7	4	11	2	14	15	0	8	13	3	12	9	7	5	10	6	1	0
	13	0	11	7	4	9	1	10	14	3	5	12	2	15	8	6	1
	1	4	11	13	12	3	7	14	10	15	6	8	0	5	9	2	2
	6	11	13	8	1	4	10	7	9	5	0	15	14	2	3	12	3
S_8	13	2	8	4	6	15	11	1	10	9	3	14	5	0	12	7	0
	1	15	13	8	10	3	7	4	12	5	6	11	0	14	9	2	1
	7	11	4	1	9	12	14	2	0	6	10	13	15	3	5	8	2
	2	1	14	7	4	10	8	13	15	12	9	0	3	5	6	11	3

表 7-4　换位函数 P

16	7	20	21	29	12	28	17	1	15	23	26	5	18	31	10
2	8	24	14	32	27	3	9	19	13	30	6	22	11	4	25

16 个子密钥是由同一个 64bit 的密钥源 $K=K_1K_2\cdots K_i$ 循环移位产生。密钥源中 56bit 是随机的，所有 8 的倍数位 $K_8,K_{16}\cdots K_{64}$ 是为奇偶校验而设。图 7-9 这计算子密钥的流程图，首先对 64bit 的密钥源进行第一次置换选择，变成 56bit，置换选择规则如表 7-5 所示。

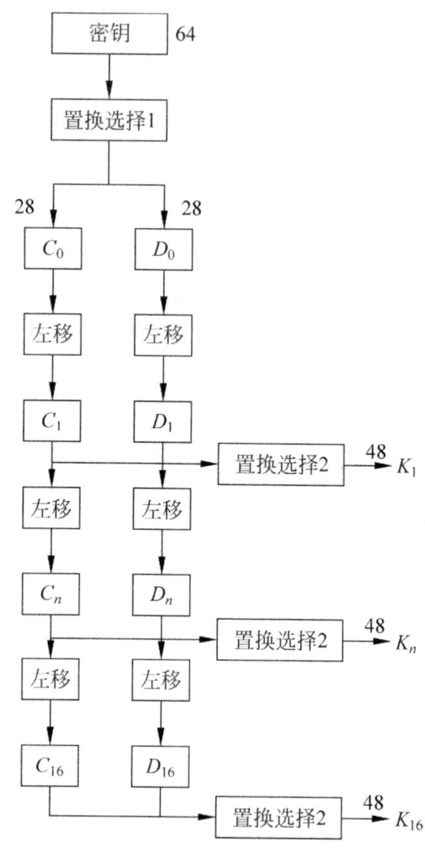

图 7-9　密钥表计算

表 7-5　置换选择 1

57	49	41	33	25	17	9	1	58	50	42	34	26	18
10	2	59	51	43	35	27	19	11	3	60	52	44	36
63	55	47	39	31	23	15	7	62	54	46	38	30	22
14	6	61	53	45	37	29	21	13	5	28	20	12	4

然后将 56bit 分别存到两个 28bit 的寄存器 C_0 和 D_0 中。除了寄存器(C_0,D_0)外，还有 16 对寄存器，即(C_1,D_1)，…，(C_{16},D_{16})。每个寄存器都是 28bit。加密时，寄存器(C_{i+1}，D_{i+1})中的内容是将 C_i 和 D_i 中的内容分别向左移 1 至 2 位得到的。而且这种移位方式是

按循环移位寄存器方式进行，也即从寄存器左边移出的比特，又从右边补入到寄存器的头一位。移位多少与寄存器的位置(即序号)有关，如表 7-6 所示。即寄存器(C_0，D_0)的内容各左循环移 1 位，分别装入 C_1 和 D_1。而 C_1 和 D_1 的内容向左循环 1 位分别装入 C_2 和 D_2，依次类推。在经过 16 次的循环移位后，一共移了 28 位，保证了 $C_{16}=C_0$，$D_{16}=D_0$，从 C_i 和 D_i 的输出拼接成的 56bit 再经第二次置换选择就得到了 48bit 的子密钥，置换选择 2 如表 7-7 所示。

表 7-6 寄存器的移位数

寄存器序号(i)	1	2	3	4	5	6	7	8	9	10	11	12	13	14	15	16
左移位数	1	1	2	2	2	2	2	2	1	2	2	2	2	2	2	1

表 7-7 置换选择 2

14	17	11	24	1	5	3	28	15	6	21	10
23	19	12	4	26	8	16	7	27	20	13	2
41	52	31	37	47	55	30	40	51	45	33	48
44	49	39	56	34	53	46	42	50	36	29	32

经过 16 次密码运算后，进行逆初始转换，它是初始转换的逆变换。这样就保证了加密和解密是可逆的，可以共用同一个程序或硬件，只是所用子密钥的顺序相反而已。如加密时采用 $K_1,K_2,\cdots,K_{16}$，则解密时就用 $K_{16},K_{15},\cdots,K_1$。逆置换的规则如表 7-8 所示。

表 7-8 逆初始置换

40	8	48	16	56	24	64	32	39	7	47	15	55	23	63	31
38	6	46	14	54	22	62	30	37	5	45	13	53	21	61	29
36	4	44	12	52	20	60	28	35	3	43	11	51	19	59	27
34	2	42	10	50	18	58	26	33	1	41	9	49	17	57	25

7.2.3 DES 密码的改进

尽管 DES 算法十分复杂，但它基本上还是采用 64bit 字符的单字母表替换密码。当同样的 64bit 明文块进入编码器后，得到的是同样的密文块。破译者可利用这个性质来破译 DES。

为了改进 DES 算法，可采用密码块链接的方法，该方法适用于所有分组密码。如图 7-10 所示，每个明文块在加密之前都与前一个密文块进行异或担任，如第一个明文块 M_1 先与一个随机选择的初始矢量 V 异或，再进行加密得到密文块 C_1，将 C_1 与 M_1 异或，再进行加密得到密文；……以此类推，这样同一个明文块在不同位置上会生成不同的密文块。加密不再是一个单字母替换密码，如果密文块移位后，就会导致解密时明文毫无意义。另外由于同一个明文块不会生成同一个密文块，这也给解密带来了困难。

但是密码块连接也有缺点。只有当所有 64bit 块到达后才能开始解码。如果使用交互式终端，即用户可以键入少于 8 字符的数据行，然后停下来等待响应，那么这种方式就不适用了。此时可采用按字节加密的方式——密码反馈(Cipher FeedBack，CFB)方式，如图 7-11

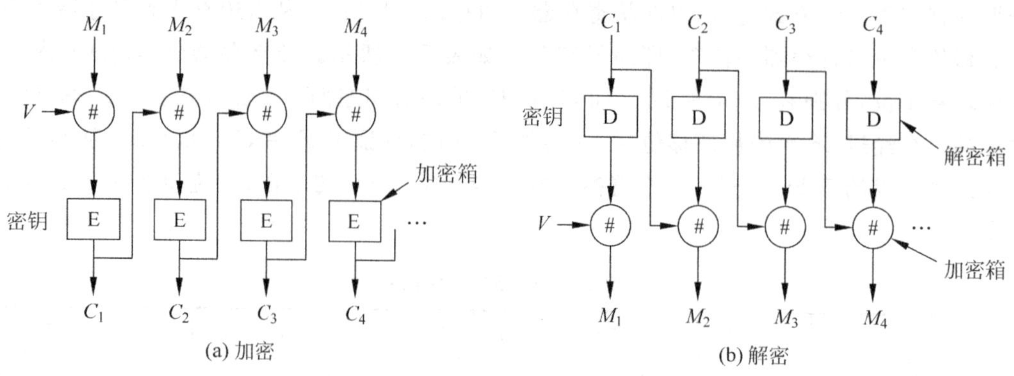

图 7-10　密码块连接

所示。图 7-11(a)中显示了当字节 0～9 被加密及发送后的加密机的状态。当明文的第 10 个字节 M_{10} 到达时，DES 算法对 64bit 的移位寄存器内容进行加密，生成 64bit 的密文，读取密文最左边的字节与 M_{10} 异或，生成密文 C_{10} 后被输出。同时移位寄存器左移 8 位，C_2 从最左边移出，C_{10} 填入到 C_9 右边的空位中。由于移位寄存器的内容与所有前面的明文有关，所以内容相同的多次明文将产生不同的密文。显然，在这种密码块链接中，也需要一个初始矢量。

图 7-11(b)是这种加密方式的解密过程，要恢复原来的明文 M_{10}，且对接收到的 C_{10} 进行异或运算时，需用原来的加密字节。也就是说，解密时的移位寄存器必须与加密时的移位寄存器保持一致，对解密移位寄存器中的 64bit 也进行加密操作，就可以生成原来加密时的字节，从而正确解密。但是如果在传输过程中，有某位密文发生错误，则当这一字节在移位寄存器中时，解密的 8 字节都会出错，直到该错误字节移出寄存器为止，以后的字节才可能正确解密。

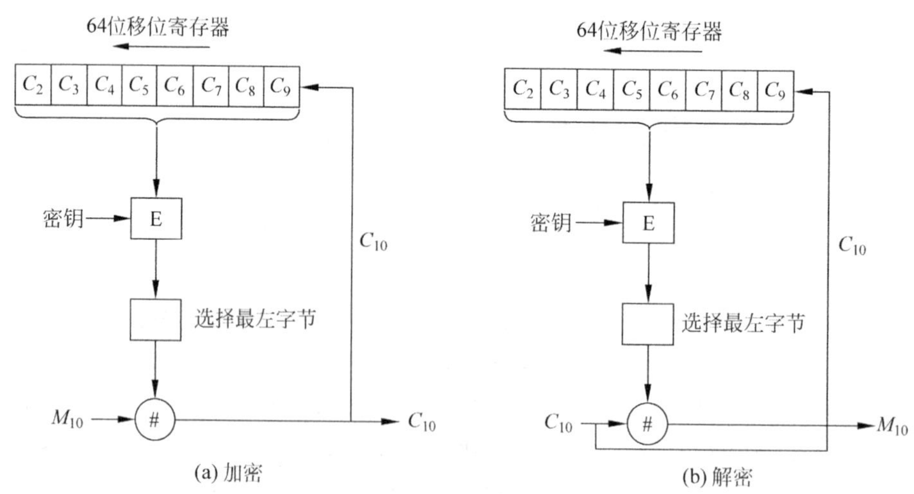

图 7-11　密码反馈方式

为了解决 DES 中的密钥长度问题，实现上使用了多种变异，其中广泛使用的是三重 DES。这种变异是用不同的密钥 3 次运行 DES 算法。尽管这样给出了更长的、更有效的密钥长度，由 56bit 增加到 112 或 168bit，具有更高的安全性，而且在新一代因特网安全标准

IPSEC 协议集中已将 DES 作为加密标准，但与其他的对称算法相比较，DES 的速度要慢一些，运行这个算法 3 次将会使速度更慢，严重妨碍了实施。另一方面，基于 DES 算法的加/解密硬件目前已广泛应用于国内外卫星通信、网关服务器、机顶盒、视频传输以及其他大量的数据传输业务，利用三重 DES 可以使原系统不作大的改动。所以对三重 DES 的研究仍有很大的现实意义。

为了寻求更安全的块密码算法，Xuejia Lai 和 J. Massey 提出了国际数据加密(International Data Encryption Algorithm，IDEA)算法，该算法是目前已公开的可用算法中最快且安全性最强的分组密码算法。它是基于 64bit 二进制的明文块算法，密钥长度可由用户选择(64bit 或 128bit)。同一个算法可用于加密，也可用于解密。该算法依据的设计原则是一种来自不同代数群的混合算法，IDEA 算法无论用硬件还是软件都易于实现。

IDEA 算法的结构与 DES 相似，它把 64bit 明文用 8 次不同子密钥迭代，产生 64bit 密文输出。加密过程中 128bit 密钥产生 52 个 16bit 的子密钥，其中 48 个分别为 8 次迭代的密钥(每次迭代使用 6 个子密钥)，其余 4 个子密钥为最后变换时使用。

关于 DES 改进算法的详细内容，感兴趣的读者请参阅相关的书籍和参考文献。

7.3 公开密钥加密法

如果将上述加密算法用于电子邮件和电子资金传送时，必须把密钥分配给许多通信者，从而增加了暴露报文或截获者获得报文的危险性。公开密钥加密法(Public Key Cryptography，PKC)可使用两个不同秘钥来减小上述危险性。一个公开作为加密密钥 k_e，另一个为用户专用，作为解密密钥 k_d，$k_e \neq k_d$。通信双方无需事先交换密钥就可进行保密通信。而要从公开的公钥或密文分析前后明文或秘密密钥，在计算上是不可能的。若以公开密钥作为加密密钥，以用户专用密钥作为解密密钥，则可实现多个用户加密的消息只能由一个用户解读；反之，以用户专用密钥作为加密密钥，而以公开密钥作为解密密钥，则可实现由一个用户加密的消息而使多个用户解读。前者可用于保密通信，后者可用于数字签名。

PKC 算法的成功在于加密函数的单向性，即求逆函数的困难性。即使知道加密函数也不可能导出解密函数。PKC 使用特殊的数学函数，称单项窍门函数 $y=F(x)$。它满足这些特性：

对自变量 x 的任意给定值，容易计算 $y=F(x)$的值。

对于值域中的任意 y 值，即使已知 F，若不知道 F 的某种特殊性质，则求解其对应的 x 值仍然是计算上不可能的；若知道这种特殊性质，就容易计算出 x 值。因此这种特殊性质是很重要的，称 F 的“窍门”。

在密码体制中，使用者构造出有关单向函数 F 和它的逆函数 F^{-1}。单向函数就是实际上的加密密钥 k_e，可公开。它的逆函数就是解密密钥 k_d，不公开。只知道公开的加密函数的人要破译密码体制求解逆函数 F^{-1}，这是计算上不可能的。而预定的接收者则可以用窍门信息(解密密钥 K)简单地求解 $x=F_k^{-1}(y)$。

7.3.1 公开密钥密码体制

在公开密钥密码体制中，用户 A 要公布他的加密密钥(e 和 n 两个数)，如图 7-12 所示。

B 要将一报文传给 A，首先用用户 A 的公开加密秘钥对明文 M 加密，将密文 C 传给用户 A。用户 A 用自己的秘密解密密钥对密文 C 解密即可得到明文 M。其他人由于不知道用户 A 的解密密钥，即使得到密文也无法解读。图中 e 和 n 为加密密钥，d 和 n 为解密密钥（均为正整数）。

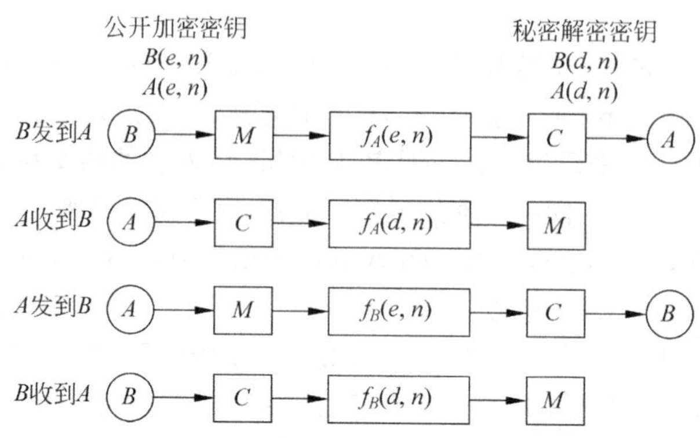

图 7-12 使用公开密钥密码体制的加密、解密方法

公开密钥密码体制的另一个用途是在电子邮政和电子资金传送领域内的报文签名。这种签名方式能使发送者确认接收者的合法性。如图 7-13 所示，用户 B 用自己的秘密解密密钥将明文 M 进行加密得到密文 S，这代表发送者 B 的签名，因为别人是无法制造出这样的密文 S 的。B 再用接收者 A 的公开加密密钥进行加密得到双重加密的密文 C，发送给用户 A。A 收到双重密文 C 后，先用自己的秘密解密密钥进行解密得到一次密文 S，再用用户 B 的公开加密密钥解出原始明文 M。若不是 B 签发的密文，用用户 B 的公开加密密钥是解不开密文 S 的。

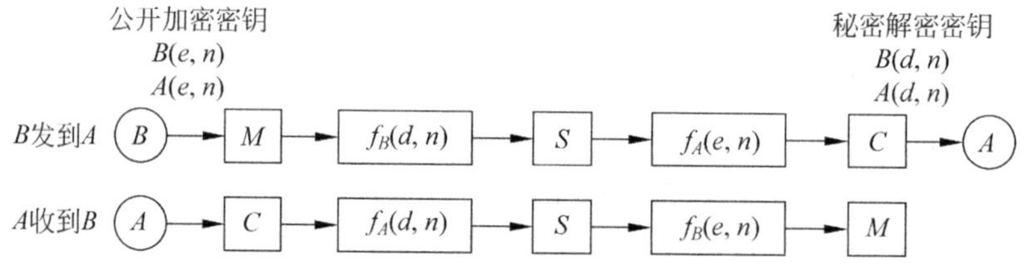

图 7-13 使用公开密钥密码体制的签名方式

7.3.2 RSA 密码体制

RSA 密码体制是根据 PKC 算法，由美国麻省理工学院（MIT）的研究小组提出的，该体制的名称是用了 3 位作者（Rivest，Shamir，Adleman）英文名字的第一个字母拼合而成。该体制的理论基础是数论中的下述论断：要求得到两个大素数（如大到 100 位）的乘积在计算机上很容易实现，但要分解两个大素数的乘积（即从乘积中求它的两个素因子）在计算机上几乎不可能实现，即为单向函数。

RSA 体制的加密过程通过 3 个数 e,d,n 来实现。

$$y = x^e \bmod n \quad 加密$$
$$x = y^d \bmod n \quad 解密 \tag{7.3.1}$$

上面的同余方程表明，加密时将明文 x 自乘 e 次，然后除以模数 n，所得余数即是密文 y；解密运算是将密文 y 自乘 d 次，再除以 n，所得余数即是明文 x。

在设计过程中，需要两个密钥，一个公开密钥 (e,n)，一个秘密密钥 (d,n)。具体做法如下：

① 选取两个很大的素数 p 和 q，令模数 $n=p\cdot q$；

② 求 n 的欧拉函数 $\Phi(n)=(p-1)\cdot(q-1)$，并从 2 至 $\Phi(n)-1$ 中任选一个数作为加密指数 e；

③ 解同余方程 $(e\times d)(\mathrm{mod}\Phi(n))=1$，求得解密指数 d；

④ (e,n) 即为公开密钥，(d,n) 即为秘密密钥。

某用户可将加密密钥 (e,n) 公开，而解密密钥 (d,n) 和构成 n 的两个因子 p,q 是保密的。任何其他人都可用公开密钥 (e,n) 对该用户通信，只有掌握解密密钥的人才能解密，其他人在不知道 p 和 q 的情况下不可能根据已知的 e 推算出 d。

【例 7.3.1】 在 RSA 方法中，令 $p=3,q=7$，取 $e=5$，试计算解密密钥 d 并加密 $M=2$。

解：根据题意可知 $n=p\times q=3\times17=51$，而 $\Phi(n)=(p-1)\times(q-1)=(3-1)\times(17-1)=32$

解同余方程 $(5\times d)\mathrm{mod}32=1$，得 $d=13$。

由式(7.3.1)得 $y=x^e\mathrm{mod}n=2^5\mathrm{mod}51=32$，验算 $y^d=x^e\mathrm{mod}n=32^{13}\mathrm{mod}51=2=x$

若需发送的报文内容是用英文或其他文字表示的，则可先将文字转换成等效的数字，再进行加密运算。

RSA 体制在用于数字签名时，发送者为 A，接收者为 B，具体做法如图 7-14 所示。

(1) 发送者 A 用自己的秘密解密密钥 (d_A,n_A) 计算签名：$S_i=M_i^{d_A}\mathrm{mod}n_A$。

(2) 用接收者的公开加密密钥 (e_B,n_B) 再次加密：$S=S_i^{e_B}\mathrm{mod}n_B$。

(3) 接收者用自己的秘密解密密钥 (d_B,n_B) 计算：$S_i=S^{d_B}\mathrm{mod}n_B$。

(4) 查发送者的公开密钥 (e_A,n_A)，计算：$M_i=S_i^{e_A}\mathrm{mod}n_A$，恢复出发送者的签名，认证密文的来源。

$$M_i\xrightarrow{(d_A,\,n_A)}S_i\xrightarrow{(e_B,\,n_B)}S\xrightarrow{(d_B,\,n_B)}S_i\xrightarrow{(e_A,\,n_A)}M_i$$

图 7-14　RSA 公开密钥体制签名略图

【例 7.3.2】 用户 A 发送给用户 B 一份密文，用户 A 用首字母 $B=02$ 来签署密文。用户 A 知道 3 个密钥：自己的公开加密密钥、秘密解密密钥和接收者的公开加密密钥：

	A	B
公开密钥 (e,n)	(7,123)	(13,51)
秘密密钥 (d_A,n_A)	(23,123)	

根据图 7-14 所示流程进行分析，A 计算他的签名

$$S_i=M_i^{d_A}\mathrm{mod}n_A=(02)^{23}\mathrm{mod}123=8388608\mathrm{mod}123=8$$

再次加密签名

$$S=S_i^{e_B}\mathrm{mod}n_B=8^{13}\mathrm{mod}51=549755813888\mathrm{mod}51=26$$

接收者 B 必须恢复出 $02=B$ 和认证他接收的密文。接收者也知道 3 个密钥：两个公开加密密钥和自己的秘密解密密钥：

	A	B
公开密钥(e,n)	(7,123)	(13,51)
秘密密钥(d_B,n_B)		(5,51)

用户 B 用自己的秘密解密密钥一次解密

$$S_i = S^{d_B} \bmod n_B = 26^5 \bmod 51 = 11881376 \bmod 51 = 8$$

再用用户 A 的公开密钥解密

$$M_i = S_i^{e_A} \bmod n_A = 8^7 \bmod 123 = 2097 \bmod 123 = 2$$

结果为 $M_i=2$,就是 $B=02$ 值。可以确认密文的发送者是 A,用户 B 能够确信这点,是因为只有用户 A 具有秘密的解密密钥(d_A,n_A),只有 A 自己能生成用他的公开密钥(e_A,n_A)能够解密的密文。

RSA 方法中,由于不能由模 n 简单地求得 $\Phi(n)$,也无法简单地由 e 推算 d,因而 e 和 n 可以公开,而不会泄露 $\Phi(n)$和 d。机密核心在于秘密密钥 d,一旦 d 失窃,别人也就窃得了相应的被加密信息。因此,必须对秘密密钥 d 采取防窃措施。

一个现代密码体制必须能经得住训练有素的密码分析家借助计算机寻找秘密密钥的攻击或用某些其他方法试破密文的攻击。在 RSA 体制中,如果密码分析家(知道公开密钥 e 和 n)能把 n 分解成 p 和 q,那么他就可以计算出 $\Phi(n)$,接着找出秘密密钥分量 d。

例如,公开秘钥为(5,51),$n=51$ 的因数只有 3 和 17。这样小的 n 很容易被分解并找出秘密密钥(d,n)。当前的技术进展使分解算法和计算能力在不断提高,计算所需的硬件费用在不断下降,110 位十进制数字早已能分解。表 7-9 给出以 NSF 算法破译 RSA 体制与穷搜索密钥法破译单密钥体制的等价密钥长度。因此今天要用 RSA,需要采用足够大的整数 n。

表 7-9　密钥长度

单密钥体制/bit	RSA 体制/bit
56	384
64	512
80	768
112	1792
128	2304

512bit(154 位)、664bit(200 位)已有实用产品,也有人想用 1024bit 的模,若以每秒可进行 100 万步的计算资源分解 664bit 大整数,需要完成10^{23}步,即要用 1000 年。据研究 1024bit 模在今后 10 年内足够安全,而 150 位数将在本世纪被分解。目前 512bit 模在短期内仍十分安全,但大素数分解工作在 WWW 上大协作已构成对 512bit 模 RSA 的严重威胁,很快可能要采用 768bit 甚至 1024bit 的模。

RSA 算法的硬件实现速度很慢,最快也只有 DES 的 1/1000,512bit 模下的 VLSI 硬件实现只达 64kbit/s。目前计划开发 512bit RSA 达 1Mbit/s 的芯片。软件实现的 RSA 的速度只有 DES 的软件实现的 1/100,在速度上 RSA 无法与对称密钥体制相比,因而 RSA 体制多用于秘钥交换和认证。512bit RSA 的软件实现的速率可达 11kbit/s。

7.3.3 报文摘要

这种方案基于单向散列(hash)函数的思想,该函数从一段很长的报文中计算出一个固定长度的比特串,作为该报文的摘要(message digest)。它具有下列重要性质:

(1) 给出报文 P 就易于计算出报文摘要 MD(P);

(2) 只给出 MD(P),几乎无法找出 P;

(3) 无法生成两条具有同样报文摘要的报文(即不可伪造摘要)。

从一段明文中计算一段报文摘要比用公开密钥算法加密明文要快得多,因此采用报文摘要节省了加密时间,同时也节省了报文传输和存储的开销。首先用户 A 计算明文信息的报文摘要,然后在报文摘要上签名,并将签名的摘要和明文一起发送给用户 B。如果第三者替换了 P,当用户 B 计算 MD(P)时就会发现这一点。

目前已提出多种报文摘要,应用最广的是一种 MD5。输入报文的长度是任意的,而输出的报文摘要长度固定为 128bit。它以一种充分复杂的方式将各比特打乱,每个输出位都受每个输入位的影响。下面介绍 MD5 的算法,图 7-15 所示为产生报文摘要的全过程。

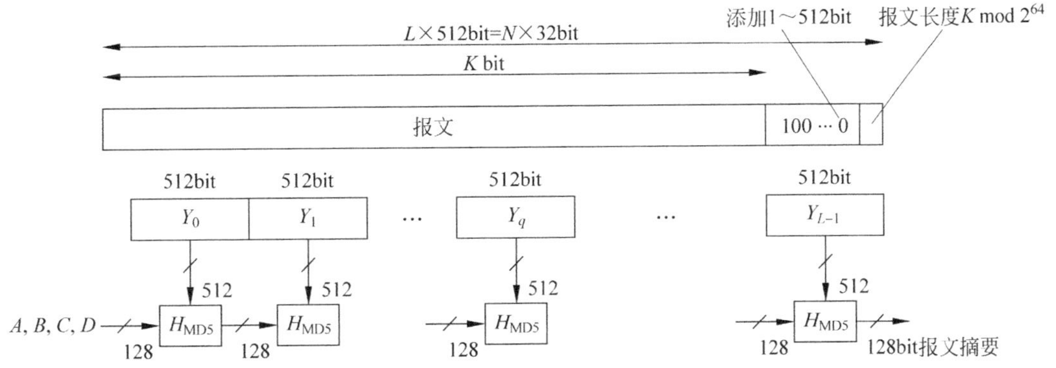

图 7-15 采用 MD5 算法产生报文摘要

(1) 在原报文长度 K 后添加若干比特,使其长度比 512 的整数倍少 64。如果有些报文的长度已经达到要求,但还是必须添加。例如原报文长度为 448bit,则还需要添加 512bit。因此添加长度的范围在 1～512 之间,添加的内容是第一位为 1,其余为 0。

(2) 用 64bit 表示原报文的长度 K,再添加在后面。如果原报文的长度大于 2^{64},则仅表示 $K\bmod 2^{64}$ 的余数。

经过上述两步的添加,其长度就为 512 的整数倍了。图 7-15 中用 $Y_0, Y_1, \cdots, Y_{L-1}$ 分别表示 512bit 块。为了便于在 32 位的机器上运算,每块可用 16 个 32 位字表示,共 $N=16\times K$ 个。

(3) 依次对 L 组 512bit 块进行处理,算法的核心是 H_{MD5} 模块。用 128bit 的寄存器来存放散列(hash)函数的中间结果和最终结果,由 4 个 32 位寄存器 A,B,C,D 组成,它们的初始存放数用十六进制表示为 $A=01234567$, $B=89AABCDEF$, $C=FEDCBA98$, $D=76543210$。

(4) H_{MD5} 模块的处理过程如图 7-16 所示,有 4 轮运算。Y_q 表示输入的第 q 组 512bit, $q=0,1,\cdots,K-1$,每轮使用一次。$T=[1,2,\cdots,64]$为 64 个元素表,分成 4 组参与不同轮的

计算，$T[i]$为 $2^{32}\times \mathrm{abs}[\sin(i)]$的 32 位二进制整数部分，$i$ 是弧度，其数值如表 7-10 所示。该 32bit 是将输入数据打乱，随机化。MD_q 为寄存器 A,B,C,D 的中间结果，MD_0 是初始化值，MD_L 是最终的报文摘要结果。

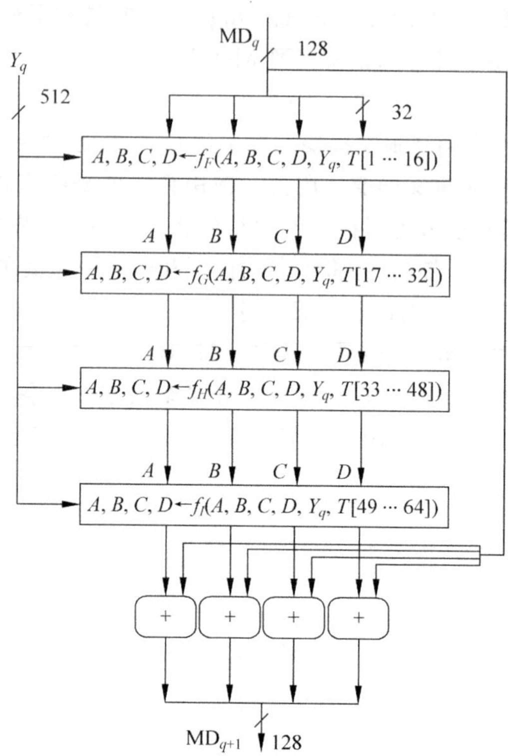

图 7-16 处理 512bit 块的算法 H_{MD5}

表 7-10 从 sin 函数构造的 T 表

T[1]=D76AA478	T[17]=F61E2562	T[33]=FFFA3942	T[49]=F4292244
T[2]=E8C7B756	T[18]=C0408340	T[34]=8771F681	T[50]=C32AFF97
T[3]=242070DB	T[19]=D265E5A51	T[35]=69D96122	T[51]=AB9423A7
T[4]=C1BDCEEE	T[20]=E9B6C7AA	T[36]=FDE5380C	T[52]=FC93A039
T[5]=F57C0FAF	T[21]=D62F105D	T[37]=A4BEEA44	T[53]=655B59C3
T[6]=4787C62A	T[22]=02441453	T[38]=4BDECFA9	T[54]=8F0CCC92
T[7]=A8304613	T[23]=D8A1E681	T[39]=F6BB4B60	T[55]=FFEFF47D
T[8]=FD469501	T[24]=E7D3FBC8	T[40]=BEBFBC70	T[56]=85845DD1
T[9]=698098D8	T[25]=D21ECDE6	T[41]=289B7EC6	T[57]=6FA87E4F
T[10]=8B44F7AF	T[26]=C33707D6	T[42]=EAA127FA	T[58]=FE2CE6E0
T[11]=FFFF5BB1	T[27]=F4D50D87	T[43]=D4EF3085	T[59]=A3014314
T[12]=895CD7BE	T[28]=455A14EC	T[44]=04881D05	T[60]=4E0811A1
T[13]=6B901122	T[29]=D49E3E905	T[45]=D9D4D039	T[61]=F7537E82
T[14]=FD987193	T[30]=FCEFA3F8	T[46]=E6DB99E5	T[62]=BD3AF235
T[15]=A679438E	T[31]=676F02D9	T[47]=1FA27CF8	T[63]=2AD7D2BB
T[16]=49B40821	T[32]=8D2A4C8A	T[48]=C4AC5665	T[64]=EB86D391

(5) 4 轮运算的结构类似，如图 7-17 所示，运算关系如下式

$$A \leftarrow B + CLS_s\{A + g(B,C,D) + X[k] + T[i]\} \tag{7.3.2}$$

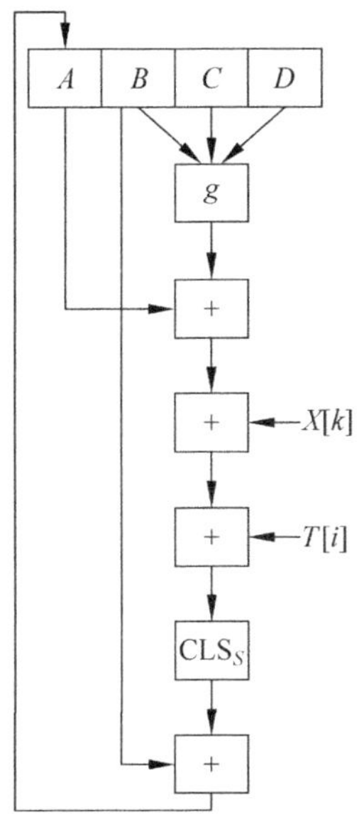

图 7-17　式(7.3.2)运算图

式中 A,B,C,D 为寄存器的内容，g 为基本逻辑函数 F,G,H,J 中之一，每轮用一种。"+"表示模 2^{32} 加法。CLS 将 32bit 数循环左移 s 位。$X[k]$是第 q 组 512bit 中第 k 个 32bit 字，$k=1,2,\cdots,16$，因此式(7.3.2)的迭代运算需要 16 次。函数 F,G,H,J 的逻辑关系不同，函数定义式如表 7-11 所示，逻辑真值表如表 7-12 所示。

表 7-11　基本函数的逻辑运算关系

轮	基本函数 g	$g(B,C,D)$
f_F	$F(B,C,D)$	$(B \cdot C) \vee (\bar{B} \cdot D)$
f_G	$G(B,C,D)$	$(B \cdot D) \vee (C \cdot \bar{D})$
f_H	$H(B,C,D)$	$B \oplus C \oplus D$
f_I	$I(B,C,D)$	$C \oplus (B \cdot \bar{D})$

表 7-12　基本函数的真值表

B	C	D	F	G	H	I
0	0	0	0	0	0	1
0	0	1	1	0	1	0
0	1	0	0	1	1	0
0	1	1	1	0	0	1
1	0	0	0	0	1	1
1	0	1	0	1	0	1
1	1	0	1	1	0	0
1	1	1	1	1	1	0

7.3.4 公开密码体制的优缺点

在传统的密码体制中，由于加密密钥和解密密钥可以简单地互导，因此密钥必须首先由安全通道分发给通信双方，随后才能利用公共通道建立起安全通信，因此密钥分配问题是传统密码体制的薄弱环节。公开密钥体制不存在这个问题，所以特别合适于在计算机网络中建立分散于各地的用户之间的秘密通信联系。

与传统密码体制相比，公开密码体制的优点是：

(1) 减少了密钥数量。这对于多用户的商用密码通信系统和计算机通信网络具有十分重要的意义。如前所述，在 n 个用户密码系统中，采用传统密码体制，需要 $n(n-1)/2$ 个密钥。采用公钥密码体制，只需要 n 对密钥，而真正需要严加保管的只有用户自己的秘密密钥。

(2) 彻底消除了经特殊保密的密钥信道分送密钥的困难，消除了密钥在分送过程中被窃的可能性，大大提高了密码体制的安全性。

(3) 便于实现数字签名，圆满地解决了对发方和收方的证实问题，彻底解决了发、收双方就传送内容可能发生的争端，为在商业上广泛应用创造了条件。

在目前，公开密码体制的缺点也是显然的，它的工作基础是利用单项函数的单项性，一般说来，加密和解密要经过较复杂的计算过程，而传统密码体制算法较简单，可采用大规模集成电路实现。因此，公钥密码体制对信息加密和解密的工作速率还远低于传统密码体制。但由于公钥密码体制彻底克服了传统体制在密钥分送和保存上的巨大困难，且能实现加密信息的电子签名，显示了美好的发展前景。

随着加密技术的不断发展，密码体制近期呈现下列几种趋势：

(1) 私用密钥加密技术与公开密钥加密技术相结合。鉴于两种密码体制加密的特点，在实际应用中可以采用折中方案，即结合使用 DES/IDEA 和 RSA，以 DES 为“内核”，RSA 为“外壳”，对于网络中传输的数据可用 DES 或 IDEA 加密，而加密用的密钥则用 RSA 加密传送，此种方法既保证了数据安全，又提高了加密和解密的速度。

(2) 寻求新算法。跳出以常见的迭代为基础的构思思路，脱离基于某些数学问题复杂性的构造方法。如基于密钥的公开密钥体制，采用随机性原理构造加密解密交换，并将其全部运算控制隐匿于密钥中，密钥长度可变。它是采用选取一定长度的分割来构造大的搜索空间，从而实现一次非线性变换。此种加密算法加密强度高，速度快，计算开销低。

(3) 加密最终将被集成到系统和网络中。例如 IPv6 协议就已有了内置加密的支持，在硬件方面，Intel 公司正研制一种加密协处理器，它可以集成到微型机的主板上。

7.4 信息安全和确认技术

随着信息技术的发展，大规模的计算机通信网已成为一个很普遍的传送、存储和处理信息的系统。通信网的服务范围已经扩展到了包括电子资金传送、有价值的合作数据传送和医学记录信息存储等重要功能，将网络作为个人和敏感的通信使用已经越来越普遍。在这样大规模的信息系统中，信息资源的共享是很方便的，但并不是所有信息资源都可供每个人自由享用。对不同范围的信息就其使用目的、价值和后果而言，共享的范围应有严格的限制；但另一方面，信息资源也应得到充分的保护以防人为的篡改、破坏。因此信息系统的安全问题是极为重要的亟待解决的问题，同时也是一个复杂的问题。

7.4.1 信息安全的基本概念

在一个大规模的计算机通信网中，它所包含的信息安全问题是多方面的，在网络的不同层次上，有不同的安全要求，信息安全措施有技术的，也有管理的。当前密码学研究人员最关心的是网络信息系统中信息传输时窃听泄密问题，数据库存储等系统的资源接入控制问题和对信息进行完整性保护以防篡改、破坏、病毒侵入等问题。现代密码学为信息系统的安全性提供了有效的技术保障，信息保密系统为传输和存储中的信息提供了加密手段，基于密码技术发展起来的数字签名、身份验证、消息确认系统为抵抗攻击者对信息系统进行主动攻击提供了强有力的手段。

在通信网络中，主要的安全防护措施被称作安全业务。通用的安全业务有以下 5 种：

(1) 认证业务。认证业务提供了关于某个人或某个事情身份的保证，这意味着当某人(或某事)声称具有一个特别的身份(如某个特定的用户名称时)，认证业务将提供某种方法来证实这一声明是正确的。口令是一种提供认证的熟知方法。

(2) 访问控制业务。访问控制业务的目标是防止对任何资源(如计算资源、通信资源或信息资源)进行非授权的访问。所谓非授权访问包括未经授权的使用、泄露、修改、销毁以及颁发指令等。访问控制直接支持保密性、完整性、可用性以及合法使用的安全目标。可采用防火墙技术。

(3) 保密业务。保密业务就是保护信息不泄露或不暴露给那些未授权掌握这一信息的实体(例如人或组织)。一般采用数据加密的方法。

(4) 数据完整性业务。数据完整性业务(或简称为完整性业务)是对安全威胁所采用的一类防护措施，这种威胁就是以某种违反安全策略的方式，改变数据的价值和存在。改变数据的价值是指对数据进行修改的重新排序；改变数据的存在则意味着新增或删除它。依赖于应用环境，以上任何一种威胁都有可能导致严重的后果。

(5) 不可否认业务。不可否认业务与其他安全业务有着最基本的区别。它的主要目的是保护通信用户免遭来自于系统其他合法用户的威胁，而不是来自于未知攻击者的威胁。“否认”最早被定义成一种威胁，它是指参与某次通信交换的一方事后虚伪地否认曾经发生过本次交换。不可否认业务是用来对付此种威胁的。事实上这种业务不能消除业务否认。也就是说，它并不能防止一方否认另一方对某件已发生的事情作出的声明。它所能够做的只是提供无可辩驳的证据，以支持快速解决这种纠纷。通常采用数字签名技术。

7.4.2 数字签名

数字签名在信息安全，包括身份认证、数据完整性、不可否认性以及匿名性等方面有重要应用，特别是在大型网络安全通信中的密钥分配、认证及电子商务系统中具有重要作用。

信息安全系统除了信息保密外，还需要抵抗对手的主动攻击，即使在一个网络中，信息发送方和接收方之间产生以下几个方面的问题：

- 伪造：接收方伪造一份来自某一份发送方的文件；
- 篡改：接收方篡改接收到的文件或其中的数据；

• 冒充：网络中任一用户冒充另一用户作为接收方或发送方；
• 否认：发送方/接收方不承认曾发送/接收过某一文件。

这些属于接收方和发送方双方之间的问题，仅用数据加密的方法而不让第三方获得数据，是无法解决的。在不使用计算机网络交换文件的场合，常使用手写签名来防止上述问题的发生。但在计算机网络中，由于用户地理位置的不同，而且传输的文件是数据形式，所以无法使用手写签名。为此，必须设计一个手迹签名的替代方案，有一个这样的系统能用以下的方式将一个"签名的"文件发送到另一方：

(1) 接收者可以确认发送者的身份；

(2) 发送者不能否认文件是他发的；

(3) 接收者自己不能伪造该文件。

满足上述要求的数字签名优于手写签名。具体体现在：数字签名可以通过计算机网络使地理位置不同的用户实现签名；数字签名既可有手写签名那样的可见性，又可将签名存储于计算机系统之中；数字签名与整个文件的每一组成部分都有关，从而保证了不变性，而手写签名的文件则可以改换某一页内容；数字签名可以对一份文件的一部分进行签署，这是手写签名所不能做到的；手写签名一般要经过专家的鉴定才能确认，而在一个具有良好数字签名方案的网络内，接收方可以立即识别接收的文件中的签名的真伪。

数字签名技术就是利用数据加密技术、数据变换技术，根据某种协议来产生一个反映被签署文件的特征以及反映签署人的特性的数字化签名，以保证文件的真实性和有效性。

数字签名技术是建立在其他一些技术基础上的。这些基础影响到数字签名的安全性、实用性以及实现的方法。首先，数字签名是在网络环境下应用的，因此与网络的组成有很大的关系。如果是局域网，因各用户所处的地理位置接近，对数字签名的功能就不高；如果是远程网，则要求有很强的数字签名方案。在公用数据网中，由于入网的用户类型和数目繁多，对数字签名的要求较高；而在本系统内部专用的网中，要求相对较低。如果网络中有网络管理中心或安全控制中心，则在实现数字签名时可充分利用这一条件；相反地，在没有这类控制中心的简单网中，则要设计其他类型的数字签名方案。

其次，数字签名的实现是在网络内已具有数据加密功能的前提下进行的，即假定第三者至多能得到签名参与者双方交换的数据密码，而不能获得其明文数据。除此之外，签名双方在签名过程中自始至终利用了数据加密来达到签名有效性的目的。所以，数据加密是数字签名的重要基础。目前有两大类加密算法：一类是秘密密钥加密方法，其代表是 DES 算法；另一类是公开密钥加密算法，其代表是 RSA 算法。

1. 秘密秘钥的数字签名

这种签名方法需要一个众人信任的中心权力者 BB，他知道每件事情。每个用户选择一个秘密秘钥，将其亲手交给 BB。这样只有 A 用户和 BB 知道 A 的秘密密钥 K。如果 A 用户要将一文件传送给 B 用户，则需经下述过程：

(1) A 用户用自己的秘密密钥加密报文 P 得到 $K_A(P)$，并发送给 BB。

(2) BB 解密 $K_A(P)$得到 P，然后建立一个由 A 的名字和地址、日期、初始报文组成的一个新报文($A+D+P$)。再用一个对任何人都保密的密钥 X 加密，产生 $X(A+D+P)$，并回送给 A。这样 BB 可以确认请求确实来自于A，因为只有 A 和 BB 知道 K_A。如果一个冒充者发送给 BB 一个报文，那么用 K_A 解密出的报文将无任何意义。

(3) A 用户发送 $X(A+D+P)$ 给 B 用户。

(4) B 用户将 $X(A+D+P)$ 给 BB,请求得到 $K_B(A+D+P)$ 作为结果。

(5) B 用户将 $K_B(A+D+P)$ 解密得到明文信息 A,D 和 P。

如果 A 用户否认发送过 P 给 B 用户,则 B 可以将 $X(A+D+P)$ 提供给法官。法官命令 BB 将其解密,当法官看到 A,D 和 P 时知道 A 用户在撒谎。因为 B 用户不知道 X,所以不能伪造 $X(A+D+P)$。图 7-18 所示就是在两个陌生人之间采用秘密进行的密钥报文签名传送,可以看到每传送这样的一条报文必须请求 BB 两次。

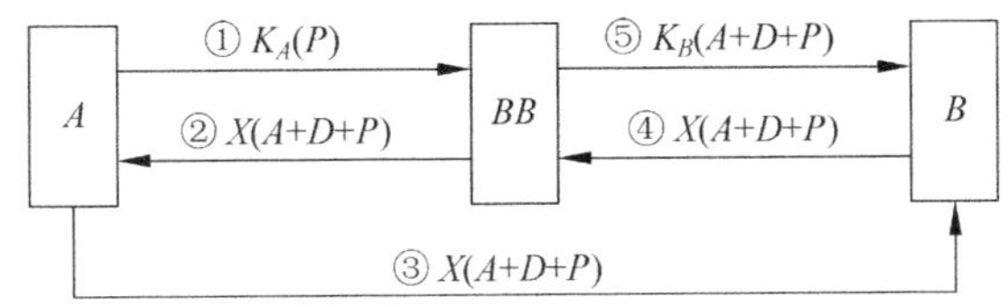

图 7-18 在两个陌生人和之间采用秘密密钥报文签名传送

2. 公开密钥的数字签名

使用秘密密钥加密法进行数字签名的关键问题是每个人都信任中心权力者,而该中心权力者要读取所有签过名的信息。最能担当此重任的代表是政府、银行和律师。但是并不是所有的公民都非常信任这些部门的。因此如果文件签名不需要任何可信赖机构将会更好。公开密钥加密法可以满足这一要求。

如图 7-19 所示,A 用户用自己的私有密钥将明文 P 加密得到 $D_A(P)$,再用 B 用户的公开密钥加密得到 $E_B(D_A(P))$,将此密文传送给 B 用户。B 用户用自己的私有密钥 D_B 将此解密得到 $D_A(P)$,并把这条信息存放在一个安全的地方,然后用 A 用户的公开密钥 E_A 解密得到初始明文 P。如果 A 用户后来否认曾经发送过报文 P 给 B 用户,B 用户只需出示 $D_A(P)$ 给法官,法官用 E_A 来解密就能证明该条消息确实是 A 用户发送的。因为 B 用户不知道 A 的私有密钥,只有 A 用户才能产生出该密文。

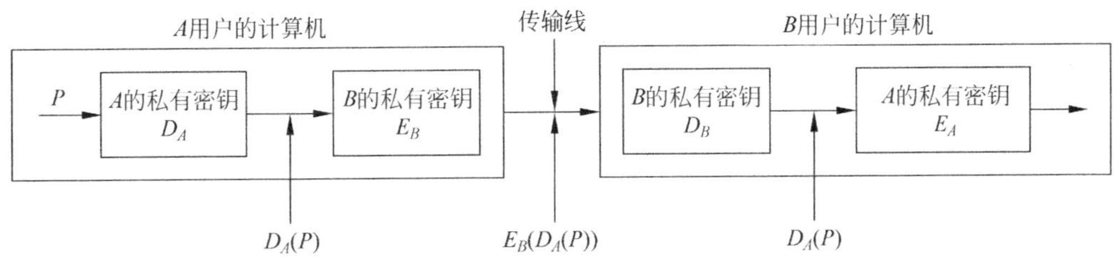

图 7-19 使用公开密钥加密法的数字签名

3. 特殊数字签名

(1) 盲签名。盲签名是由 Chaum 于 1982 年提出的。盲签名因为具有盲性(即对于签名者是不可知的)这一特点,可以有效保护所签署消息的具体内容,所以在电子商务和电子选举等领域有着广泛的应用。盲签名允许消息发送者先将消息盲化(将可知的明文变换为不可知的消息),而后让签名者对盲化的消息进行签名,最后消息的接收者对签名除去盲因子,得到签名者关于原消息的签名。它除了满足一般的数字签名条件外,还必须满足下面的两条性质:

① 签名者对其所签署的消息是不可见的，即签名者不知道其所签署的消息的具体内容。

② 签名消息不可追踪，即当签名消息被公布后，签名者无法知道这是他哪一次签署的。

关于盲签名，有一个非常直观的说明：所谓盲签名，就是先将隐蔽的文件放进信封里，而除去盲因子的过程就是打开这个信封，当文件在一个信封中时，任何人不能读它。对文件签名就是通过在信封里放一张复写纸，签名者在信封上签名时，他的签名便透过复写纸签到文件上。盲签名在某种程度上保护了参与者的利益，但不幸的是盲签名的匿名性可能被犯罪分子所滥用。为了阻止这种滥用，人们又引入了公平签名的概念。公平盲签名比盲签名增加了一个特性，即建立一个可信中心，通过可信中心的授权，签名者可追踪签名。

(2) 代理签名。代理签名是指用户由于某种原因指定某个代理代替自己签名。这种代理具有下面的特性：

① 任何人都可区别代理签名和正常的签名；

② 不可伪造性。只有原始签名者和指定的代理签名者能够产生有效的代理签名；

③ 代理签名者必须创建一个能被检测为真实代理签名的有效代理签名；

④ 可验证性。从代理签名中，验证者能够相信原始的签名者认同了这份签名消息；

⑤ 可识别性。原始签名者能够从代理签名中识别代理签名者的身份；

⑥ 不可否认性。代理签名者不能否认由他建立且被认可的代理签名。

(3) 群签名。群签名(又称团体签名)即为在一个群签名方案中，一个群体中的任意一个成员可以以匿名的方式代表整个群体对消息进行签名。与其他数字签名一样，群签名是可以公开验证的，而且可以只用单个群密钥来验证。群签名也可以作为群标志来展示群的主要用途和种类等。在公共资源的管理、重要军事情报的签发、重要领导人的选举、电子商务重要新闻的发布以及金融合同的签署等事务中，群签名都可以发挥重要作用。比如，可以利用群盲来构造有多个银行参与发行电子货币的、匿名的、不可跟踪的电子现金系统。在这样的方案中有许多银行参与该电子现金系统，每一个银行都可以安全地发行电子货币。这些银行形成一个群体，受中央银行的控制，中央银行担当了群管理员的角色。

(4) 不可抵赖的数字签名。不可抵赖的数字签名对一般的签名的不可抵赖性进行了加强，避免了一些意外的抵赖。一般的数字签名能够被准确复制。这个性质有时是有用的，比如公开宣传品的发布，但在某些情况下就可能有问题。例如，对数字签名的私人或商业信件，如果到处散布那个文件的许多副本，而每个副本又能够被任何人验证，就可能导致难堪或遭到勒索。最好的解决方案就是数字签名能够被证明是有效的，但没有签名者的同意，接收者不能把它给第三方看。不可抵赖签名适用于这类场合。类似于通常的数字签名，不可抵赖签名依赖于签名的文件和签名者的私钥。但与通常的数字签名不同的是，不可抵赖签名没有得到签名者同意就不能被验证。

(5) 指定的确认者签名。指定的确认者签名是在一个机构中指定一个人负责证实所有人的签名。任何成员所签的文件都具有不可否认性，但证实工作均由指定的确认人完成。这种签名有助于防止签名失效。例如，在签名人的签名密钥确实丢失，或在他休假、病倒或去世时，都能对其签名提供保护。指定的确认人签名是标准的数字签名和不可抵赖签名的折中。

(6) 一次性签名。一次性签名指签名者至多只能对一个消息进行签名，否则签名就可能被伪造。在公钥签名体制中，它要求对每个签名消息都采用一个新的公钥作为验证参数。一次性签名的优点是签名的产生和验证速度都非常快，特别适用于计算能力比较低的芯片和智能卡实现。

7.4.3　防火墙

随着 Internet 的飞速发展，计算机网络的资源共享进一步加强，随之而来的信息安全问题也日益突出。对网络的主要威胁有非法入侵和病毒传播，影响 E-mail、IP、Web 乃至整个系统的安全。现在采用的有效措施有设置防火墙、采用口令和用户 ID 等。

防火墙就是一个或一组系统，用来在两个或多个网络间加强访问控制。它是一个网络与其他网络之间的可控网关，通常它置于一个私有的、有确认的网络和公开的 Internet 之间。它的功能类似于大厅的警卫，目的在于把那些不受欢迎的人隔离在特定的网络之外，但又丝毫不影响正常工作。其原理可以想象成一对开关，其中一个开关用来阻止传输，另一个开关用来允许传输。比如在企业网和 Internet 网设立防火墙软件，使企业信息系统对于来自 Internet 的访问采取有选择的接收方式。它可以允许或禁止某一类具体的 IP 地址访问，也可以接受或拒绝 TCP/IP 上的某一类具体的应用。如果在某一台 IP 主机上有高度机密的信息或危险的用户，则可以使用防火墙过滤掉从该主机发出的包。如果一个企业只是使用 Internet 的电子邮件和 WWW 服务器向外部提供信息，那么就在防火墙上设置使得只有这两类应用的数据包可以通过。虽然防火墙有很多种类型，但其主要技术有下列 3 种。

(1) 包过滤(packet filter)，该技术是在网络层中对数据包实施有选择的通过。依据系统内事先设定的过滤逻辑，检查数据流中每个数据包后，根据数据包的源地址、目的地址，所用的 TCP 端口与 TCP 链路状态等因素来确定是否允许数据包通过。

(2) 应用网关(application gateway)，这是建立在网络应用层上的协议过滤技术，它针对特别的网络应用服务协议，即数据过滤协议，并且能够对数据包进行分析并形成相关的报告，在实际工作中，应用网关一般由专用工作站系统来完成。

(3) 代理服务(proxy service)，这是设置在 Internet 防火墙网关的专用应用级代码，这种代理服务是准许网管员允许或拒绝特定的应用程序或应用的一种特定功能。包过滤技术和应用网关是通过特定的逻辑判断来决定是否允许特定的数据包通过，一旦判断条件满足，防火墙内部网络的结构和运行状态便暴露在外来用户面前，这就引入了代理服务的概念，即防火墙内外计算机系统应用层的“链接”，由两个终止于代理服务的“链接”来实现，就成功地实现了防火墙内外计算机系统的隔离。同时代理服务还可用于实施较强的数据流监控、过滤、记录和报告等功能。代理服务技术主要通过专用计算机硬件(如工作站)来承担。

防火墙的具体实现有很多形式，其产品的侧重点各有不同，在实现上都有细小的差别，但原理和目的相似。防火墙是保障网络和信息系统安全的一道重要防线，没有防火墙保护的企业网是难以想象的。然而防火墙只是保证网络和信息系统安全的一个必要条件，而不是充分条件。防火墙的主要弱点是：防火墙无法抵挡绕过防火墙的攻击；防火墙的主要功能是防止来自外部的黑客攻击，对于来自内部的攻击则无能为力。而通常人们认为内部攻击的危害性要远远大于外部攻击的危害性。因此必须将防火墙与其他安全设施有机地组合起来，才能构成有效的网络安全防卫体系。比如当用户通过防火墙访问网络资源时必须通过一个强有力的认证过程。目前的认证手段也在不断发展，除了传统的口令技术外，还可采用一次性许可证、智能卡等技术来实现,好的认证方式还可利用指纹、音色以及视网膜纹等生物特征来实现。

7.4.4 常用的信息安全技术应用实例

1. 电子支付系统的安全

当前金融机构所使用的最方便的识别或者确认方法是顾客拥有的东西——银行卡片,以及顾客知道的东西——个体标识号(Personal Identification Number,PIN)。利用卡片上所记有的账户号和由顾客记住的 PIN 之间的相对一致性来识别顾客。对一个骗子而言,占有卡片但不知道 PIN,或者知道 PIN 而没有相应的卡片,都不足以取得进入系统的权利。

曾使用过的卡片有两种,比较早的是采用磁卡,但是伪造或者复制这样的磁卡比较容易,复制时并不需要确知卡片上记录数据的内容、格式,以及是否加密,只需将卡片上的数据从一个卡转移到另一个卡即可。为了增加安全性,可在卡片上构造一些随卡片而改变的随机特性,如在卡片的内磁芯上印制两组磁线道,使得没有两张卡片是同样的。但是这就增加了读卡机的复杂度和读取的费用。目前使用的则是智能安全卡,这种卡上装有一个微处理器,使得识别和确认运算可以直接在卡片上进行,而不必在系统入口点设备的逻辑电路中进行。此外还可将少量的重要顾客账户信息储存在卡上,提供具有相当于储蓄存折所提供的自动化的记录,这是一种智能化的安全的卡片。

使用保密的 PIN 是电子支付(Electronic Funds Transfer,EFT)系统中确认顾主的最好办法。PIN 本质上是卡片持有者的一种电子签名,它在 EFT 交易中的作用与传统的金融事务中书面签名的作用相同。PIN 是由卡主记忆的,而不得用可能被其他人查出的方式记录下来。当卡主着手进行一项 EFT 交易时,他用专用键盘将其 PIN 输入 EFT 的终端。除非 EFT 系统识别出他所输入的 PIN 与这一特定的账号(由 EFT 终端从卡片中读出)相符;否则 EFT 系统就拒绝这笔交易。这样做的目的是:如果卡片丢失或被盗,其拾者或窃者无法去使用该卡片,因为他们不知道与此相关的 PIN。同样也可以防止那些能够伪造银行卡片的人。即使他能够伪造这样一种假银行卡片,也不能使用它,因为他不知道 PIN。

为了使 PIN 起到其应有的作用,它只能为卡片所有者所知,而不应让他人知道。PIN 的保密是极其重要的,只有采取严格的安全措施才能达到。一般推荐采用的 PIN 的长度是4,5 或 6 位十进制数,既考虑了使用的方便,又保证了在有限的时间内不能用试凑法测出。

PIN 可以由金融机构确定,也可以由卡主选定。每种方法都各有优缺点,但现有技术能以安全的方式来进行每种方法的实施,从而使得没有人能确定卡主的 PIN。如果卡主遗忘了 PIN 的值,也有安全技术来提醒卡主回忆他自己的 PIN。

前面介绍的数据加密标准 DES 算法就可用来加密 PIN,用严格 6 位十进制数或更长的数值来串联 PIN 明文。这个值是一个随机数或伪随机数;一个在每次交易中增加的计数和账号中的最无意义的数字。其结果在长度上必定不超过 64bit 二进制位。用 DES 和一个密钥对其进行块加密,则产生完整的 64bit 密码就作为该项交易加密的 PIN。当然密钥也需受到保护。

2. Internet 的信息安全

Interne 的兴起为信息传递与获取带来了方便。然而其信息安全问题也引起了广泛的关注。这是由于 Internet 是一个开放系统,通信对象的确认很难,通信路径也不是确定的。

因此，若要利用 Internet 网络进行通信，加密与认证措施是必须的。国际电联的 ITU-T 建议 X.5XX 是关于开放系统互联的信息技术的建议，其中 X.509 是关于公钥和特征认证框架的指导性建议文件(The Directory: Public-Key and Attribute Certificate Frameworks)。各种不同的应用系统采用的协议与方法均不同，这些协议从技术上都是前面已介绍过的对称密钥、非对称密钥(公钥系统)和认证技术等的综合应用。

(1) 电子商务系统。电子商务就是通过网络进行电子支付来得到信息产品或得到递送实物产品的承诺。传统电子商务采用电子数据交换(Electronic Data Interchange，EDI)、传真通信(Fax Communication)、条形码(Bar Code)、消息处理系统(Message Handing System，MHS)、文件递送(File Transfer)、信用卡、ID 卡等方式。多采用基于增值网(VANs)的专用信息网的多存储转发方式。其缺点是耗时、成本高、连通性有限等。但增值网也有其优点，如安全性好、可靠性高、收据能可靠地递到，这对商用十分重要。

新的 Internet 商务是利用世界范畴联通的、无中心管理机构，可交互、低成本的 Internet 发展业务。它比增值网的成本低，即时性和互通性好，可以通过 WWW 查看各个公司所建立的 Web 页面，这为电子商务提供了新的发展机遇。但是已有许多案例表明，在全球万维网上尚不能提供电子商务所需的安全和可靠性。保证安全和可靠性是发展 Internet 电子商务的主要障碍和关键。

可靠性和安全性是相互关联的。若电子商务系统的可靠性不高，则可能被攻击而失窃。可靠性可能要求安全性来提供认证、完整性和不可反驳性。可靠性不等于安全性，服务器上的可靠协议对攻击者和授权用户都提供可靠的服务。安全性是成功发展电子商务的一个决定性因素。最主要的有：

① 安全支付机构，以处理各种类型支付信息的传递和处理，如信用卡、电子支票、借贷卡和数字货币；

② 提供不可否认商业交易；

③ 保证经过 Internet 传递的数据的完整性，才能可靠地进行 Internet 商务；

④ 在 Internet 商务系统的基础实施中还应包括一些可信赖机构；

这些要求的实现大多数要借助于数据的安全保密技术，其中最主要的有：认证性、保密性、数据完整性、不可否认性、接入(或访问)控制、可用性、安全协议、防火墙、知识产权保护。

(2) **PGP 与 Email 通信安全**。PGP(Pretty Good Privacy)是由美国 Phi1p Zimmermann 设计的一种电子邮件安全软件，目前已在 Internet 网上广泛传播，拥有众多的用户。PGP 是一个免费软件，并且其设计思想和程序员代码都公开，经过不断的改进，其安全性逐渐为人们所信赖。

PGP 在电子邮件发送之前对文本进行加密，由于它一般是离线工作的，所以也可以对文件等其他信息进行加密。PGP 中采用了公钥、对称密码技术和单向 Hash 函数，它实现的安全机制有：数字签名、密钥管理、加密和完整性。它主要为电子邮件提供以下安全服务：保密性、信息来源证明、消息完整性和信息来源的无法否认。

PGP 采用密文反馈(CFB)模式的 IDEA 对信息进行加密，每次加密都产生一个临时 128bit 的随机加密密钥，用这个随机密钥和 IDEA 算法加密信息，然后利用 RSA 算法和收信人的公开密钥对该随机加密密钥进行加密保护。收信人在收到加密过的电子邮件后，首先用自己的 RSA 私有密钥解密出 IDEA 随机加密密钥，再用 IDEA 密钥对电子邮件的内容进行解密。密钥长度为 128bit 的 IDEA 算法在加密速度和保密强度方面都比 56bit 密钥的 DES 算法要好，而且 PGP 采用的 CFB 模式的 IDEA 更增强了它的抗密码分析能力。另外由于每次加密邮件内容的密钥是临时随机产生的，即使破译了一个邮件，也不会对其他邮件造成威胁。PGP 的基本操作模式是用 IDEA 作为信息加密算法，它可以提高加密、解密速度和增强保密性，同时对较短的随机密钥用较慢的 RSA 算法进行保护，以方便密钥管理。

PGP 数字签名采用了 MD5 单向 Hash 函数和 RSA 公钥密码算法。要创造一个数字签名，首先要用 MD5 算法生成信息的认证码(MAC)，再用发信人的 RSA 私有密钥对此 MAC 进行加密，最后将加密过的 MAC 附在信息后面。MAC 值的产生和检查就是 PGP 的完整性保护机制。

PGP 采用分散的认证管理，每个用户的 ID、RSA 公开密钥和此公开密钥生成的时间标记(time stamp)构成了这个用户的身份证书。如果一个用户获得了一份被他信任的朋友或机构签过名的证书，他就可以信任这个证书并使用其中的公开密钥与此证书的主人进行加密通信。如果愿意，他也可以对这份证书签名，使信任他的朋友也能信任和使用这份证书。PGP 就是采用这种分散模式的公证机构传递对这份证书的信任，以实现信息来源的不可否认服务。

PGP 的密钥管理也是分散的，每个人产生自己的 RSA 公开密钥和私有密钥对。目前 PGP 的 RSA 密钥的长度有 3 种：普通级(384bit)、商用级(512bit)、军用级(1024bit)。长度越长，保密性越强，但加/解密速度也就越慢。

(3) 万维网信息安全协议。采用超文本链接和超文本传输协议(HyperText Transfer Protocal，HTTP)技术的万维网(World Wide Web，WWW)是 Internet 上发展最为迅速的网络信息服务技术。各种实际的 Internet 应用，大多数是以 WWW 技术为平台。但是 WWW 上的信息安全问题也是非常严重的。目前 WWW 信息安全的代表性协议为：安全套接字层 SSL(Sevure Socket Layer)和安全 HTTP(SHTTP)协议。

① SSL。SSL 是 Netscape 公司提出的建立在 TCP/IP 协议之上的提供客户机和服务器(Client/Server)双方网络应用通信的开放协议，它由 SSL 记录协议和 SSL 握手协议组成，建立在应用层和传输层之间且独立于应用层协议，如图 7-20 所示。

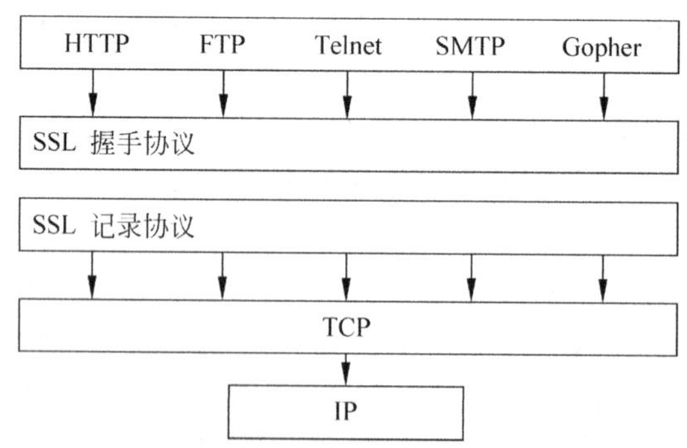

图 7-20 SSL 在网络层次结构模型中的位置

SSL 握手协议在 SSL 记录协议发送数据之前建立安全机制，包括认证、数据加密和数据完整性。SSL 握手协议开始的起点是客户机知道服务器的公钥，它通过服务器的公钥加密向服务器传送一个主密钥，公钥加密算法可以是 RSA，Diffie-Heliman 或 Fortezza-KEA。

客户机和服务器分别根据这个主密钥计算出它们之间进行加密通信的一次性会话密钥,这样会话密钥就永远不需要在通信信道上传输。客户机和服务器使用这对会话密钥在一个连接中按 DES、RC2/RC4 或 IDEA 算法进行数据加密,此连接用 CONNECTION-ID 来标识。连接断开后,本 CONNECTION-ID 和与此相关的会话密钥作废。所以每个连接都有不同的 CONNECTION-ID 和会话密钥。由于主密钥不直接参与加密数据,只在客户机与服务器建立第一次连接时传送(同时产生一个 SESSION-ID),它的生存期与 SESSON-ID 有关。推荐的 SESSION-ID 在通信双方的高速缓冲区中保存的时间不大于 100s,这样主密钥被泄漏的机会就很小。

SSL 握手协议规定每次连接必须进行服务器认证,方法是客户机向服务器发送一个挑战数据,而服务器用本次连接双方所共享的会话密钥加密这个挑战数据后送回客户机。服务器也可以请求对客户机的认证,方法与服务器认证一样。

SSL 记录协议定义了 SSL 握手协议和应用层协议数据传送的格式,并用 MD2/MD5 算法产生被封装数据的 MAC,以保证数据的完整性。

总之,SSL 协议针对网络连接的安全性,利用数据加密、完整性交换认证、公证机构等机制,实现了对等实体认证、连接的保密性、数据完整性、数据源的认证等安全服务。

② SHTTP。SHTTP 是由 EIT 公司提出的增强 HTTP 安全的协议,成为 IETF 的一个标准(RFC)。SHTTP 定义了一个 Secure 和几个报文头如 Content-Privacy-Domain、Content-Transfer-Encoding、Prearranged-Key-Info,Content-Type,Mac-info 等。HTTP 报文则以 PKCS-7 或 PEM 报文格式成为 SHTTP 的报文体。从而获得了这两种安全增强式报文标准在数据加密、数字签名、完整性等方面的保护。

SHTTP 所保护的是一次 HTTP 请求/应答协议的报文,而 HTTP 连接是一种无状态的连接,所以 SHTTP 采用 PKC5-7 或 PEM 作为增强报文安全的主要手段。在数据加密方面,SHTTP 支持的对称加密算法有 DES、DESX(RSA 公司设计)、CDMF(IBM 公司设计的弱密钥性 DES)、IDEA 和 RC2。数字签名算法有 RSA 和 NIST 的数字签名标准(DSS),数据完整性保护采用 RSA 的 MD2/MD5 和 NIST 的安全 Hash 标准(SHS)。支持的认证类型为 X. 509,从而为 HTTP 的安全提供了对等实体认证、选择字段的保密性、数据完整性、数据来源认证和防止否认等服务。

本章小结

1. 完成加密和解密的算法称为密码体制。加解密过程中包括明文 M、加密 E、解密 D、密文 C 和密钥 K 等基本要素。密码体制的安全性在于计算上是否安全和是否可能。密码体制要实现的功能可分为保密性和真实性两种。

2. 根据加密明文数据时的加密单位不同,可以把密码分为分组密码和序列密码两大类。

3. 对于给定密文,密钥的疑义度 $H(K|C)$ 可表示为

$$H(K \mid C) = -\sum_{j} p(c_j) \sum_{i} p(k_i \mid c_j) \log_2 p(k_i \mid c_j)$$

对于给定密文,明文的疑义度 $H(M|C)$ 可表示为

$$H(M \mid C) = -\sum_j p(c_j) \sum_i p(m_i \mid c_j) \log_2 p(m_i \mid c_j)$$

设明文熵为 $H(M)$，密钥熵为 $H(K)$，从密文破译来看，密码分析员的任务是从截获的密文中提取有关明文的信息

$$I(M;C) = H(M) - H(M \mid C)$$

或从密文中提取有关密钥的信息

$$I(K;C) = H(K) - H(K \mid C)$$

4. 密码体制可分为对称(单密钥)体制和非对称(双密钥)体制。对称体制中加密密钥和解密密钥相同或者很容易相互推导出。最有代表性的是数据加密标准(DES)。非对称(双密钥)密码体制的加密密钥和解密密钥中至少有一个在计算机上不可能被另一个导出，有一个可公开而不影响另一个的保密。最有代表性的是 RSA 算法。

5. 在通信网络中，主要的安全防护措施被称作安全业务。通用的安全业务包括：认证业务、访问控制业务、保密业务、数据完整性业务、不可否认业务。

数字签名技术利用数据加密技术、数据变换技术，根据某种协议来产生一个反映被签署文件的特征以及反映签署人的特性的数字化签名，以保证文件的真实性和有效性。

防火墙是一个或一组系统，用来在两个或多个网络间加强访问控制。

常用的信息安全技术应用实例：电子支付系统的安全、Internet 的信息安全。

习题

7-1 对称密码体制和非对称密码不同点是什么？

7-2 利用置换盒

3	5	6	1	2	8	7	4

把字 SECURITY 进行移位。

7-3 在 RSA 算法中，令 $p=3, q=41, e=23$，试计算解密密钥 d 并给出 $(e\times d)(\text{mod})=1$。

7-4 用公开密钥 $(e,n)=(5,51)$，将报文 ABE、DEAD 用 $A=01, B=02, \cdots$ 进行加密。

7-5 用秘密密钥 $(d,n)=(5,51)$ 将报文 4,20,1,4,20,5,4 解密。

7-6 用 $(d_B, n_B)=(7,39)$ 和 $(e_A, n_A)=(5,21)$ 签署报文 ED。

7-7 用 $(d_A, n_A)=(5,21)$ 和 $(e_B, n_B)=(5,51)$ 验证签名的数值 17,1 是发送者 (N,A) 的字首。

参考文献

[1] 唐朝京,雷菁.信息论与编码基础(第2版)[M].长沙：国防科技大学出版社,2015.
[2] 曹雪虹,张宗橙.信息论与编码(第2版)[M].北京：清华大学出版社,2009.
[3] 王勇,黄雄华,蔡国永.信息论与编码[M].北京：清华大学出版社,2013.
[4] 冯桂,林其伟,陈东华.信息论与编码技术(第2版)[M].北京：清华大学出版社,2011.
[5] 傅祖芸,赵建中.信息论与编码(第2版)[M].北京：电子工业出版社,2014.
[6] 朱雪龙.应用信息论基础[M].北京：清华大学出版社.2001.
[7] 周荫清.信息理论基础(第4版)[M].北京：北京航空航天大学出版社,2012.
[8] 余成波.信息论与编码[M].重庆：重庆大学出版社,2002.
[9] 戴善容.信息论与编码基础[M].北京：机械工业出版社,2005.
[10] 陈杰,徐华平,周荫清.信息论基础习题集[M].北京：清华大学出版社,2005.
[11] Ranjan Bose.信息论、编码与密码学[M].武传坤,李徽译.北京：机械工业出版社,2010.
[12] 邓家先,康耀红.信息论与编码[M].西安：西安电子科技大学出版社,2007.
[13] 张莲,周登义,余成波.信息论与编码[M].北京：中国铁道出版社,2008.
[14] 傅祖芸.信息论与编码学习辅导及习题详解[M].北京：电子工业出版社,2010.
[15] 张宗橙.纠错编码原理和应用[M].北京：电子工业出版社,2003.
[16] 田丽华.编码理论(第2版)[M].西安：西安电子科技大学出版社,2007.
[17] 王育民,李晖.信息论与编码理论(第二版)[M].北京：高等教育出版社,2012.
[18] 陈运,周亮,陈新等.信息论与编码(第3版)[M].北京：电子工业出版社,2015.
[19] Cover Thomas M,Thomas Joy A. Elements of Information Theory. New York：Wiley,1991.
[20] Robert J McEliece. The Theory of Information and Coding (second edition). Cambridge University Press,2002.
[21] Ewing J H,Gehring F W,Halmos Precoding and Information Theory. Steven Roman,1992.
[22] 万旺根,余小清.信息与编码理论基础[M].上海：上海大学出版社,2000.
[23] 唐世伟,刘贤梅.信息论[M].哈尔滨：哈尔滨工程大学出版社,2008.
[24] 戴善荣.信息论与编码基础[M].北京：机械工业出版社,2004.